인류사를 바꾼 **100**대 과학사건

Scientific Events

개정판

인류사를 바꾼 **100**대 과학사건

1판 1쇄 | 2000년 5월 12일
2판 1쇄 | 2011년 9월 30일
2판 4쇄 | 2019년 9월 25일

지은이 | 이정임
발행인 | 양기원
발행처 | 학민사

등록번호 | 제10-142호
등록일자 | 1978년 3월 22일

주소 | 서울시 마포구 토정로 222 한국출판콘텐츠센터 314호(04091)
전화 | 02-3143-3326~7
팩스 | 02-3143-3328

홈페이지 | http://www.hakminsa.co.kr
이메일 | hakminsa@hakminsa.co.kr

ISBN 978-89-7193-203-2(03400), Printed in Korea

※ 대한출판문화협회 청소년추천도서

인류사를 바꾼 **100**대
Scientific Events
과학사건

이정임 지음

학민사
Hakmin Publishers

머리말

SCIENTIFIC EVENTS

우리 주위의 흔한 생활용품들은 그 하나하나에 과학·기술의 역사가 자리잡고 있다. 수없이 많은 사람들의 지혜가 우리가 항상 사용하고 있는 종이나 라디오같은 것들에 녹아 있고, 가장 기본적인 과학원리가 어린이 놀이동산의 놀이기구에도 스며 있다. 우리 생활의 일부가 되어버린 텔레비전, 냉장고, 자동차, 컴퓨터 등등은 그야말로 긴 세월 동안 쌓여온 인류의 과학적 지식의 산물이다. 또한 지금도 현재의 과학원리가 적용되어 끊임없이 개량되어 가고 있는 발명 진행중인 것들이다.

이와같이 과학은 우리 생활과 밀접하게 연관되어 있음에도, 과학은 어려운 것, 복잡한 것으로 느껴지고 있다. 사실 과학 하면 먼저 떠오르는 것은 낯설은 수식과 복잡한 실험장치들이다. 대부분의 사람들에게 과학은, 전문적인 지식을 가진 과학자들이 연구실이나 실험실에 처박혀서 하는 것으로 인식되어 있다.

하지만 우리가 옛날로 거슬러 올라가 본다면 그 당시의 과학은 우리에게 아주 초보적인 수준으로 느껴질 것이다. 지금은 누구나 알고 있는 상식적인 것들조차 그들은 전혀 모르고 있을 것이고, 우리가 호주머니에 가지고 있는 간단한 도구들조차 신비한 마법의 물건으로 여길 것이다.

따라서 옛날 사람들이 당시의 과학수준에서 새로운 지식과 새로운 발명품들을 하나씩 하나씩 늘려 나가는 과정을 살펴본다면 과학이 그렇게 어렵게 느껴지지만은 않을 것이다.

이 책은 인류가 어떻게 자연의 신비를 알아내고, 어떻게 새로운 것들을 발명해왔는지를 정리한 것이다. 옛날 사람들이 고민하고 씨름했던 문제들, 그리고 그들이 그러한 문제들을 해결하고 새로운 지식을 획득하게 된 과정들을 살펴봄으로써 과학의 세계에 쉽게 다가갈 수 있도록 했다.

또한 과학이 발전해 온 과정을 전체적으로 살펴봄으로써 과학 전반에 대해 넓은 시야를 가질 수 있도록 했다. 특히 과학사의 중요 사건, 즉 중요한 발견이나 발명들을 중심으로 그것이 있었던 배경과 과정들을 설명함으로써 과학사 전체를 조망해 볼 수 있도록 했다.

그리고 새로운 과학이론들이 정립됨에 따라 그것들이 어떻게 실용화되어 새로운 발명품으로 등장하게 되는가를 살펴봄으로써 과학과 기술의 발달을 연계하여 이해할 수 있도록 하였다.

인류 최초의 과학적 사건은 불의 이용이다. 이후 상당한 세월 동안 띄엄띄엄 중요한 과학적 발견들이 나타났다. 그러다가 중세 말 과학혁명 이후부터는 우후죽순처럼 과학과 관련된 이론들이 역사적 의미를 가지고 나타난다.

1900년대에 들어서는 과학이 더욱 세분화되어 발달하게 되면서, 일반인들뿐만 아니라 같은 과학자들조차도 전공분야가 같지 않으면 문외한이 되어 버리는 상황에 이르게 되었다.

하나의 책에서 이러한 방대한 과학사건 모두를 다룰 수는 없을 것이다. 필자는 한국과학문화재단이 선정해서 발표한 '인류과학 100대 사건'을 이 책의 기초로 삼았다. 이는 새천년을 앞두고 지난 세월을 되돌아보자는 의도로 여러 전문 학자들에 의해 선정된 것으로, 구석기 시대 불의 이용에서부터 최근 있었던 복제양 돌리의 탄생까지 그야말로 과학사에서 놓칠 수 없는 중요한 사건들이 망라되어 있다.

하지만 이 사건들을 일정한 체계로 정리하는 작업은 쉬운 일이 아니었다. '인류과학 100대 사건'에는 중요한 과학 이론의 정립이나 새로운 발명품의 등장과 같이 과학과 관련된 것들뿐만 아니라, 언뜻 보기에 직접적인 관련이 없어 보이나 과학적 사고에 커다란 영향을 미친 사건들도 포함되어 있다. 또한 과학을 이루는 각 분야들, 즉 물리학, 화학, 천문학, 생물학 등이 처음부터 나뉘어져 발전한 것도 아니고, 시간이 지나면서 세분화되어 독자적인 학문으로 체계화되는 경향이 있어서 분야별로 구조화하는 것도 간단하지 않아, 결국 과학 발전의 흐름을 알 수 있도록 시대순으로 정리하기에 이르렀다.

시대순으로 정리함에 있어 비중있는 과학이론이 등장한 때는 그 이론이 정립되어 있는 논문이나 책이 발표된 시점을 잡았으며, 자동차의 발명이나 냉동법의 발달 등과 같이 딱 한 순간을 꼬집어서 최초의 발명 시기를 잡기 어려운 것은 그 발명품이 대중적으로 사용되는 것이 가능하게 된 시점을 발명시기로 잡았다.

또한 이론적으로 설명이 더 필요하다고 생각되는 항목은 길게, 발명 자체에 의미가 있는 것은 간단하게 짚고 넘어갔는데, 물론 내용의 길고 짧음이 사건의 중요도가 아님을 밝혀둔다.

이 책을 쓰기 위해 이런 저런 책을 읽다가 호주의 과학저술가 마거

릿 버트하임의『피타고라스의 바지』라는 책을 읽게 되었다. 서론 첫머리에 이런 표현이 나온다.

"열 살 때, 나는 신비적 체험이라고밖에 할 수 없는 일을 겪었다. 수학시간에 우리는 원에 대해 배우고 있었는데, 선생님은 우리 힘으로 이 특이한 도형의 비밀을 알아내 보라고 하셨다. 그것이 바로 파이(π)라는 수였다. 원에 대한 모든 것을 π로 나타낼 수 있다는 사실을 알게 되자, 어린 나로서는 마치 우주의 크나큰 보물이 막 계시된 것처럼 느껴졌다. 원은 어디에나 있었고, 각각의 중심에는 그 신비한 수 π가 있었다. ─ 해와 달과 지구의 모양에도, 버섯과 해바라기와 오렌지와 진주에도, 시계의 문자판과 단지와 전화 다이얼에도. 그 모든 것은 π를 공유하고 있었지만, π 또한 그 모든 것 너머에 있었다. 나는 매혹되었다."

필자는 과학교사이다. 오랜 세월 과학교사를 했으니, 필자로부터 과학을 배운 학생이 족히 수 천 명은 될 것이다. 그러나 과연 그들에게 어떤 영향을 끼쳤을까 생각하면 부끄러워진다. 모름지기 교사란 단순한 지식이 아니라 학문의 무한한 세계를 학생들에게 보여줄 수 있어야 할 것이다. 더군다나 과학교사라면 당연히 자연에 대한 호기심, 자연에 대한 포용력, 눈에 보이지 않는 것까지도 볼 수 있는 열려진 사고, 그리고 무엇보다도 자연에 대한 매혹, 경이로움을 느낄 수 있는 기회를 제공해 줄 수 있어야 한다고 생각한다.

독자들이 이 책을 읽으면서 버트하임이 느꼈던 류의 신비로움은 느끼지 못할지라도, 역사 속에서 등장하는 과학이론들이 당시 사람들에게는 받아들이기 힘든 충격적인 것이었으나, 동시에 뿌리칠 수 없는 매혹이 되어, 밤낮없이 몰두하게 하는 열정을 주었다는 것도 이해하게 되었으면 한다.

출판사로부터 원고 부탁을 받고, 개인적으로 과학사를 전공하지 않은 사람으로서 이 작업을 할 수 있을까 하는 생각도 있었으나, 직업이 교사이니 만큼 중·고등학생들이 읽을 수 있는 수준으로 쓰고자 하는 의도를 가지고 정리하기에 이르렀다.

많은 분들의 자문을 받아가며 고치고 또 고쳤으나 아직도 부족한 부분이 많으리라 생각된다. 독자들의 따가운 비판과 지적을 기대한다.

이 책이 나오기까지 여러 사람들에게 도움을 받았다. 이 책을 쓰기 위해 보았던 많은 참고서적들의 저자들께 감사드린다. 그 분들의 앞선 수고와 노력이 없었다면 이 책은 나오기 어려웠을 것이다.

또한 열심히 도서관을 다니며 자료를 찾아준 동생 정희, 바쁜 중에도 귀중한 시간을 내어 부족한 원고를 검토해주신 전남대학교 박종원 교수님, 경북대학교에서 과학사를 강의하고 있는 친구 조숙경, 이론물리학을 전공한 친구 지정영, 모든 것을 이해해 주는 남편, 건강하게 잘 커주는 아이들, 나의 청춘과 에너지를 쏟아 부었던 수없이 많은 제자들, 그리고 학민사 직원 여러분들, 모두에게 고마움을 전한다.

2000년 5월
이 정 임

SCIENTIFIC EVENTS

이 책을 쓰는 동안 너무 고생을 해서 그랬는지, 아니면 이것은 순수한 나의 창조물이야라고 자신있게 말하지 못해서 그랬는지, 1판 1쇄를 엄청 고쳐 2쇄를 내고는 다시 뒤돌아보지 않았다. 그렇게 버린 책이 11년 만에 살아 돌아왔다. 학민사 양기원님의 요청으로 진지하게 새롭게 읽으면서 나 홀로 감탄했다. 비록 과학의 역사를 완벽하게 기술하고 있지는 못하지만, 가끔씩 단순 지식의 나열을 보여주고 있지 않나 의심도 들지만, 인류의 지적 유산인 과학이라는 학문의 형성 과정, 사물을 바라보는 기본적인 인식 체계의 변화 즉, 패러다임의 변화를 성실히 보여주고 있기 때문이다. 어려운 수식과 법칙을 배우지 않았다 하더라도 과학의 발달 과정을 알고 싶은 사람들에게 새삼 권하고 싶다. 개정판은 주로 초판의 오탈자 수정과 어색한 문장들을 가다듬었다.

개정판에 추가하고 싶은 항목이 있었다. '하룻밤 자고 나면 진화하는 스마트 폰!' 그러나, 이는 과학의 대중화를 위해 애쓰시는 분들에게 맡기고... 가령 나는 이런 글들을 썼으면 싶다.

> 노랑꼬리 달린 연을 안고
> 기차로 퇴근을 한다
> 그것은 흘러내린 별이었던 것 같다
>
> — 황학주의 〈노랑꼬리 연〉 중에서

단지 조금 고적한 아침의 그림자를 원할 뿐
아름다운 것의 슬픔을 아는 사람을 만나
밤 깊도록 겨울 숲 작은 움막에서
생나뭇가지 찢어지는 소리를 들으며
그저 묵묵히 서로의 술잔을 채우거나 비우며

— 김선우의 〈입설단비〉 중에서

나 가진 것 탄식밖에 없어
저녁 거리마다 물끄러미 청춘을 세워두고
살아온 날들을 신기하게 세어보았으니
그 누구도 나를 두려워하지 않았으니
내 희망의 내용은 질투뿐이었구나

— 기형도의 〈질투는 나의 힘〉 중에서

이토록 매혹적인 글을 쓸 수 있는 시인들에게 존경을 바친다.

2011년 9월
이 정 임

인류사를 바꾼 100대 과학사건

CONTENTS

SCIENTIFIC EVENTS 100

100
SCIENTIFIC
EVENTS

인류사를 바꾼

100대

과학사건

불의 이용

_____ 구석기 시대

그리스 신화에서는 인류가 불을 이용하게 된 사건을 프로메테우스라는 영웅을 통하여 극적으로 이야기하고 있다. 우리가 잘 아는 대로 프로메테우스는 제우스의 명령을 어기고 인간에게 불을 가져다주었고, 인류는 그 덕택으로 문명생활을 시작할 수 있었다. 그러나 그 대가로 프로메테우스는 코카서스 산의 바위에 묶여 날마다 독수리에게 간을 쪼아 먹히는 형벌을 받는다.

그런데 인류에게 불을 가져다 준 프로메테우스에게 제우스가 이렇게까지 분노한 이유는 무엇일까? 이것은 단지 자기의 명령을 어긴 것만이 아니라, 불을 갖게 된 인류가 장차 신들을 우습게 여길 것이라는 두려움 때문이었다.

이처럼 그리스 신화는 인류가 불을 이용할 수 있게 된 것을 신과 대등하게 맞설 수 있는, 즉 자연의 지배에서 벗어나 그것을 이용하여 문명생활을 발전시켜 나갈 수 있는 힘을 갖게 되는 결정적인 계기로 인식하고 있다.

지구는 태양계의 한 행성으로 우주에 그 모습을 드러낸 이후 끊임없이 조금씩 변해왔다. * 지구에 대기(산소)가 생기고 바다(물)가 생기고, 드디어 원시생물이 나타났다. 지구의 생물계가 단세포 생물에서 다세포 생물로, 간단한 생물에서 복잡한 생물로 진화를 하다가, 지구상에 처음으로 인류가 등장한 것은 신생대 말기였다.

이후 인류가 진화하며 현재와 같은 문명을 만들기까지 수없이 많은 세월과 지혜의 축적이 필요했겠지만, 초기의 결정적인 역할은 불을 발견해서 이용했다는 것이다.

인간은 구석기 시대부터 불을 사용했다고 알려져 있다. 불을 사용하기 전의 인간의 노동은 돌, 나무, 동물의 뼈를 단순히 이용하는 물리적인 노동뿐이었다. 그러나 불을 이용하면서부터 인간의 노동은 화학적인 기술을 포함하는 노동으로 변화되었다. 또한 인간은 자연으로부터의 속박과, 자연에 대한 무조건적인 숭배에서 벗어나 자연을 이용하고 다스리기 시작했다.

불을 난방에 사용하면서부터 따뜻한 지방뿐 아니라 추운 지방에서도 살 수 있게 되어 거주지역이 넓어졌고, 불을 이용하여 음식물을 요리하고 건조시키고 저장할 수 있게 됨에 따라 생활 능력도 더욱 확대되었다.

또한 점토(粘土)를 불로 구워 토기를 만들 수 있게 되어 생활의

---

* 현재 가장 설득력있는 지구 탄생설, 즉 태양계 기원론은 '미행성 성운설' 이다. 지금으로부터 47억~46억년 전 거대한 분자 구름에서 원시 태양계 성운이 분리되고, 이 성운이 오랫동안 우주를 떠돌며 회전하다 자체 중력으로 점차 수축하고 물질이 안쪽으로 모이며 회전속도가 빨라지고 납작해졌다. 성운 대부분의 질량은 가스, 특히 수소, 헬륨으로 이루어져 있고, 중심부에서는 급격한 밀도 증가에 따른 빠른 중력 수축으로 빛을 내는 원시 태양이 탄생했고, 이 상태로 약 1천만년 지속되었다. 그 후 원시 태양 주변에 있는 물질 덩어리들, 즉 먼지, 암석질, 얼음 등이 회전하고 충돌하여 현재와 같은 여러 행성들을 탄생시켰다. 행성들을 만들지 못한 물질들은 해왕성 바깥쪽으로 밀려나 카이퍼벨트와 오르트구름을 만들었다.

기술도 향상되었고, 온도가 높은 화로에서 금속을 녹여 여러 기구를 만들 수 있게 되면서 석기 시대에서 금속기 시대로 넘어가게 되었고, 이때부터 불의 주 용도인 난방, 조리, 조명의 기술이 분화하여 산업적 이용이 시작되었다.

중세 사회에서는 불을 무기로 이용한 군사기술이 발달하였고, 근대 사회에 이르러서는 증기기관의 발명으로 불이 가진 열에너지를 여러 종류의 기계를 움직이게 하는 역학적 에너지로 바꾸어 사용함으로써 산업혁명까지 달성하게 했으니, 불이 인류의 발전에 끼친 영향은 이루 다 말로 표현할 수 없을 정도이다.

19세기에 전지가 발명된 이후 전지로부터 전기에너지를 사용하여 생활의 다양한 편리함을 얻었고, 20세기에는 핵에너지를 사용하여 인류가 이용할 수 있는 불의 차원이 높아지기도 했다.

물론 지구가 만들어진 이후 지구에 하나의 세포가 탄생하기까지 엄청난 시간을 필요로 했듯이, 그리고 하나의 세포에서 인간으로 진화하기까지 오랜 세월이 걸렸듯이, 인간이 불을 발견하여 자유자재로 다양한 분야에서 사용할 수 있기까지는 인류가 살았던 만큼의 긴 시간과 끊임없는 노력과 영감이 필요했을 것이다.

금속의 발견

_____ 신석기 시대

인류가 금속을 사용하기 시작한 때는 신석기 시대라고 알려져 있다. 당시 돌을 자르거나 쪼개거나 갈아서 사용할 줄만 알던 인간에게 처음 나타난 금속은 마술과 같았다. 돌과 달리 금속은 구부러지기도 하고 모양이 변하기도 했다. 사람들은 금속을 두들겨서 납작한 판으로 만들 수 있었고, 독특한 무늬를 가진 모양으로 오릴 수도 있었다.

인간 앞에 처음 모습을 드러낸 금속들은 자연계에서 원소 상태로 있어서 비교적 발견이 쉬웠던 금, 은, 구리였다. 이 놀라운 재료들로 특별하게 만들어진 것들은 장식품이 되었고, 이 장식품들은 많은 사람들이 원하는 것이 되었다. 이 금속들은 원래 무기나 생산도구가 아닌 장신구로서, 높은 지위와 권력을 상징하는 것으로 받아 들여졌다. 특히 금은 그 아름다운 광택이 변하지 않았기 때문에 더욱 특별한 가치가 있었다.

이후 새로운 금속의 발견과 그 이용방법의 발전은 인류 문화의 발달을 알려주는 기준이 되었다. 보다 빨리, 보다 좋은 금속을 이용했던 민족은 다른 민족에 대해 우위를 지닐 수 있었다. 어떤 민족이 어떤 금속을 어떻게 사용하느냐가 곧 그들의 생산력, 전투력의 수준을 결정하였기 때문이다.

B.C 3000년 경 인간이 처음으로 두 종류 이상의 금속을 녹여서 인공적으로 만들어낸 새로운 금속이 청동이었다. 청동은 주석과 구리의 화합물이다. 주석은 전체 질량의 11~16% 정도이며, 구리에 비해 재질이 단단하였다. 청동으로 만든 제품은 대부분 상층계급의 무기와 장신구였고, 생산도구로는 널리 쓰이지 않았다. *

금과 은, 구리에 비해 인류가 철을 사용하기까지는 시간이 많이 걸렸다. 그 이유는 철은 자연에서 원소상태로 발견되지 않았고, 또한 철광석으로부터 철을 뽑아내는데 고도의 기술이 필요하였기 때문이다. 게다가 철이 탄소를 얼마만큼 포함하느냐에 따라 철의 성질, 즉 강도가 달라지므로 원하는 철을 얻기 위해서는 기술 축적이 필요하였다.

B.C 2000년 경 소아시아에서 세력을 떨치던 히타이트인들이 철을 최초로 제련해서 사용했다. 히타이트인들은 철제 무기와 말의 사용, 또 그 민족 특유의 용맹성으로 한때 주위의 여러 소국을 멸망시키고 이집트와 영토 싸움을 벌이기도 하였다. 히타이트인들은 메소포타미아, 이집트 등에 철을 만드는 기술을 보급했다.

철제 기구는 청동제보다 성능이 우수하고, 수량도 풍부하며, 가격도 저렴하였다. 철은 청동을 대신하여 생산도구, 기구, 각종 금속 재

---

* 인류의 초기 발달 단계를, 사용된 도구의 재료에 따라 보통 석기, 청동기, 철기시대로 나눈다. 석기보다는 청동기시대가, 청동기보다는 철기시대가 더 발달한 사회라 생각하지만, 어떤 학자들은 청동기시대의 설정에 반대한다. 그 이유는 문명이 발달했어도 주석이 없어서 청동을 발명하지 못한 사회가 있거나, 발명했어도 청동기가 일반에 널리 사용되지 않아 사회경제사적인 의의가 적다고 보기 때문이다.

인류사를 바꾼 100대 과학사건

료로 널리 사용되었으며, 특히 철제 농기구를 이용한 농경 방식의 변화는 농산물의 생산력을 증가시켜 사회 구조의 변혁을 이루었다. 그 결과 인류는 기원전 1000년을 전후로 철기시대*를 맞이하여 문명을 크게 발전시켰다.

---

*　엄밀한 의미로 철이 주요 도구로 광범위하게 사용되는 현재도 철기 시대로 볼 수 있으나, 고고학적 의미의 철기 시대는 철의 야금술이 알려진 시대를 일컫는다.

바퀴의 발명

____ 수메르인 | B.C 3500 년 경

원시 시대에 인류는 어디를 가든지 걸어 다닐 수밖에 없었다. 하루에 걸을 수 있는 왕복 거리는 고작 25~30km에 불과했고, 운반할 수 있는 짐은 대략 40kg이었다.

그러다가 B.C 5000년 무렵부터 인간은 운반용 동물을 기르기 시작하였다. 동물을 이용하면서 이전보다 약 3배 많은 짐을 운반할 수 있게 되었다.

그 다음으로 인간은 나무로 만든 썰매를 두 마리의 소에 연결하여 1,300kg 이상의 짐을 끌어 옮길 수가 있었다. 그리고 이때 썰매가 움직이기 쉽도록 나무판 아래에 매끄럽게 깎은 통나무를 받쳐 넣어 사용하였고, 결국 통나무가 바퀴의 발명으로 연결되었다.

고대 이집트에서도 피라미드를 만들 때 통나무를 바닥에 끼워 무거운 물체를 옮기는데 사용했다. 그러나 이집트는 모래가 많은 지역이라 썰매를 이용하는 것이 더 편리해서였는지 바퀴의 발명으로 연결되지는 못했다.

그 후 B.C 3500년 경 수메르인*에 의해 바퀴 달린 수레가 발명되어 라인강에서 유프라테스강에 이르는 넓은 지역에서 사용되었고, 이 발명품은 매우 빠르게 북서 유럽쪽으로 확산되었다.

최초의 바퀴는 통으로 된 원반이거나 나뭇결에 따라 쪼개지지 않도록 세 개의 널빤지를 결합한 다음 바퀴 모양으로 잘라낸 것이었다. 이렇게 속이 꽉 찬 바퀴는 무거웠다. B.C 2000년의 앗시리아인**들은 오늘날의 바퀴처럼 가운데 부분이 패인 것을 발명해 전차의 기동력을 높여 중동지역을 누비고 다녔다.

이후 나무 바퀴의 마모를 줄이기 위해 짐승 가죽, 철판 등을 씌운 것이 등장했다. 서유럽의 켈트인***은 바퀴가 돌면서 발생하는 마찰과 소음을 줄이기 위해 베어링과 같은 것을 사용했다.

그 후 15세기 말 레오나르도 다빈치(Reonardo da Vinci, 1452~1519)가 현재의 자전거 바퀴처럼 수십 개의 철살로 바퀴를 지탱하는 방법을 고안하였다.

바퀴의 원리는 큰 변화없이 사용되다가 17세기에 바닥이 울퉁불퉁한 광산에서 바퀴가 쉽게 움직일 수 있도록 레일을 깐 것이 철도의 발명으로 이어졌다.

오늘날의 바퀴는 공기가 채워진 고무 타이어를 사용하는데, 이것은 1888년 아일랜드의 던롭(John B. Dunlop, 1840~1921)에 의해 발명되었다. 그의 아들은 딱딱한 바퀴로 만들어진 자전거를 타다 자주 부상을 당했다. 그는 아들의 부상을 줄이는 방법에 대해 고민하던 그는 충격이 적은 고무 타이어를 발명하게 되었다.

---

*　　수메르인은 B.C 3000년 경 바빌로니아 남부에 살며 세계 최고(最古)의 문명을 만들어 낸 민족이다. 수메르는 지금의 이라크 지방에 해당하며, B.C 5000년 경부터 농경민이 살았다고 한다.

**　　앗시리아는 이라크 북부에 세워진 국가이다. B.C 3000년 경부터 세력을 가져 수메르와의 끊임없는 경쟁 속에 성장하였다.

***　　서양 고대에 활약한 인도 유럽어족의 한 파로, 로마의 시저는 갈리아인으로 불렸다.

철기 시대의 바퀴

이후 고무는 거의 모든 바퀴의 재료가 되었다. 자동차가 발명된 후 고무 타이어는 자동차에 장착되어 무게를 지탱하고, 구동력 전달, 제동력 전달, 충격 완화 등의 기능을 가지며 우리의 생활에서 없어서는 안될 중요한 도구가 되었다.

바퀴는 작은 힘으로 무거운 물건을 편리하게 옮기게 하는 도구이다. 바퀴는 지면에 있는 작은 돌기들을 누르며 회전한다. 바퀴는 원형이므로 지면과 닿는 면적이 작다. 따라서 무게 중심이 불안정하고 바퀴의 앞부분이나 뒷부분은 아래 방향으로 중력을 받는다. 한 번 앞이나 뒤로 움직이기 시작하면 이 힘에 의해 바퀴는 연속적으로 구르게 된다. 또한 바퀴는 마찰이 있어야만 굴러갈 수 있다. 마찰이 없는 얼음판 위에서 자동차의 바퀴는 굴러가지 못하고 미끄러지고 만다.

오늘날까지 인간이 이동하고 물건을 운반하는데 쓰이는 탈것, 즉 차(車)는 인간의 진보와 함께 해왔다. 차의 속도는 사회의 속도를 말하고, 차의 발전은 그 사회의 발전을 의미한다. 결국 한 나라의 교통기관의 발달은 그 나라 문명의 척도를 나타낸다고 할 수 있다. 따라서 차의 진보를 촉진한 '바퀴(wheel)'의 발명은 불의 사용과 함께 인류 역사에 있어서 가장 오래되고 가장 중요한 발명 중의 하나로 여겨지고 있다.

그러나 바퀴가 반드시 문명 발달의 정도를 알려주는 기준은 아니다. 서남 아시아, 아프리카의 일부 지역, 오스트레일리아, 폴리네시아, 아메리카 대륙 등지에서는 유럽 제국주의자들의 침략이 있기 전까지 바퀴를 이용한 운송수단의 도움 없이도 훌륭한 문화와 발달된 문명의 혜택 속에서 살고 있었다.

그 이유는, 이들 지역은 대부분 빽빽한 밀림과 울퉁불퉁한 지형, 사막 등으로 이루어져 있었기 때문에 바퀴를 이용한 운송이 절실하게 필요하지 않았던 것이다. 따라서 지역마다 그 지형적 특성에 알맞게 발달한 운송 수단을 가지고 있었다. 어떤 곳은 사람이 직접 짐을 날랐고, 어떤 곳은 노새가, 또 어떤 곳은 낙타가 대표적인 운송수단이었다.

멕시코와 중앙 아메리카 전역에서 바퀴 달린 점토물이 발견된 데서도 알 수 있듯이, 바퀴의 원리를 몰랐던 것이 아니라, 바퀴를 이용한 운송수단이 필요없거나 쓸모가 적었던 것이다.

결국 바퀴는 불의 이용처럼 모든 문명과 문화 안에서 발달의 핵심적인 요소로 생각할 수는 없다. 그러나 오늘날처럼 바퀴를 이용한 각종 운송수단이 전세계적으로 일반화되어 있는 시점에서 바퀴의 실질적인 중요성은 더 말할 여지가 없다.

004 그리스 자연철학의 시작

_____ B.C 6~7 세기

고대 그리스 자연철학자들이 "만물의 근원이 되는 물질(Arche)
은 무엇일까?"라는 질문을 하고 그 답을 찾아 이론으로 발전시켜 나
가는 과정을 살펴보면, 우리 자신이 세상에 태어나 세상을 지각하고
받아들이며 이성을 발전시켜 가는 과정과 비슷하다는 생각이 든다.

과학의 기본적인 지식이 없는 사람에게, 또는 어린아이에게 "이
세상의 다양한 물질들을 이루는 기본 물질이 있다면 그것은 무엇일
까?"라는 질문을 한다면 무엇이라 대답할까. 흙이나 물, 공기라는 대
답부터 쉽게 나올 것이다.

우리 주변의 자연에서 일어나는 현상들은 우리가 태어나면서 항
상 보아왔다는 이유로 아주 당연하게 생각되는 것들이 많다. 양지바
른 땅에다 씨를 뿌리고 적당히 물만 주면 땅의 성질과는 전혀 다른,
그래서 연관성이 전혀 없다고 느껴지는 초록색 잎, 빨강색 꽃이 피어
난다.

흙으로 빚어 사람을 만들었다는 성경 이야기나, 돌을 뒤로 던져
새로운 종족을 만들었다는 그리스 신화나 모두 땅의 경작능력에 기
초하는 내용이고 보면, 만물의 근원이 되는 물질중 하나로 흙을 꼽
았던 고대 자연철학자들의 주장이 전혀 엉뚱한 것은 아니라고 생각
된다.

그리스 시대 사람들에게 있어서 자연의 다양한 현상들은 변덕스러운 인간의 마음을 가진 신에 의해 일어나는 일들이었다. 자연의 재해를 당하지 않으려면 열심히 신전을 만들고 신의 마음을 달래야 했다.

그러나 이 시대에 등장한 최초의 자연철학자들은 보이는 것, 당연하다고 받아들여지는 것 모두를 사유의 대상으로 삼았다. 그들은 그들의 경험과 상식을 기준으로 우주를 생각하기 시작했고, 사물의 근원을 생각했으며, 물체의 운동에 대해 생각했다. 신의 변덕스러움과는 별도로 존재하는, 이해할 수 있고 예측할 수 있는 자연현상에 내재된 법칙을 생각했다. 변화하는 자연현상의 원인을 합리적인 이성으로 찾고자 했다.

뿐만 아니라 최초의 그리스 자연철학자들은 현대를 사는 우리의 기준으로 보면 비합리적으로 보이는 이론들을 만들었다고 생각되지만, 그들은 서로가 서로에게 영향을 주며 자연을 설명하는 더 합리적인 이론을 찾아나간다. 앞선 자연철학자들보다 더 적절히 자연현상을 설명하는 이론을 찾아가면서 과학을 발달시킬 수 있는 풍토를 만들어 나간 것이다.

이러한 이유로 고대 그리스 자연철학자들은 서양과학의 시조라 불리우게 되었다.

그리스 자연철학은 B.C 6~7세기 경 그리스와 에게해를 사이에 둔 이오니아의 밀레토스에서 시작되었다. 밀레토스는 그리스의 식민지이면서도 신전을 세우고 신을 이야기하는 그리스 본토와는 떨어져 있었기 때문에 자연 현상들에 대한 질문과 대답을 신과 연관시키지 않고 이성적으로 설명하려는 최초의 시도가 밀레토스에서 시작되었다고 한다.

또한 B.C 10세기 전후 시작된 철기의 사용으로 생산력이 증대하였고, B.C 7세기 경부터 시작된 화폐의 사용으로 상공업 계층의 부가 귀족에 의존하지 않고 독립할 수 있는 여유를 제공했기 때문이다.

뿐만 아니라 이오니아는 주위의 이집트, 메소포타미아, 페르시아, 중국 등과 교역하는 상업의 중심지였다.* 서양 과학의 시조 탈레스(Thales, B.C 624~549년 경)를 포함한 대부분의 자연철학자들이 이러한 상공업 계층 출신이었다.

이오니아 밀레토스의 최초의 자연철학자로 불리우는 탈레스는 "이 세상 만물의 근원이 되는 물질은 무엇인가?"라는 질문을 처음으로 하고, 그 답을 '물'이라 주장했다. 이는 아마도 그가 메소포타미아의 신화**와 밀레토스의 무역상인으로 에게해를 왕래하며 생계를 유지했던 자신이 처한 환경의 영향을 받았기 때문일 것이다.

탈레스를 이은 아낙시만드로스(Anaximandros, B.C 611~547년 경)는 우주의 형성은 신의 힘에 의해서가 아니라 물질 자신의 운동에 의한다고 주장하였고, 만물의 근원은 물과 같이 볼 수 있는 것이 아니라 지각할 수 없는 추상물질인 '무한한 것(to apeiron)'이라 하였다.

아낙시메네스(Anaximenes, B.C 546~525년 경)는 우주 만물의 근원이 되는 물질을 '공기'라 생각했다. 공기의 압축에 따른 밀도 증가와 팽창에 따른 밀도 감소가 갖가지 다양함을 가진 자연계를 만들어 낸다고 생각했다.

---

* 이후 페르시아에 의해 이오니아가 점령당하자 이오니아의 망명자들이 아테네로 옮겨가 아테네가 그리스 지적 성장의 중심지가 된다.
** 담수의 신과 해수의 신을 부모로 하여 우주가 태어났다는 신화.

이오니아 학파와는 다른, 그러나 이들과 같은 고민을 했던 에페소스의 헤라클레이토스(Herakleitos, B.C 540~480년 경)는 우주 만물의 근원이 되는 물질을 항상 변화하며 타고 있는 '불'이라고 보았다. 자연에 영원한 것은 없으며, 자연은 끊임없이 변화하며 활동하고 있다고 생각한 것이다. 물질을 만드는 동력원으로서 항상 변화하는 불을 생각했고, 에페소스의 거리가 페르시아군에 의해 허무하게 불타버리는 것을 보았던 것도 한 원인이 되었다고 한다. 그는 자연의 운동상태를 변증법적으로 본 최초의 인물이기도 하다.

이들의 자연철학을 이어간 사람은 그리스 엘레아의 파르메니데스(Parmenides, B.C 515~445년 경), 엠페도클레스(Ampedokles, B.C 490~430년 경), 아낙사고라스(Anaxagoras, B.C 500~428년 경)였다.

이오니아 학파에서는 운동을 물질의 속성이라 보았기 때문에 근본물질을 탐구하면서 운동의 원인은 생각할 필요가 없었다. 그러나 파르메니데스 이후의 자연철학자들은 운동을 물질로부터 분리하여, 물질 그 자체는 변하지 않으나 어떤 외적인 영향을 원인으로 운동을 한다고 생각하였다.

이후의 자연철학자들은 자연의 다양한 사물을 만들어내는 근본물질과 함께, 근본물질을 다양하게 만드는 외적인 요인도 생각하게 되었다. 즉 자연의 본질을 '변화'로 본 헤라클레이토스와는 달리 이후의 자연철학자들은 '불변'을 자연의 본질로 생각한 것이다.

엠페도클레스는 만물의 근본물질을 불, 물, 공기, 흙이라고 보고, 이 물질들이 사랑과 증오에 의해 결합하고 분리하여 자연계의 다양성을 만들어 낸다고 생각했다.

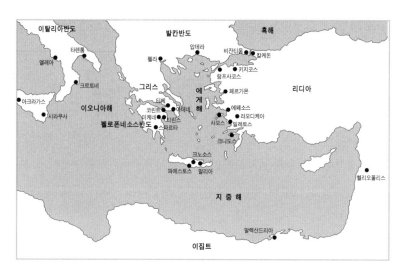

이오니아는 주위의
이집트, 메소포타미아,
페르시아, 중국 등과
교역하는 상업의
중심지였다

아낙사고라스는 무수한 종자로 만물의 근본을 생각했다. 즉 엠페
도클레스의 네 가지 원소만으로 자연계의 다양성을 만들어내기에는
불충분하다고 생각해서 질적으로 서로 다른 수많은 씨들을 생각하였
다. 이러한 씨들은 혼돈의 상태로 놓여 있는데, 순수한 지성(nous)에
의해 결합 또는 분리하여 다양한 자연계를 만들어 낸다고 하였다.

물질의 운동을 일으키는 외적인 요인으로 엠페도클레스는 '사랑'
과 '증오'를, 아낙사고라스는 '지성'을 생각하였다.

이러한 과학적인 전통을 종합한 사람이 '웃는 철학자'로 알려진
원자론의 데모크리토스(Demokritos, B.C 460~370년 경)이다.

피타고라스 정리의 증명

___ B.C 6 세기

피타고라스

농경 문화의 발달로 인류는 정착생활을 하면서 원시적인 방법으로 땅의 넓이를 측정하고 계산하며 살았다. 세월이 흐르면서 사람들은 대수학과 기하학을 원시적인 방법으로나마 발전시켰다. 고고학자들이 해독한 고대 이집트의 기록에 의하면, 이집트인들은 기원전 2000년 경부터 원시적인 수의 개념과 삼각형, 피라미드 등과 같은 기하학적인 개념들을 가지고 있었다.

또한 그들은 완성된 형태도 아니고 증명된 것도 아니지만, 지금은 피타고라스의 정리*라고 알려진 직각삼각형에 관한 이론을 알고 건축에 응용하고 있었다. 즉 인류 최초로 등장한 고도의 수학이론은 피타고라스 정리였던 것이다.

이들뿐 아니라 메소포타미아에 살았던 바빌로니아 사람들도 발달된 수학을 사용하고, 그것을 플림프톤(Plimpton) 322**로 알려진 점토판에 남겼다. 이 수학판은 기원전 1900∼1600년 사이에 만들어졌다고 하며, 1954년에 그 내용이 해독되었다.

---

*   직각삼각형의 빗변의 길이의 제곱은 다른 두 변의 길이의 제곱의 합과 같다.
** 이 이름은 미국 조지아 주에 있는 컬럼비아 대학의 플림트톤 소장품 목록번호 322에서 따온 것이다.

이 내용에 의하면 바빌로니아의 수학이 이집트의 수학보다 수준이 높았던 것으로 보인다. 그들은 이집트인들보다 피타고라스 정리의 더 다양한 예들을 알고 있었고, 상당히 수준 높은 계산술과 60진법의 수체계를 가지고 있었다.

합리적인 사고 속에서 자연에 대해 질문을 던진 최초의 자연철학자가 밀레토스의 탈레스였듯이, 최초의 논리적인 수학체계도 그에게서 나타났다. 수학에 있어서 그의 업적은 수학적 정리에 대해 직관을 배제하고 논리적 증명을 엄격히 요구한 데에 있다. 그가 증명한 방법은 남아 있지 않지만, 그에 의해 다음의 기하학적인 정리가 증명되었다고 알려져 있다.

1. 모든 직각은 다 같다.
2. 삼각형의 내각의 합은 2직각이다.
3. 이등변삼각형의 두 밑각은 같다.
4. 반원에 내접하는 삼각형의 한 각은 직각이다.

수학에 논증을 도입한 탈레스 이후 가장 뛰어난 수학자로 알려진 사람은 피타고라스(Pythagoras, B.C 582~497년 경)이다.

수에 대한 호기심과 경이로움뿐만 아니라 종교적 숭배심까지 가졌던 피타고라스는 에게해의 사모스섬에서 출생했다. 그는 당대에 가장 앞섰던 이오니아의 철학자들에게서 가르침을 받았다. 그러나 그것으로 만족하지 않고 이집트와 바빌로니아를 여행하며 다양한 학문을 공부했다.

다른 사람들과 쉽게 어울리기 힘든 신비적 경향을 가진 그는 고향 사모스로 돌아왔으나, 폭코 폴리크라테스의 지배하에 있던 고향에 적응하지 못한다. 결국 그는 고향 사람들과 섞이지 못하고 이탈리아 남부 크로토네라는 작은 마을로 이주해, 자신의 추종자들과 광신적이고 비밀스러운 공동체를 만든다. 그래서 이후에 알려진 그의 철학은 그의 제자들의 것과 정확하게 분리할 수 없다.

그들은 그리스의 종교적 양식과 이집트의 영향이 뒤섞인 종교 생활을 했다. 그들의 생활 방식은 피타고라스의 영향으로 매우 신비적인 분위기를 가지고 있었고, 다른 사람들에게 알려져 있지 않았다. 그들 중에서 공동체에 헌신하고 규율을 잘 지킨 사람만이 그들의 영적인 지도자인 피타고라스의 직접적인 가르침을 받는 그룹에 들 수 있었다.

그들은 당시의 자연철학자들과 다른 매우 독창적인 사고로 만물의 근본을 논했다. 당시의 자연철학자들은 만물의 근본을 물, 불, 공기, 흙 등과 같은 물질에서 찾았다. 그러나 피타고라스는 만물의 근본은 (비물질적인) '수'라고 주장했다. 그 수는 물론 1, 2, 3, 4와 같은 자연수였고, 이 수들을 기하학에서의 점과 대응시켰다.

피타고라스는 수들이 신의 속성을 가졌다고 믿었기 때문에 수들을 신과 동등하게 여겼다. 우주를 수학적 조화로 가득 찬 커다란 악기라고 보았고, 음악은 수의 조화를 나타내는 또 다른 표현이 되었다. 또한 그는 수에 윤리적이고 도덕적인 성격들이 있다고 믿었다. 인간의 영혼조차도 우주의 한 부분으로서 수의 또 다른 형태라고 보았다.

피타고라스는 수학사에 중요한 두 가지 기여를 했다. 물론 그 자신의 업적인지 아니면 제자들의 업적인지는 불분명하지만, 그 때까지 결과만 알려져 있던 피타고라스의 정리를 최초로 증명하였다. 그는 이 정리를 증명하고 너무 기뻐 황소를 잡아 신께 바쳤다고 한다.

$$a^2 + b^2 = c^2$$

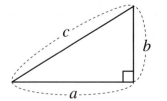

또 한가지는 무리수의 발견이었다. 그러나 이것은 그들에게 심각한 고민을 안겨주었다. 두 변의 길이가 1미터인 직각 삼각형의 경우 대각선의 길이는 어떤 정수 값도 아닌 수, $\sqrt{2}$ 즉 '약분되지 않는 수'가 발견된 것이다.

이 발견은 당시까지 '합리적인 수'로서의 자연수만을 생각했던 피타고라스 학파를 놀라게 했다. 형상없는 존재의 실존은 절대 다른 사람들에게 누설되지 말아야 할 것으로 생각한 그들은 무리수를 발견한 사실을 비밀로 하였다.

그들 중 크로토네의 귀족 킬론(Kylon)이라는 사람이 비밀스럽고 신비적인 공동체에 반기를 들었고, 그 결과 공동체는 해체되었다. 이후 피타고라스는 이탈리아를 떠돌며 나머지 생애를 보냈다.

그러나 피타고라스의 수에 대한 신봉과 완벽한 수학적 조화를 이루고 있다는 우주의 개념은, 이후 우주는 기하학적인 조화를 이루고 있다는 플라톤의 사고와 함께 근대 과학자들에게 중요하게 받아들여져, 근대 과학자들의 과학과 우주에 대한 기본적인 믿음이 되었다.

고대 원자론

_____ 데모크리토스 | B.C 5세기

과학에서 유래해 1900년대에 가장 많이 쓰인 단어중 하나는 '원자(atom)'이다. 원자라는 말은 과학 발달의 한 상징처럼 들리는 단어이기도 하다. 뉴턴의 운동방정식이 전혀 들어맞지 않는 아주 작은 원자 내부 세계에 대한, 이전과는 전혀 다른 새로운 지식과 이 지식에 대한 일반인들의 놀라움의 표현은 다양한 방면에서 원자라는 단어의 사용으로 나타났다.

1900년대 과학의 진보는 이 새로운 세계의 발견들에 기초한다. 도저히 상상할 수 없을 만큼 작은 세계*인 원자 내부로 과학자들의 시선이 향했을 때, 이 새로운 우주에는 우리가 경험하는 세계와는 전혀 다른 법칙을 따르는 새로운 입자들이 널려 있었다. 이 공간 속의 입자들이 하나씩 발견될 때마다 노벨상이 하나씩 주어졌다고 해도 과언이 아닐 정도로 많은 과학자들은 이 새로운 세계에 빠져 들었고, 많은 것을 발견해 냈다.

원자라는 말은 고대 그리스어 'atomos(쪼갤 수 없는)'에서 유래

---

* 가장 작은 원자인 수소원자의 지름은 10^{-10}m, 질량이 1.67×10^{-27}kg 정도이다. 비유하자면 사과 대 원자의 크기 비는 지구 대 사과의 크기 비와 거의 같다.

한다. 고대 원자론의 창시자는 레우키포스(Leucippos, B.C 440년 경)였으나, 그것을 확립한 사람은 아테네의 데모크리토스(Demokritos, B.C 460~370년 경)이다.

데모크리토스는 눈에 보이지 않으며 더 이상 나눌 수 없는 작은 입자들, 즉 원자들이 결합하고 분리하여 자연계의 다양한 현상을 만들어 낸다고 주장했다. 이들이 만들어 내는 장소로서 공허한 공간, 아무 것도 없는 공간인 진공(kenon)을 생각했다. 이 진공 속에서 무수한 원자들이 소용돌이치고 부딪치고 결합하여 중심에서는 물과 흙, 바깥쪽에서는 공기와 불이 생겼다고 생각했다. 생명체도 원자의 결합체인 흙과 태양열과 바람에 의해 나왔고, 인간의 영혼조차 원자로 만들어졌다고 생각했다.

또한 원자는 눈에 보이지 않으므로 감성이 아니라 이성에 의해서 파악된다. 이성에 의해 원자의 형태, 크기, 배열, 위치 등을 알 수 있고, 감성에 의해 단맛, 쓴맛, 따뜻함, 차가움, 색 등을 알게 된다.

뿐만 아니라 이 둘은 구별되어지지만, 이성에 의해 감성에 의한 것이 설명된다. 감성과 이성의 통일은 이러한 형태로 데모크리토스에 의해 결실을 맺었다.

데모크리토스는 고대의 다빈치라 불린다. 그러나 이 대가를 알아주는 아테네인은 없었다. 이때에 아테네는 스파르타에 패하였고, 귀족파와 민주파의 극심한 투쟁 중에 있었다. 이 상황에서 민주파의 의견을 가진 데모크리토스는 사람들의 인정을 받을 수가 없었다.

뿐만 아니라 데모크리토스의 원자설은 신의 존재와 상관없이 존재하는, 원자들의 맹목적인 운동으로 우주가 진행된다는 무신론적인 세계관을 가진 유물론이었다. 당시 그리스 자연철학은 유물론적인 경향을 가지고 있었지만 종교와 분리되지는 않았다.

그리스 자연철학자들은 우주가 신의 의지와 계획에 의해 질서있고 논리적으로 만들어진 것이라고 믿었다. 따라서 무신론적인 데모크리토스의 원자설은 당시에는 주류가 아니었던 "물체의 운동은 신의 의지와 상관없이 무작위적이다"라는 주장을 했던 로마 시대의 철학자 에피쿠로스(Epicouros, B.C 341~270년 경)에 의해서 받아들여졌다.

고대 그리스 시대의 원자론은 기본적으로 과학적인 실험과 관찰에 의한 것이 아니다. 당시 원자론을 증명할 만한 근거는 아무 것도 없었다. "물질이 더 이상 쪼갤 수 없는 원자로 구성되어 있고, 그 사이의 공간은 아무 것도 없는 진공이다"라는 그의 이론은, "진공은 없고 온 세계는 물질로 가득 차 있다"라는 아리스토텔레스의 이론에 묻혀 있다가 거의 2천년이 지난 근대에 이르러 기계적 철학으로 부활된다.

히포크라테스의 의술

___ B.C 5세기

고대 그리스의 의술은 합리성과 거리가 먼 주술에 가까웠다. 사람들은 자신들이 앓고 있는 다양한 질병이 자신들의 죄 때문에 내려진 신의 벌이라고 생각하며, 병의 원인을 초자연적인 것에서 찾았다. 병에 걸린 사람은 신전에 찾아가 병을 고쳐달라고 빌었고, 그 이상의 치료방법은 없다고 믿었다.

이러한 주술적·종교적 질병관을 버리고 모든 질병의 원인과 그 치료 방법을 자연에서 찾으려는 노력이 히포크라테스(Hippokrates, B.C 460~377)에 의해 처음 시작되었다.

그는 제사장의 아들로 태어나 어려서부터 신전에 찾아오는 병든 사람들을 볼 기회가 많았다. 이런 환자들을 관찰하고 치료하면서 그는 '체액설'이라는 인체이론을 기본으로 한 의학체계를 세웠다.

그가 정립한 체액설의 바탕은 그리스 자연철학자들의 영향을 받아 인간의 몸이 불, 물, 공기, 흙의 4원소로 이루어져 있으며, 인간의 체액은 이 4원소에 상응하는 혈액, 점액, 황담즙, 흑담즙의 네가지로 이루어져 있다는 것이다.

그리고 이 4가지 체액들이 신체의 성질과 건강을 결정한다. 이들이 적당한 조화를 이룰 때 사람은 건강하며, 이들의 조화가 깨져 어느 하나가 모자라거나 넘치면 병이 생긴다고 보았다. 따라서 의사의 임무는 이들이 조화와 균형을 회복하는 것을 도와주는 것이고, 병을 낫게 하는 근본적인 힘은 자연에 있다고 보았다.

히포크라테스

그는 증후학, 예후학에도 조예가 깊어 병이 생기면 그 병의 원인을 알기 위해 환자의 직업, 가족 배경, 생활 환경도 조사해야 한다고 주장했다. 또한 질병의 시간에 따른 경과를 나타낸 임상보고서를 철저히 적어 병의 예측도 가능하게 했다.

그는 고대 최초의 합리적인 사고를 가진 의사였다. 병은 신이 인간에게 가한 벌이라 생각해서 그 치유를 신에게 빌던 관습에서 과감하게 벗어나 병의 원인을 이해 가능한 자연에서 찾고자 했다. 그의 체액설은 당시의 상황에서 인체에 대해 합리적으로 설명하고자 한 첫 시도였다는데 의의가 있다.

또한 그의 이름을 동반한 의사의 윤리관은 오늘날까지 전해 내려와 의사의 역할이 무엇인가를 알려 주고 있다.

[히포크라테스 선서]

나는 의사의 신인 Apollo, Aesculapius, Hygeia, Panacea에 맹세하여 나의 능력과 판단에 의하여 다음의 선서를 준수할 것을 모든 신과 여신 앞에서 맹세한다.

이제 의업에 종사할 것을 허락받으매
나의 생애를 인류 봉사에 바칠 것을 엄숙히 서약하노라.
나의 은사에 대하여 존경과 감사를 드리겠노라.
나의 양심과 위엄으로서 의술을 베풀겠노라.
나의 환자의 건강과 생명을 첫째로 생각하겠노라.

나의 환자가 알려준 모든 내정의 비밀을 지키겠노라.

나의 의업의 고귀한 전통과 명예를 유지하겠노라.

나의 동업자를 형제처럼 여기겠노라.

나는 인종, 종교, 국적, 정당정파 또는 사회적 지위 여하를 초월하여 오직 환자에 대한 나의 의무를 지키겠노라.

나는 인간의 생명을 수태된 때로부터 지상의 것으로 존중히 여기겠노라.

비록 위협을 당할지라도 나의 지식을 인도에 어긋나게 쓰지 않겠노라.

이상의 서약을 나의 자유 의사로 나의 명예를 받들어 하노라

'히포크라테스 선서'는 시대에 맞게 약간씩 수정된다. 위의 선서는 1948년 제네바에서 열린 세계의료인총회에서 채택되어 1968년 수정된 것으로 제네바 선언으로 불린다.

아리스토텔레스의 자연철학

_____ B.C 4세기

서양의 과학사에 가장 오랫동안 가장 큰 영향력을 끼쳤던 과학자는 누구일까? 뉴턴? 아인슈타인? 그러나 대부분의 과학자들은 아리스토텔레스(Aristoteles, B.C 384~322)라고 답할 것이다. 그는 고대 그리스 자연철학의 완성자이자 모든 학문의 통합자이며, 서양의 과학사 2천년을 지배한 사람이다.

아리스토텔레스는 그리스의 마케도니아에서 대대로 의사인 집안에서 태어났다. 그는 17세 때 플라톤(Platon, B.C 427~347)이 세운 교육기관인 아카데미아에 들어가 그의 제자가 되었다.

플라톤은 이원론을 주장한 고대 관념론의 대가였다. 그는 이오니아의 유물론적인 과학적 전통을 정면으로 반박하며 현상의 세계는 불변불멸인 천상의 세계(이데아의 세계)의 복사판에 불과하다는 이데아론을 주장했다.

그는 우주에 대해서도 마찬가지로 이원론적인 세계관을 주장했다. 그에 의하면 지구와 멀리 떨어진 저 우주에는 완벽한 본질의 세계이자 이데아의 세계가 존재한다. 따라서 우주에는 창조주의 설계와 의지가 있으며, 창조주는 완벽한 수학적 조화를 추구하는 신이다. 따라서 우주는 신의 수학적인 설계에 의해 기하학적인 조화로 지배되는 곳이다.

이와 같이 플라톤은 세계를 이상적인 완벽한 이데아의 세계와 우리가 사는 현상의 세계로 양분하였다. 또한 플라톤은 이데아의 세계를 받아들이는 이성을 강조한 반면 감성에 의해 받아들이는 실험이나 관찰을 낮게 평가했다.

그리고 플라톤의 수학적인 조화와 아름다움에 대한 믿음은 과학혁명을 주도했던 근대과학자들에게도 중요하게 받아들여져, 갈릴레오와 케플러 등 많은 과학자들에게 지대한 영향을 끼쳤다. 그 결과 그들은 자연을 표현하는 방식은 수학적 조화와 간결함, 아름다움을 가져야 한다고 생각했다.

이렇게 이데아의 세계를 생각했던 플라톤과 달리 아리스토텔레스는 사물과 그 본질은 분리할 수 없다고 보았다. 따라서 아리스토텔레스는 플라톤이 낮게 평가했던 자연계, 물질계의 운동을 객관적으로 파악하고 그 원인을 추구했다.

뿐만 아니라 고대의 논리학, 형이상학, 물리학, 생물학, 심리학, 윤리학의 완전한 체계를 세웠다. 그는 밀레토스의 자연철학자들이 의문을 제기한 후 끊임없이 반복된 질문, 즉 우주의 근본물질에 대한 답으로 엠페도클레스의 4원소설*을 받아들였다.

또한 그는 이 근본물질의 원인이 되는 기본적인 네 가지 성질로서 온, 냉, 건, 습을 들었다. 이 네가지 성질이 조합하여 우주의 근본물질인 불(온+건), 공기(온+습), 물(냉+습), 흙(냉+건)이 생긴다고 하였다.

아리스토텔레스가 생각한 원소는 성질의 조합에 의해서 생기므로, 얼

* 이후 아리스토텔레스의 4원소설로 불린다.

마든지 다양한 사물을 만들어내는 현상을 설명할 수 있었다.

이러한 조합에 의해 설명되는 대표적인 예가 물의 끓는 현상과 어는 현상이었다. 물이 차가움(냉)과 접하면 얼음이 된다. 얼음이 불(온)과 접하면 다시 물로 된다. 더 많은 불이 가해지면 물은 끓고 공기로 변화한다.

또 다른 예는 나무 토막에서도 볼 수 있다. 막 자른 나무토막은 수액(물)이 나오지만, 탈 때 그것은 불꽃과 연기(공기)를 내어놓는다. 연소가 끝난 마지막에는 재(흙)가 남는다.

이러한 설명들은 그 시대의 과학의 발달 정도를 기준으로 보면 대단히 과학적이고 합리적이다.

아리스토텔레스의 이름이 붙은 물리학 체계는 우주의 중심에 정지하고 있는 지구에 대해서 전개한 것이며, 그 나름대로 완성된 이론이다. 그의 물리학은 상식의 물리학으로 알려져 있다. 그의 이론들은 사람들이 이 세상에 태어났을 때부터의 보고 느낀 것으로 누구나 공감할 수 있기 때문이다.

물건을 공기 중에 놔두면 곧장 아래로 낙하한다. 따라서 아리스토텔레스에게 있어서 지상에 있는 물체의 자연적 운동은 곧장 아래로 향하거나 위로 향하는 직선운동이다. 그러나 실 끝에 물체를 매달고 돌리는 운동은 강제적인 운동이므로 물체의 본성을 거역하게 되는 운동이다. 이와 같이 아리스토텔레스는 물체의 운동을 자연적 운동과 강제적 운동으로 나누어 생각했다.

또한 달을 기준으로 달 바깥의 천상의 세계와 달 아래의 지상의 세계로 나누었다. 천상의 세계는 완전한 물질인 제 5원소로 구성되어 있고, 그 세계는 영원불멸한 신의 세계이므로 그들의 운동은 완전한 도형인 원을 따르고 속력도 변화하지 않는 등속원운동이라고 했다. 달 아래 지구는 변화하고 소멸하는 불완전한 세계이므로 변화하고 소멸하는 공기, 흙, 물, 불로 이루어져 있고, 지구에서의 물체들의 운동은 불완전한 직선 운동을 할 수밖에 없다고 하였다. 즉 운동도 천상의 운동과 지상의 운동으로 완전히 나누어 생각했다.

이러한 그의 자연철학은 만물은 신을 목적으로 하여 운동한다는 목적론적 세계관으로 대표된다. 이러한 사상은 데카르트가 완성했던 근대의 기계론적 세계관과 대립되는 것이다.

또한 아리스토텔레스는 진공을 부정했다. 즉 우주의 모든 공간은 물질로 가득 차 있고, 물질은 공간에 연속적으로 존재한다고 주장했다. 이것은 진공의 존재를 인정했고, 물질을 이루는 최소의 입자로 원자를 가정했던 데모크리토스와 완전히 대조되는 입장이다.

그는 생물학 분야에서도 세심한 관찰을 기초로 이루어 놓은 업적이 많은데, 그 중 동물 분류가 뛰어나 동물학자로도 불리운다. 그는 동물 약 540종을 분류했는데, 이 분류법은 18세기에 이르러 린네(Carl von Linné, 1707~78)에 의해 체계화될 때까지 그대로 사용되었다.

이렇게 나름대로 완벽한 체계를 갖춘 아리스토텔레스의 과학적 세계관을 벗어나기 위해 역사는 오랜 시간을 기다려야 했다. 중세 동안 그의 이론은 중세 신학의 기반이 된 스콜라 철학에 의해 받아들여져 그의 이론을 반박하는 것은 곧 신에 대한 거역으로 인식되었기 때문이다.

따라서 근대 이후 과학의 발달은 아리스토텔레스로 대표되는 이론들의 무너짐에 따른 새로운 물질관, 운동관, 우주관, 세계관이 성립하는 과정에서 이루어졌다. 물론 아리스토텔레스의 과학적 체계는 결코 저절로 무너지지는 않았다.

기하학 원론

___ 유클리드 | B.C 4세기

서구 2000여년의 과학적 사고를 지배한 것은 아리스토텔레스의 과학이론이었다. 마찬가지로 그 세월 동안 서구 2천여년의 기하학은 유클리드(Euclid, B.C. 300년 경)에 의해 완성된 기하학 이론이 지배했다.

유클리드

유클리드 이전, 최초의 기하학은 땅을 측정하기 위한 학문이었다. 고대 이집트의 농경생활에서 나일강의 범람은 그 주변의 땅들을 늘 생산력이 풍부한 옥토로 유지시켜 준다는 점에서 매우 중요했다. 그러나 나일강 범람 후 남의 땅과 내 땅의 경계가 없어져 버리는 상황에서 정확한 측정이야말로 더 말할 나위 없이 모두에게 필요한 일이었다. 유프라티스강 유역의 바빌로니아나 황하강 유역의 중국에서도 같은 이유로 기하학이 발달했다. 이와 같이 이 시대 기하학은 실질적인 필요에 의해 측정과 관찰, 직관을 기초로 발달했다.

그리스인들은 이러한 고대 이집트와 바빌로니아의 기하학을 받아들였고 이를 사변적인 학문으로 발전시켰다. 기하학의 창시자는 탈레스로 알려져 있다. 그는 최초로 논리적인 추론으로 원과 삼각형에 관한 기하학적인 결과를 증명했다. 그리스인들은 기하학이 인간의 지성을 계발할 뿐 아니라 합리적 판단을 할 수 있게 한다고 생각하였다. 따라서 지성을 가지려면 반드시 기하학을 배워야 했고, 기하학을 모든 학문의 기본이라고 여겼다.

당시 자연철학자들이 기하학을 얼마나 신봉했는가 하는 것은 플라톤을 보면 잘 알 수 있다. 플라톤은 신들이 기하학적으로 사고한다고 생각했기 때문에, 신들의 공간인 우주 또한 기하학적인 조화로 가득 차 있을 것이라고 믿었다. 또한 그는 엠페도클레스의 4원소설을 수학적인 4원소설로 대치하였다. 즉, 가장 안정한 정육면체는 흙, 정사면체는 불, 정팔면체는 공기, 정이십면체는 물, 가장 원에 가까운 정십이면체는 그 완벽성으로 인해 우주를 구성하는 제5원소라 표현했다. 또한 그는 자신이 세운 교육기관인 아카데미아의 입구에 '기하학을 모르는 자는 들어오지 말라'라는 문구를 써 놓았다고 한다.

뿐만 아니라, 유클리드와 관련된 다음과 같은 일화들도 있다.

알렉산더가 이른 나이에 죽은 후, 그의 휘하에 있던 부장이 이집트를 통치하며 프톨레마이오스 왕조를 세운다. 그리하여 이집트는 그리스인의 후예를 왕으로 받아들여 번영한다. 이들 중, 프톨레마이오스 2세와 유클리드의 대화에서 프톨레마이오스 2세가 기하학을 좀 더 쉽고 빠르게 배우는 방법을 물어오자, 유클리드는 "기하학에는 왕도가 없습니다"라는 말을 하였다고 한다.

이것보다 좀 더 유머러스하면서도 담고 있는 뜻이 이에 못지않는 일화도 있다. 뮤세이온(Museion)*의 교수로 있던 유클리드에게 하루는 기하학을 배우던 제자가 물었다. "제가 이것을 배워서 무엇을 얻습니까?" 이에 유클리드가 주위를 보며 "이 사람에게 동전 한 잎을 갖다

---

* B.C 3세기 초 이집트 알렉산드리아에 프톨레마이오스 1세가 세운 왕실부속 연구소를 말한다. 지식을 보존하고 연구하고 가르치는 일들을 하였으며, 이를 위해 대도서관, 식물원, 동물원, 실험실, 해부실 등과 강의실, 산책로, 연구생을 위한 기숙사 등이 있었다.

인류사를 바꾼 100대 과학사건

주어라. 그는 항상 배운 것으로부터 무엇인가를 얻어야 하니까"라고 말했다고 한다.

유클리드는 눈금이 없는 자와 캠퍼스*만을 사용해 당시까지의 수학적 지식을 모두 13권으로 이루어진 『원론』에 체계적으로 정리하였다.

이후 『원론』은 '수학자들의 성서'라는 명성을 얻었다. 유클리드는 모든 기하학의 문제를 관찰이나 실험에 의하지 않고 오직 논증에 의하여 추론하여 연역적인 관계를 가지는 기하학으로 발전시켰다. 그는 가장 먼저 점, 선, 평면을 정의하고, 자명하다고 여겨지는 다섯 개의 공준(postulate)과 다섯 개의 공리(axiom)를 기본적인 명제로 삼아 복잡하면서 직관적으로 명백하지 않은 방대한 내용의 명제 456개를 증명하였다.

유클리드가 당연하기 때문에 증명할 필요가 없다고 본 다섯 개의 공준과 다섯 개의 공리는 다음과 같다. 이중 특별히 기하학적인 성질을 가지는 것을 공준이라 하며, 현재에는 모두 공리라 부른다.**

[공준] 1. 임의의 한 점에서 다른 점으로 직선을 그을 수 있다.
　　　 2. 임의의 유한한 직선은 무한히 연장할 수 있다.
　　　 3. 임의의 한 점에서 임의의 반경을 가지는 원을 그릴 수 있다.
　　　 4. 모든 직각은 서로 같다.

＊　　그리스 수학자들이 제일 관심을 가진 수학문제는 가장 단순한 도형인 직선과 원을 그릴 수 있는 도구들(눈금이 없는 자와 캠퍼스)만을 이용해 여러 가지 평면도형과 똑같은 넓이를 가진 정사각형을 구하는 것이었다. 이것은 비대칭 불균형도형의 균형있는 대칭도형으로의 변화를 의미하며, 이에 대한 그리스인들의 정열은 곧 우주의 단순성과 아름다움에 대한 추구였다.

＊＊　수학의 이론체계에서 명제의 전제로써 가정하는 사항을 모두 공리라 한다. 유클리드는 다른 명제들을 증명하는 기본 명제중 기하학과 관련된 것을 특별히 공준이라 하였다.

5. 한 직선과 두 직선이 만날 때 어느 한 쪽의 두 내각의 합이 두 직각 보다 작으면 이 두 직선을 무한히 연장할 때 두 직각보다 작은 각이 이루어지는 쪽에서 두 직선은 반드시 만난다.

[공리] 1. 동일한 것과 같은 것은 서로 같다. $a=b \ \ a=c \rightarrow b=c$
2. 같은 것에 같은 것을 각각 더하면 그 전체는 서로 같다.
$a=a' \ \ b=b' \rightarrow a+b=a'+b'$
3. 같은 것에 같은 것을 각각 빼면 그 나머지는 서로 같다.
$a=a' \ \ b=b' \rightarrow a-b=a'+b'$
4. 서로 일치하는 것은 서로 같다.
5. 전체는 부분보다 크다.

위 내용중 공준 5를 '평행선의 공준'이라 부르는데, 19세기의 수학자들은 이 명제를 논의하는 과정에서 '비유클리드 기하학'을 만들어냈다.

이러한 적은 수의 자명한 명제로 정리를 만들고, 이 정리들을 논리적인 순서로 배열하여 논증에 의한 추론으로 증명한 『원론』의 형식체계는 서양 학문에 커다란 영향을 주었다. 뉴턴조차도 『프린키피아』에서 이 형식체계를 원용하였고, 철학의 명제들도 이러한 방식을 따랐다.

물론 근대에 오면서 수학자의 성서라 불리던 『원론』의 논리적 결함들이 발견되었지만, 그 내용과 형식체계는 서구 2천여 년 동안 수학의 본질과 증명의 개념, 수학이론의 전개 방식을 알려 주었으며, 수학의 영역을 넘어 모든 학문의 발전에 도움을 주었고, 또한 인간의 사고방식에도 커다란 영향을 주었다.

종이의 발명

____ 채륜 | 105년

종이는 중국인들의 발명품이다. 종이가 발견되기 전까지 서양에서는 자신들의 지식을 주로 특정 지역에서만 생산되는 파피루스나 값비싼 양피지에 기록할 수밖에 없었다. 따라서 파피루스나 양피지 책을 볼 여유가 있는 사람만이 지식에 접할 수 있었다. 이외에 돌이나 동물의 뼈, 나무껍질, 대나무 등에 남기고 싶은 것을 기록하기도 하였다.

파피루스는 지중해 연안에서 자라는 다년생 풀이다. 이 식물의 줄기를 가늘게 쪼개 만든 것에 사람들은 역사를 기록해 남겼다. 양피지는 소, 양 또는 새끼 염소의 가죽에 글을 쓸 수 있게 만든 것으로 B.C 190년 경 파피루스가 생산되지 않는 지역에서 발명되었다.

그후 견고하고 장기간 보존이 가능한 양피지의 사용이 파피루스를 압도하게 되었다. 그러나 양피지는 부피가 크고 무거운 데다가 비싸기까지 하여 값싸고 재질이 뛰어난 종이가 발명된 후에는 점차 사라지게 되었다.

종이는 A.D 105년 경 중국 후한의 채륜이라는 사람이 발명하였다. 당시 중국은 한나라가 재건된 지 50여 년이 지난 뒤였기 때문에 정치적·문화적 수요에 따라 기록을 위한 재료가 많이 필요하던 때였다. 채륜은 한나라 궁중에 물품을 조달하는 일을 담당하고 있었다.

그때까지 중국에서는 주로 대나무나 나무 조각에 지식을 적어 끈으로 엮어 책을 만들었다. 따라서 이것은 매우 크고 무거웠다. 그는 이러한 문제점을 검토하다가 제지술을 발명하기에 이른다.

종이는 나무껍질과 같은 폐품이 주원료이었으므로 값이 싸고 많은 양을 짧은 시간에 만들 수 있었고, 사용과 휴대가 간편한 장점을 지녔다. 이로 인해 종이는 빠르게 전파되었다.

시간이 지남에 따라 종이를 만드는 기술이 점점 개량되어 종류도 다양해지고, 생산량도 증가하였다. 또한 인쇄술이 개발되고 발달하면서 종이의 생산량은 더욱 증가하였다.

이렇게 중국에서 발명된 종이는 아랍을 통해서 서양으로 전파되었다. 8세기 중엽에 당나라와 아랍은 커다란 전쟁을 벌였는데, 이 전쟁에서 당나라가 패하였다. 이 때 아랍의 포로로 잡힌 중국인 중에는 제지공들도 끼어 있었다. 이들에 의해 아랍에 제지술이 보급되기 시작하였으며, 10세기 경에는 이집트에, 11세기 경에는 지중해 연안까지 전파되었다.

이렇게 서양으로 전파된 종이는 1455년에 발명된 구텐베르크의 활자술과 함께 지식을 보존하고 발전시키는 역할을 했다. 뿐만 아니라 특권층만 접할 수 있었던 지식을 일반인들도 배울 수 있도록 하는 데에 커다란 역할을 하게 되었다.

시간이 흘러 19세기가 되자 종이 생산은 가내수공업에서 공장제로 바뀌게 되었고, 원료도 닥나무나 대마초 등 몇 가지 풀 종류나 관목에서 나무의 펄프로 대체하게 되면서 대량생산이 가능해졌다. 종이의 대량생산은 산업혁명과 함께 신문, 잡지 등 책의 발행 부수를 늘리는 원동력이 되었다.

인류사를 바꾼 100대 과학사건

우리나라에는 4세기 경 제지술이 전래되어 주로 닥나무를 이용해 종이를 만들었는데, 신라에서 생산된 종이는 색이 하얗고 질감이 고르면서 질겨 지금까지 그 원형이 보존되어 있을 정도이다. 이에 비해 서구의 종이는 펄프를 만드는 과정에서 탄산나트륨이나 황산과 같은 강한 약품을 사용하여 백년이 못되어 변색되고 쉽게 부스러지는 단점이 있다.

그러나 우리나라의 제지산업은 서양이 산업혁명기에 이루었던 것과 같은 대량생산체계를 갖지 못하였기 때문에 일제시대에 들어온 서구의 제지술에 대항할 만한 경쟁력이 없었다. 그리하여 지금은 닥나무로 만드는 전통 한지는 소수의 재래기술 보유자에 의해 소량 생산되고 있으며, 대부분의 종이 생산은 서구로부터 받아들인 제지술에 의존하고 있다.

종이는 기본적으로 지식을 체계적으로 정리하는 공간으로서의 의미와 함께 그 지식을 다른 사람과 공유하게 하고 보존하게 하는 중요한 도구이다. 따라서 인간이 가진 모든 지식은 종이가 있음으로써 후세로 계승되어 발전할 수 있었다.

프톨레마이오스의 『알마게스트』

_____ 2세기

B.C 331년 경 알렉산더가 이집트를 정복한 후 세운 도시 알렉산드리아는 그리스의 자연철학을 이어 받아 가장 앞선 과학, 문화, 경제의 중심이 된다. 물리적인 세계 정복을 기초로 동서 문화의 만남을 시도해 세계 문화의 번영이라는 커다란 꿈을 가졌던 알렉산더가 33세라는 이른 나이로 죽게 되자, 뒤를 이어 이집트는 프톨레마이오스 1세(Ptolemaeos I, B.C 367~283)가 통치한다.

그는 알렉산드리아에 대규모의 도서관, 식물원, 동물원, 천문대, 해부실, 실험실 등을 갖춘 뮤세이온(Museion)을 세워 고대 그리스 철학을 포함한 세계의 지식을 국가 차원에서 보존하고 발전시키고 확산시키는 일을 한다. 뮤세이온에서 활동했던 대표적인 학자들 중에는 우리가 잘 알고 있는 에라토스테네스, 프톨레마이오스, 유클리드, 아르키메데스 등이 있다. 이들 중 고대 천문학의 완성자로서 과학혁명이 시작될 때까지 천문학에 이름을 남긴 사람이 프톨레마이오스(혹은 톨레미, Klaudios Ptolemaeos, 85~165년 경)이다.

프톨레마이오스의 천문학 이론은 아리스토텔레스의 우주론과 헬레니즘의 천문학이 결합하여 만들어졌고, 중세에는 기독교와 결합하였다. 근대 과학혁명의 시작은 그의 이론을 깨뜨리는 것부터 시작되었다.

뮤세이온은 그리스의 자연철학에 관련된 모든 자료를 가지고 있었고, 이곳에서 공부한 프톨레마이오스도 당연히 아리스토텔레스의 이론에 접할 수 있었다.

그는 아리스토텔레스가 천상계와 지상계를 구분한 이론과 함께 천상계의 운동이 등속원운동이라는 것도 자연스럽게 받아들였다.

그러나 프톨레마이오스는 아리스토텔레스의 이론이 실제의 관측과 맞지 않음을 발견하였다. 그가 아리스토텔레스의 이론에 어긋나지도 않고 자신의 관측 결과와도 일치하는 방법을 찾아 체계화한 책이 아랍어로 '가장 위대한 책'이라는 의미를 가진 『알마게스트』이다.

밤하늘을 보면 시간에 따라 밝기가 달라지는 별을 관찰할 수 있다. 천상계는 영원불변하다고 주장한 아리스토텔레스의 이론에 의하면 이것은 받아들일 수 없는 사실이다. 이에 대해 프톨레마이오스는 별이 도는 중심(이심)이 정확히 지구와 일치하지 않는다고 설명했다. 따라서 별이 공전하는 중심에 있지 않는 지구에서 별을 관측하면 그 위치에 따라 밝기가 변할 수 있다.

또한 등속원운동을 해야 할 행성들이 실제로 관측해보면 가던 방향으로만 계속 가는 것이 아니라 가던 방향과 반대로 가거나 공전 속도가 변하는 것도 발견된다. 이를 설명하기 위해 프톨레마이오스는 행성들이 지구 주위로 원운동을 하면서 다시 그 자리에서 작은 원운동(주전원)을 한다고 하였다.

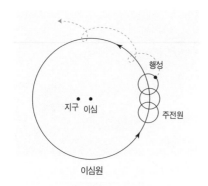

프톨레마이오스의
주전원, 이심

프톨레마이오스의
천동설

하늘에서 운동하고 있는 행성들은 아리스토텔레스의 이론(완벽한 천상계의 운동이므로 등속원운동을 해야 한다)을 수용하기 위해 많은 원들의 복잡한 조합으로 돌아야 했다. 또한 지구 주위를 도는 행성들은 순서대로 자신들의 천구에 붙어서 돌아야 했고, 맨 마지막에 항성 천구가 위치했다.

지금의 시점에서 이러한 프톨레마이오스의 설명들은 비합리적으로 느껴지기도 하지만, 당시의 이론적 배경과 관측의 한계 등을 생각해보면 프톨레마이오스는 나름대로 최선을 다해 천체의 운동을 설명한 것이다.

그의 입장에서는 지구가 돈다는 것은 도저히 받아들일 수 없는 이론이었다. 지구가 돈다는 이론에 대해 그는, 지구가 돈다면 지구 위에 있는 모든 물체는 날아갈 것이고, 지구도 견디지 못하고 깨질 것이라고 반박했다. 또한 지구가 돈다면 지구의 위치에 따라 같은 별이 약간의 각도를 가지고 달리 보이는 시차가 있어야 하는데, 시차는 관측되지 않았다.*

이와 같은 프톨레마이오스의 천문학 이론은 관측한 결과와 일치할 뿐만 아니라 미래의 천체의 운동도 예측할 수 있었다. 또한 그리스 천문학을 받아들여 이루어졌으므로 당연히 그리스 자연철학과도 일치하였고, 무엇보다도 당시 사람들의 경험과 상식에도 일치하였다.

이리하여 그의 천문학 이론은 고대에 이어 중세에 이를 때까지 가장 강력한 이론이 되었고, 그의 책 『알마게스트』는 이름이 뜻하는 대로 이후 가장 위대한 책으로 사람들에게 받아들여졌다.

* B.C 240년 경 아리스타쿠스(Aristachus)는 지구는 매일 자전하며, 자전현상으로 별들의 일상운동을 설명할 수 있다고 주장하였다. 또한 지구가 태양 주위를 1년에 한 번 돌며, 다른 행성들도 마찬가지로 운동한다는 가설을 세웠다. 이러한 것을 기본으로 그는 달의 지름과 지구에서 달까지의 거리를 5%의 정확도로 측정하였다.

숫자 0의 발견

_____ 5세기

숫자는 왜 생겨났을까? 숫자는 어떻게 생겨났을까? 숫자 0은 언제 누가 만들어 냈을까? 많은 사람들이 수학을 공부하면서 떠올렸음직한 질문들이다. 또한 우리는 수학을 공부하면서 사물의 수를 표현하는 방식이 많다는 것을 배웠다. 2진법, 5진법, 12진법, 60진법 등등. 이러한 것들은 인류의 지적 능력이 발달하면서 수를 세는 방식이 변화하고 발전되어 왔음을 알게 해주는 수의 셈 방식들이다.

오늘날 우리가 가장 편리하고 합리적인 방법으로 채택하고 있는 셈법은 10진법이다. 10진법의 체계가 주는 정교함과 우수함은 0의 개념과 그것이 주는 자리값 덕분이다. 예를 들면 그리스나 로마 등의 숫자들은 독립적이고 고정적인 가치를 지닌다. 로마숫자 V라는 것은 어느 자리에 있든지 5를 의미한다. 그러나 10진법 안에서 5라는 숫자는 1의 자리, 10의 자리, 100의 자리 등 어느 자리에 있느냐에 따라 각각 5, 50, 500이라는 서로 다른 의미를 가진다.

중국의 숫자는 4,563이라는 현재의 십진법의 아라비아 숫자와 같은 의미를 가지려면 사천오백육십삼(四千五百六十三)이라고 일일이 자리값을 나타내는 千, 百, 十이라는 글자를 표시해야 한다. 4,563이라는 단순한 숫자에 비하여 얼마나 복잡하고 어려운가? 이러한 자리값의 개념을 정확히 이해하고 사용하기 위해 인류는 수 천년 동안 수학적 사고의 발달을 기다려야 했다.

오늘날과는 다소 차이가 있는 불완전한 것이라 할지라도 인류 역사상 처음으로 수의 자리 개념을 발견하고 사용한 민족들은 B.C 2세기의 바빌로니아인, A.D 1세기의 중국인, A.D 3~6세기의 마야인들이었다. 그러나 이들 세 민족은 기본적인 수 자리 체계와 숫자 0을 발견했음에도 불구하고 수 체계의 최종단계에는 이르지 못했고, 숫자 0은 단순히 공백을 채우는 기능만을 했다.

뿐만 아니라 유럽에서는 오랜 세월 동안 수학은 기득권을 소유한 자들, 즉 성직자, 회계원, 천문학자들만의 학문이었다. 이 보수적인 사람들은 자신들의 권리로 생각하는 수 체계를 대중적으로 보급하는 일을 결코 하지 않았다. 그 결과 수 체계의 발전이 유럽에서는 일어나지 않았다.

이러한 이유로 우리가 현재 사용하고 있는 수 계산의 기초가 세워지고, 수 체계가 시작된 곳은 5세기 경 북인도에서였다. 그들은 1부터 9까지의 숫자를 서로 다른 독립적인 언어로 나타냈으며, 숫자들의 자리에 따라 그 크기를 정하였다.

0은 단순히 공백을 채우는 기능뿐 아니라, 현재 우리가 부여하는 아무 것도 없는 무(無)의 개념, 무가치의 개념을 가졌다. 아무 것도 가지지 못한 사람을 표현하는데 흔히 사용하는 0의 개념이 이들에 의해 비로소 도입되었다는 뜻이다. 자릿수로 수를 간편하게 기술하는 방법은 크기의 비교, 덧셈, 뺄셈, 곱셈, 나눗셈 등의 계산을 말할 수 없이 편하게 해 주었다. 0과 나머지 아홉 개의 숫자의 조합은 무한히 많은 수를 만들게 해 주었고, 0은 양수·음수의 개념이 나오게 했을 뿐 아니라 정수의 체계까지 이루게 했다.

그러나 인도 수학자들이 발명한 수 체계의 편리성과 합리성이 유럽에 알려지기까지는 오랜 세월이 걸렸다. 유럽인들은 자신들 조상이 이루어 놓은 학문들을 발전시키기는커녕 제대로 보존도 못했다. 8세기부터 12세기까지 아랍인들이 이 역할을 담당했다.*

그들은 그리스의 학문뿐 아니라 자신들의 식민지의 학문, 철학, 과학, 문학 등을 아랍어로 번역하고 연구했으며 발전시켰다. 그 속에는 동양의 학문, 특히 인도의 천문학과 산술, 대수학도 포함된다. 그들은 아무런 편견없이 인도의 십진법을 포함한 다른 문명의 우수한 학문들을 흡수해 자신들의 문화에 받아들이고 적용시켰을 뿐만아니라 놀랍게 발전시켰다. 인도인들이 사용했던 수를 의미하는, 시(詩)적이고 의미있는 독립적인 단어들은 우리가 현재 쓰고 있는 '아라비아 숫자'로 변화되었고, 오랜 세월에 걸쳐 유럽에 전달되었다.

또한 아라비아인들은 수를 대중들에게 일반화시킴으로써 대수학의 비약적인 발전을 가져오게 했고, 이렇게 발달하기 시작한 대수학은 오늘날의 수학, 과학, 그리고 모든 분야의 학문에 기초적이고 필수적인 부분이 되었다.

	[로마숫자]								[로마식 셈방법의 예]	
I	V	X	L	C	D	M			CCXXXII	232
							+		CCCCXIII +	413
1	5	10	50	100	500	1000	+		MCCXXXI +	1231
							+		MDCCCLII +	1852
									MMMDCCXXVIII	3728

* 중세에 접어들면서 고대 그리스 철학, 과학은 유럽에서 대부분 없어지고 아랍으로 넘어갔다. 아랍에서는 이러한 학문들을 보존하고 발전시켜 12~13세기에 다시 유럽으로 전해주기 시작했다. 이로 인해 유럽에서는 그리스의 학문을 재발견하고 더욱 발전시키게 되었고, 코페르니쿠스, 갈릴레이가 활동할 수 있는 학문적 기반을 조성할 수 있었다.

인류사를 바꾼 100대 과학사건

어느 시대나 새로운 것을 받아들이는 과정에서 개혁적인 성향을 가진 진보와 기득권을 가진 보수와의 충돌은 피할 수 없는 현상인가 보다. 이전의 산술에 비해 놀랍도록 편리하고 합리적이고 정교한, 아랍인들이 완벽하게 발달시킨 십진법 체계를 유럽인들이 받아들이는 태도를 보아도 그렇다.

유럽인들은 복잡하고 어려워서 소수의 사람들만이 할 수 있던 로마식 셈 방법을 최고로 여겨 그토록 편리한 아라비아 셈 방법을 도저히 받아들일 수가 없었다. 뿐만 아니라 '사탄의 앞잡이 아랍인들의 악마의 기호'라며 거부하였다.

그리하여 어처구니없게도 아라비아 셈 방법의 정교성과 편리성은 오히려 악마성과 연결되어 신지식의 도입을 방해했다.

그러나 유럽인들의 무분별했던 십자군 원정은 그 목적과는 달리 아랍의 지식들을 유럽에 전달시키는 계기가 되었다. 또한 에스파니아에서는 끊임없이 아랍과 유럽 두 세계간 문명의 교류가 있었고, 이를 계기로 아랍의 지식은 유럽의 일반 대중에게 널리 퍼져나갔다. 그럼에도 15세기까지 교회와 직업 계산가 계급의 아랍 수학에 대한 반발은 계속되었다. 영국 왕실의 관리들은 납세자들의 세금을 계산하는데 로마식 셈 방식 이외에는 알지 못했다.

결국 18세기에 일어난 프랑스 혁명이 학교와 관공서에서 로마식 셈틀 사용을 법적으로 금지하게 한 이후에야 아랍의 수학은 비로소 대중화되어 현대의 수학과 과학, 그리고 모든 학문의 기본이 될 수 있었던 것이다.

나침반의 발명

_____ 11세기

누구나 어렸을 때 자석의 여러 신기한 현상들을 흥미롭게 관찰해 본 적이 있을 것이다. N극과 S극은 한몸에 있으면서, 같아 보이는 다른 자석을 가까이 하면 밀어내거나 잡아당긴다. 또한 자석을 자르면 N극과 S극이 나누어지는 것이 아니라 새로운 자석 두 개가 만들어진다. 그리고 현재까지 자석은 하나의 극만 가지게 만들 수가 없다고 알려져 있다.*

나침반은 기본적으로 이러한 자석의 성질을 이용한 기구이다. 작은 자석을 실에 매달아 공기 중에서 자유롭게 움직이도록 하면 자석의 N극은 항상 지구 북쪽을 가리키고 (지구 북극과 정확하게 일치하지 않는다) S극은 남쪽을 가리킨다. 이유는 지구의 북극이 자석의 S극이고, 지구의 남극이 자석의 N극으로 지구가 하나의 커다란 자석이기 때문이다.

지구가 자석의 형태를 띠는 이유는 정확하게 알려져 있지 않지만, 지구 내부의 액체로 이루어진 부분에서 흐르는 전류 때문이라고 한다. 또한 지구의 자기장은 안정되어 있지 않다고 한다. 이 역시 정확

*   모노폴(단자극單磁極, monopole) : N과 S극 중 하나의 극만 가진 자석 입자를 말한다. 현대 전자기학에서는 존재하지 않는다고 가정하고 있으나 폴 디랙이라는 물리학자가 그 존재를 예언하였다. 자연계의 기본적인 힘들(중력, 전자기력, 강력, 약력)을 통일하는 이론을 만드는 단서가 될 것으로 생각되고 있다.

한 원인이 밝혀지지 않았지만, 지질학적인 변동이 일어나는 긴 시간 동안 지구의 자극이 변해 왔다는 것이 지각과 암석에 기록되어 있다. 지난 5백만년 동안 지구 자기장이 0이 되었다가 자극이 바뀌는 역전 현상이 20번 이상 있었다고 한다.

자석은 아마도 땅으로부터 쇠붙이를 캐내어 이용하던 때부터 얼마 지나지 않아 천연적인 형태로 발견되었을 것이다. 옛날 사람들은 이러한 자석의 신비한 힘에 이끌려 여러 이야기를 만들어 냈다.

인도, 아라비아, 로마, 중국 등의 나라에는 예로부터 자석의 성질과 관련있어 보이는 전설이 전해 내려온다. 그 내용인즉, 바다에는 쇠붙이를 잡아당기는 섬이 있기 때문에 이 섬에 부딪혀 파선되지 않으려면 배에 쇠붙이를 사용하지 말아야 한다는 이야기다. 아마도 자석이 가지는 힘에 대한 놀라움과 신기함이 상상력과 결합되어 나온 것일 것이다. 이슬람의 지도자 마호메트의 관이 자석의 힘에 의해 공중에 떠 있다는 이야기가 중세 유럽에 떠돌아다닌 것도 같은 맥락에서 이해된다.

자석을 이용해서 만든 나침반은 중국에서 처음 만들어져 선원들에 의해 아랍으로 전해졌고, 다시 아랍에서 유럽으로 퍼져 나갔다. 중국에는 4세기 경 갈홍의 『포박자(抱朴子)』에 바늘을 물 위에 띄울 수 있다는 표현이 나오고, 11세기에 씌어진 심괄의 『몽계필담(夢溪筆談)』에는 자석의 바늘이 남북을 가리키는데, 진북과 자북이 다르다는 내용이 있다. 이러한 문헌들에 의해 적어도 11세기에는 이미 자석이 나침반으로 사용되었다는 것을 알 수 있다.

유럽에서는 1190년부터 나침반을 이용했다는 기록이 나온다. 나침반으로서의 모양을 갖추기 시작한 때는 14세기 무렵으로, 자침과 방위표를 하나로 만들어 사용하기 쉽도록 이탈리아에서 제작되었다.

자석을 이용하여 나침반이라는 발명품을 만드는 것은 쉬운 일이 아니었을 것이다. 과학에서 사용하는 도구들 중에는 '시간'을 재료로 만들어진 것이 많다. 한 사람이 아니라 수없이 많은 사람의 손길을 거치면서 시간을 두고 지속적으로 조금씩 개량되어 현재와 같은 모습을 갖추게 되는 것이다.

우연히 발견되어진 이상한 돌, 그 돌을 가볍게 만들어 금속을 물 위에 떠우게 한 놀이로 응용, 한 방향만을 계속 가리키는 성질의 발견, 실제 생활에 응용하다가 여행자에게 전달, 뱃사람의 기본도구가 되고, 중국에서 아랍으로, 또 유럽으로 전달, 방위표를 붙여 보기 편하게 만들어지고…

그리하여 지금은 누구라도 언제 어디서든지 쉽게 구해 즐길 수 있는 재미있는 놀이기구가 되었고, 탐험가에게는 방위를 알려주는 중요한 도구가 되었다.

이리하여 나침반은 포르투갈의 콜럼부스(Christopher Columbus, 1451～1506)가 1492년에 아메리카 대륙을 발견하거나, 마젤란(Ferdinand Magellan, 1480～1521)이 1520년에 지구를 한 바퀴 돌 때 결정적인 도움을 주었다. 즉 나침반은 서구인들의 공격적인 개척정신과 만나면서 그 쓰임새가 확실해진 것이다. 당시 사람들은 지구가 둥글다는 사실을 알고 있었으나 한 방향으로 계속 가면 다시 제 자리에 온다는 것은 실행해본 적도 없을 뿐더러 직접 해 볼 생각을 품는 것조차 쉬운 일이 아니었다.

그 외에도 나침반은 어떤 물체가 자성을 지니고 있는지에 대한 정확한 정보를 알려준다. 외르스테드가 전류가 흐르는 도선 주위에 자기장이 만들어지는 현상을 발견한 계기도 주위에 우연히 있었던 나침반 덕분이었다.

지금은 최첨단 컴퓨터나 인공위성이 동원되어 배나 비행기의 갈 길을 알려주겠지만, 나침반이 가지는 고전적이고 기본적인 의미는 인류에게 준 도움과 함께 퇴색하지 않을 것이다.

금속활자 등장

_____ 1232년

인쇄술과 금속활자는 어느 나라에서 가장 먼저 시작되었을까? 세계에서 제일 먼저 종이를 발명하고 먹을 만들어 글씨를 쓴 중국이 인쇄술도 제일 먼저일 것이라고 생각할지 모르지만, 아니다. 바로 우리나라이다.

1966년 경주 불국사에서 석가탑 보수공사를 하던 중 사리함에서 목판으로 인쇄된 무구정광 대다라니경(無垢淨光大陀羅尼經)이 우연히 발견되면서 인쇄술을 처음 발명한 나라가 어디냐에 대한 논란이 일기 시작했다. 이 불경은 통일신라기인 706~51년 사이에 쓰여진 것으로 밝혀졌고, 이는 세계 최초로 목판 인쇄가 시작된 것이 중국 당나라 때인 712~56년이라는 학설을 뒤집는 것이었다.

이렇게 세계 최초로 시작된 신라의 인쇄술은 고려로 오면서 불경 간행사업을 통해 계승되고 발전되었다. 세계적 문화유산인 해인사의 팔만대장경도 1236년부터 1251년까지 총 81,258장에 달하는 목판에 새겨진 것이다.

그러나 목판은 부피가 커 보관이 힘들었으며, 한 번 먹을 묻혀 찍고 나면 목판이 갈라지거나 터지기 쉬웠다. 이런 단점을 보완한 것이 글자를 하나씩 만든 '활자'이다. 그러나 최초의 활자도 나무로 만들어졌기 때문에 여러 번 인쇄하는 데에는 한계가 있었다. 결국

직지심경

보다 실용적인 금속활자가 만들어져야 했던 것이다.

금속활자는 여러 가지 이점을 가지고 있다. 먼저 기본적인 활자를 가지고 있으면 그것들을 조합하여 어떠한 문장도 만들어낼 수가 있고, 활자들이 있으면 새로운 활자의 보충도 쉽고 비용도 적게 든다. 활자를 교환할 수 있다는 뜻은 인쇄문자의 크기와 형태가 표준화되어 있다는 의미이고, 이것은 바로 인쇄물의 대량생산과도 연결된다. 따라서 활자의 발명은 책의 대중보급의 기본조건이 된다.

금속활자를 알리는 최초의 기록은 고려시대 이규보(李奎報, 1168~1241)의 「신인상정예문발미(新印詳定禮文跋尾)」에 남아 있다. 이 글에 의하면, 1232년 이전에 우리나라에서는 이미 금속활자를 사용한 것으로 나와 있으나 오늘날 그러한 인쇄물은 남아 있지 않다. 현재 남아 있는 가장 오래된 인쇄물은 1993년에 발견된 『삼장문선(三場文選)』으로, 1341년부터 1370년 사이에 간행된 것으로 알려져 있다. 그 이전에는 현재 프랑스 국립도서관에 보관되어 있는 1377년 출간된 『직지심경(直指心經)』이 세계 최초로 만들어진, 금속활자를 사용한 인쇄물로 알려져 있었다.

고려에 이어 조선이 건국된 후 역대 왕들은 당시의 사회를 유교사회로 재조직하기 위해 인쇄술을 발달시켰다. 1403년 태종 때 이를 위해 주자소(鑄字所)를 설치하여 '계미자(癸未字)'를 만들었다. 이 계미자를 사용하여 『십칠사(十七史)』, 『원육전(元六典)』, 『속육전(續六

典)』 등의 역사서와 법전 등이 인쇄되었다.

　세종 2년인 1420년, 계미자의 인쇄기술을 보완한 '경자자(庚子字)'가 주조되었다. 또한 세종 16년인 1434년에는 아름다운 글자체인 '갑인자(甲寅字)'를 만들었는데, 비록 청동활자이지만 목판인쇄와 비슷한 수준의 정교하고 아름다운 인쇄기술을 이루었다.

　갑인자 이후에도 1436년의 병진자(丙辰字), 1455년의 을해자(乙亥字), 1493년의 계축자(癸丑字) 등이 주조되었고, 기술 또한 계속 발전되었다. 이렇게 꾸준히 발달한 우리의 금속활자 기술이 여러 경로를 통해 일본, 중국에까지 전달되었던 것이라고 보아진다.

　서양에서 최초의 금속활자를 만든 사람은 1455년 독일의 요하네스 구텐베르크(Johannes Gutenberg, 1397~1468)이다. 그는 납과 주석의 합금으로 만든 금속활자를 이용해 천문력과 면죄부, 그리고 구텐베르크 성서로 알려진 『36행 성서』와 『42행 성서』 등을 인쇄했다. 구텐베르크가 살고 있어 인쇄업이 성행하던 마인츠시가 약탈되고, 이로 인해 일하던 도제들이 고향을 떠나게 되면서 그의 인쇄술은 전 유럽으로 퍼져나가 유럽에서의 종교개혁과 과학혁명을 촉진하는 계기가 되었다.

　우리 나라의 인쇄기술은 여러 면에서 서양보다 일찍 시작하고 발전했지만, 15세기 초 금속활자의 발명 초기부터 인쇄기(press)를 사용하고 대량의 상업적 인쇄를 시작한 서양의 인쇄기술에는 뒤지게 되었다. 결국 일제 시대부터는 우리의 전통적인 방법 대신에 보다 경제적이고 실용적이던 서양의 인쇄술이 우리나라에 보급되기 시작하여 오늘에 이르게 된 것이다.

　이렇게 뒤처진 주된 원인은 지배층이 사용하던 문자가 쉬운 한글

이 아닌 총 4만 자에 달하는 중국의 한자였다는 데 있다. 표의문자인 한자는 서양의 알파벳보다 훨씬 복잡하고 어렵기 때문에 인쇄술이 발달하는 데는 기술적·경제적으로 불리하게 작용할 수밖에 없었다.

그리고 인쇄기술이 사회에서 차지하는 위치가 다른 것도 중요한 원인이다. 서양은 12, 13세기 이후 대학이 생겨남으로써 서적의 수요가 급격히 증가하여 대량으로 책을 인쇄해야 하는 필요성 때문에 인쇄사업이 민간 주도로 번창하였다. 반면에 우리는 나라에서 국가적인 불경 인쇄나 유교의 사상교육에 필요한 소량의 서적 인쇄 등으로 한정하였기 때문에 인쇄술의 혜택은 소수의 지배계층에만 주어졌다.

인쇄술이란, 책이든 그림이든 사진이든 많은 수의 복제를 말한다. 인쇄술이 가지는 의의는 그때까지 쌓인 지식과 새로 나온 최근의 이론이 많은 수로 복제되어 다양한 계층의 대중에게 공유되고 논의되어 발전하는데 있다. 그러나 우리의 선조들은 인쇄술을 제대로 사용하지 못했다. 결국 인쇄술이 서양에서와 같이 사회의 변혁을 이루게 하는 원동력이 되지 못했던 것이다.

우리나라 인쇄기술이 서양보다 훨씬 일찍 발전했지만, 현재 인쇄술의 발명시기조차 제대로 국제적인 평가를 받지 못하고 있음은 안타까운 일이다.

신대륙 발견

_____ 콜럼부스 | 1492년

인터넷 검색 프로그램인 '심마니'에서 '콜럼부스'를 찾으면(2000
년 1월 현재) 모두 387개의 사이트가 뜬다. 'Columbus'를 치면 무려
800여 개의 사이트가 나온다. 이 사이트들에는 콜럼부스와 신대륙의
발견에 관한 내용도 있지만, 과학 탐구 동아리, 무역 회사, 여행사 등이
망라되어 있다. 이것은 콜럼부스의 미지의 세계에 대한 탐험의 열정,
그 열정을 현실로 실현시켰던 집념, 그리고 세계에 대한 인식을 바꾸어
버린 성취의 기쁨이 사이트를 여는 네티즌들에게 상당한 매력으로 다
가오기 때문일 것이다.

콜럼부스

    콜럼부스(Christopher Columbus, 1451~1506)의 신대륙 '발견'
은 서양인의 관점에서는 역사의 무대를 전 지구로 확장하는 계기가
되는 중요한 사건이었다. 또한 서양의 역사가 지중해 중심에서 대서
양 중심으로 바뀌는 전환점이기도 하였다. 그리고 콜럼부스의 신대
류 발견 이후 서양인들은 자신들이 사는 세계가 더 큰 세계의 일부라
는 것을 깨닫게 되었으며, 자신들이 선조들로부터 물려받은 전통적
인 '주어진 것'에 대해 회의를 품을 수 있었다.

    인류의 모든 위대한 발견이 그렇듯이, 콜럼부스의 신대륙 발견
또한 그것이 가능할 수 있었던 여러 가지 사회·경제적인 조건에 콜
럼부스라는 탁월한 개인이 등장함으로써 이루어졌다. 그러면 그 사

콜럼부스의 동상

회 · 경제적인 조건들은 무엇일까?

첫째, 스페인의 정치적 안정을 들 수 있다. 이베리아 반도에 거주하던 가톨릭 교도들이 그곳을 점령하고 있던 무어족*과의 5백년에 걸친 투쟁 과정 속에서 드디어 무어족 이슬람교도들을 몰아냈다.

이후 여러 개로 나뉘어진 소국가들이 서로 경쟁하던 상황에서, 카스틸랴 왕국의 이사벨라 공주와 아르곤 왕국의 페르디난드 왕자가 정략적인 결혼을 함으로써 통합된 스페인 왕국이 등장하여 강력한 정치력을 가질 수 있게 되었다. 스페인은 이러한 정치적 안정을 바탕으로 국력을 대외적으로 확장할 수 있었다.

이탈리아 출신인 콜럼부스는 인도로 가는 서쪽 항로의 개발 계획을 포르투갈 왕 후앙 2세에게 먼저 제의하였으나 거절당하였다. 다시 그는 해외 진출에 관심이 많은 카스틸랴의 이사벨라를 찾아가 설득하여 지원받을 수 있었다. 이것은 인도로 가는 항로를 먼저 개척한 포르투갈을 따라잡고자 한 이사벨라 여왕의 정치적 야심과 맞아 떨어졌기 때문에 가능한 것이었으며, 또한 새로 탄생한 스페인 왕국이 정치적인 안정을 토대로 힘을 가지고 있었기 때문이기도 하였다.

둘째, 아시아에서 생산되는 후추, 비단, 보석, 면직물 등 당시 유럽에서 매우 귀하게 취급하던 상품들을 보다 대량으로 값싸게 들여오고자 하는 경제적 동기가 있었다. 유럽인들은 이러한 상품들을 중국, 인도, 동인도로부터 육로를 통해 유럽에 전달하는 대상들과, 홍해와

---

* 711년부터 이베리아 반도를 정복한 아랍계(系) 이슬람교도의 명칭. 마우레인 또는 모르인이라고도 한다. 사하라 사막 서부의 모리타니로부터 모로코에 걸쳐 살며, 아라비아인 · 베르베르인 · 흑인의 혼혈로 구성된다. 유목을 생업으로 삼고, 자존심이 강하며 용감하지만 연대감은 비교적 약하다.

페르시아만을 거쳐 동지중해 시장으로 통하는 항로를 다니는 선박에서 구할 수 있었다. 그런데 이러한 상품 유통경로는 모두 아랍인들이 독점하였기 때문에 가격이 비쌌을 뿐더러, 16세기에 들어서는 콘스탄티노플이라는 동방무역의 중심 항구를 점령한 오스만 투르크 제국의 간섭과 탄압이 심해져 그나마 구하기도 어려웠다. 따라서 유럽 제국들은 아랍 국가들의 독점을 피하여 중국이나 인도로 항해할 수 있는 항로 개척에 심혈을 기울이게 되었다.

셋째, 항해술과 선박 제조 기술의 발달, 그리고 미지의 세계에서 만날 위험에 대처할 수 있는 무기의 개발 등이 콜럼버스 신대륙 발견의 직접적인 힘이 되었다. 잔잔한 지중해에서 일상용품들을 대량으로 수송할 수 있는 대규모 선박 제조술이, 북유럽 바이킹 후예들이 개발한 빠른 속도의 선박 제조술과 결합하면서 많은 식량과 대규모의 선원을 싣고 장거리를 빠르게 항해할 수 있는 범선이 등장하였다. 그리고 나침반의 사용으로 육지가 보이지 않는 먼 대양까지 항해할 수 있게 되었으며, 철과 구리와 아연의 합금으로 대포와 총을 만들어 선박이 무장하게 되면서 스페인과 포르투갈의 항해 능력은 세계 최고 수준을 자랑하게 되었다.

넷째, 프톨레마이오스의 천문학이 아랍 세계를 통해 광범위하게 소개되면서 지구는 둥글다는 고대 천문학자들의 견해가 널리 알려지게 되었다. 이러한 지구에 대한 인식의 변화, 그리고 이 지리학적 지식에 바탕을 둔 베하임의 지구본*이 만들어지면서 인도에 이르는 서

＊　베하임(Martin Behaim, 1469~1579)은 독일의 항해가·지리학자이다. 뉘른베르크에서 출생했으며 세계 최초로 지구본(地球本)을 만들었다. 그의 지구본은 콜럼버스의 지리관(地理觀)을 나타내는 것으로서 인용되어 왔다. 두 사람은 같은 시기에 포르투갈에 있었으나 직접적인 교류는 없었다고 한다.

쪽 항로에 대한 자신감이 생기게 되었다.

그러나 이러한 조건에서도 누구 하나 감히 나서지 못했던 신대륙 탐험에 도전하게 된 것은 전적으로 콜럼부스의 끈질긴 노력과 모험심의 결과라고 할 수 있다. 콜럼부스는 당시의 지리학적 지식을 근거로 인도로 가는 서쪽 항로의 개발이 가능하다는 신념을 실현시키기 위해 끈질기게 이사벨라 여왕을 설득하여 그녀의 지원을 획득하는 데에 성공하였다.

그런데 막상 콜럼부스가 선택한 대서양 서쪽 항로는 아프리카 연안을 거쳐 인도로 항해하는 뱃길보다 훨씬 짧으리라는 기대와는 달리 끝이 없이 길었다. 또한 망망대해에서 절망감에 휩싸인 선원들의 저항과, 식량, 식수의 부족 때문에 반란의 위기까지 겪어야 했다. 그러나 이러한 온갖 장애를 딛고 콜럼부스는 카리브해의 조그만 섬 산살바도르에 도착할 수 있었다.

그는 기대했던 것처럼 향료나 금 · 은을 배에 가득 싣고 돌아올 수는 없었지만, 또 그것 때문에 스페인 반대자들의 질시를 받아 감옥에 투옥되는 곤경을 치르기도 했지만, 4차에 걸친 항해 끝에 온두라스, 자메이카, 베네수엘라 등 아메리카 대륙에 최초로 서양인의 발자국을 내딛을 수 있었다.

콜럼부스는 신대륙에서 인디언들의 금 · 은 장신구 약간과 담배 등 보잘것없는 수확밖에 얻지 못했고, 또한 현재 아메리카라는 대륙의 이름에서 알 수 있듯이 그가 이룬 업적은 다른 사람의 명예가 되었다.[*]

그리고 본인 자신은 신대륙 발견으로 얻은 작위마저 빼앗긴 채 불운하게 죽었다. 그러나 그가 처음 발견한 신대륙은 그 후 스페인과 포

인류사를 바꾼 100대 과학사건

르투갈, 영국과 프랑스 등의 개척 열기로 이어져 아메리카 대륙에 서양 문명을 이룩하는 초석이 되었다.

콜럼버스의 항해에 이어지는 서양 각국의 신대륙 개발 노력은 항해술을 더욱 발달시켜서 유럽이 세계의 전면에서 우위를 가지게 하였다. 그리고 아메리카 대륙에서 무진장으로 흘러들어오는 은(銀)은 가격혁명**의 계기가 되기도 하였다.

그 결과 식민지 지배를 통한 이익에만 몰두하던 스페인과 포르투갈은 상대적으로 산업 개발을 소홀히 하게 되어, 영국과 프랑스 등 산업혁명을 이룩한 국가들에게 세계 제패의 주도권을 넘겨주게 되었다. 또한 페루에서 들어온 감자는 유럽의 급격한 인구 증가를 뒷받침할 수 있는 식량자원이 되었으며, 담배는 인류 최대의 기호식품이 되었다.

그리고 무엇보다도 예전에 한 사람도 들은 바 없는 두 개의 거대한 대륙과 대서양보다 훨씬 더 넓은 태평양이 존재한다는 것에 대한

---

* 1501년 아메리고 베스푸치에 의해 아메리카 대륙은 인도의 서쪽 해안이 아닌 새로운 대륙임이 밝혀졌으며, 1507년 독일의 발트제뮬러는 새로 발간한 세계 지도에 신대륙의 남부에 해당하는 지역을 그려 넣고, 그 지명을 베스푸치의 성(姓) '아메리고'를 라틴어식으로 고쳐 '아메리카'로 썼다.

** 가격혁명(價格革命, price revolution)이란 16세기 초부터 약 1세기 동안 멕시코와 페루 등 중·남미에서 생산된 값싼 은(銀)이 스페인을 통해 유럽 각국에 대량으로 유입되어 물가가 일반적으로 2~3배나 상승한 사건을 말한다. 물가상승은 각국의 경제 사정에 따라 양상을 달리했으나, 각국 경제에 중대한 영향을 끼쳤다. 영국에서는 물가상승에도 불구하고 임금상승은 정체되어 노동자의 생활수준이 저하되었다. 반대로 기업 경영자나 상인의 이윤이 늘어나 자본축적과 경영 규모의 확대를 촉진하여 자본주의적 생산을 발전시키게 한 원인이 되었다.

인식은 당대의 지식인들에게 아주 놀라운 지적 자극이 되었고, 새로운 세계를 탐구하고 개척하는 정신을 북돋았다.

15세기 당시 신사고를 가진 유럽인이라 할지라도 복잡한 견해에 있어서는 고전적 권위의 편에 서기가 쉬웠다. 그러나 매우 광범위한 지리상의 발견 결과 16세기와 17세기에 와서는 이와 같은 고전적 권위에 대한 존경이 사라지게 되었다.

콜럼부스의 신대륙 발견 이후 탐험가들은 고전적 자료를 무효화시켰고, 전통적으로 '주어진 것'에 대해 회의하게 되었으며, 결국 지식인들의 사고의 문을 넓혀주었다.

지동설

_____ 코페르니쿠스 | 1543년

우리가 살고 있는 이 지구가 구형이든, 그리스 신화에 나오는 어느 힘센 신이 떠받들고 있는 땅덩어리이든 무슨 상관이 있을까? 우주가 팽창하고 있든, 아니면 그대로 있든 우리가 사는 세상은 얼마나 달라질까? 태양을 중심으로 지구가 돌고 있든, 지구를 중심으로 태양이 돌든 우리가 경험하고 있는 세계는 지구의 너무도 작은 일부분일 뿐인데…

코페르니쿠스

과학이 끝없이 발달하고 있는 현대의 사람들조차 일생 동안 지구가 둥근지 평평한 땅덩어리인지 관심이 없을 뿐 아니라, 이것을 모르고도 아무 문제없이 잘 사는 사람이 많다. 이런 사람들에게는 우주의 중심이 지구이든 태양이든, 아니면 또 다른 중심이 있든 그것은 별로 중요한 일이 아닐 수 있다.

그러나 상당한 위협을 받으면서도 지구가 태양의 주위를 돈다는 주장을 했던 사람이 있었다.*

누구나 잘 알고 있는 갈릴레이(Galileo Galilei, 1564~1642)다.

---

*　당시의 교회개혁가 부르노(Giordano Bruno, 1548~1600)는 코페르니쿠스 체계뿐 아니라 무한 우주론, 우주의 다원성까지 주장하다 1600년에 화형을 당한다.

코페르니쿠스의 지동설

그러나 그보다 코페르니쿠스(Nicolaus Copernicus, 1473~1543)가 먼저 있었다.

코페르니쿠스는 르네상스의 전성기에 폴란드에서 태어났다. 그가 태어난 폴란드는 이탈리아의 눈부신 발달, 그 활기와는 먼 중세의 분위기가 지배하던 곳이었다. 그의 아버지는 열살 때 사망했고, 외삼촌이 보호자가 되었다. 외삼촌은 여유있는 고위 성직자였기에 그에게 수준 높은 교육을 시킬 수 있었다. 그는 외삼촌의 후원으로 대학을 다녔고, 더 좋은 교육을 받기 위해 이탈리아로 보내져 법학과 의학을 공부한 후 폴란드로 돌아와 안정된 직장을 가졌다.

새로운 학문의 중심지, 르네상스의 중심지 이탈리아와는 멀리 떨어진, 중세의 분위기를 가진 폴란드에서 코페르니쿠스가 어떻게 지동설을 생각해 낼 수 있었을까.

그는 인쇄술의 초기 수혜자였다. 인쇄술이 학문의 벽지에 있는 그를 학문의 세계와 연결시켜 주었다. 당시는 인쇄술이 나온 지 얼마 안 된 시기였지만, 그것을 최초로 이용한 사람들은 천문학자들이었다.

그는 지구가 태양을 중심으로 운동한다는 지동설을 주장하여 교회와 마찰을 일으키고 싶지 않았던지, 죽기 직전에야 『천구들의 회전에 관하여(De Revolutionibus orbium coelestium)』(1543)가 출판되었다. 이 책의 서문에는 본문에 담긴 내용이 사실이 아니라 단지 계산상의 편의를 위한 가설에 지나지 않는다는 단서가 있었기 때문에 한 동안 금서목록에서 제외되었다.

코페르니쿠스 이전은 아리스토텔레스의 과학관이 지배하는 시대이다. 아리스토텔레스의 과학관은 지구가 우주의 중심이고, 지구 밖의 다른 천체들은 지구를 중심으로 원운동을 한다는 천동설이 기반에 깔려 있다. 천동설은 중세의 신앙과 연결되어 천동설에 대한 비판은 바로 신에 대한 반역으로 여겨졌다.

아리스토텔레스에 이어 프톨레마이오스에 의해 완성된 우주론은, 완벽한 도형으로 여겨졌던 원을 완벽한 신의 세계인 천계의 운동에 적용시키며 탄생했다. 프톨레마이오스는 완전한 원운동을 하지 않는 천체의 운동을 원운동으로 설명하기 위해 수없이 많은 원의 조합을 생각해내었다.

이러한 설명을 코페르니쿠스는 조화롭지 못하다고 느꼈을 뿐 아니라 완벽한 신이 창조한 우주가 그처럼 복잡하게 이루어졌다고는 생각할 수 없었다. 그래서 그는 균형과 아름다움을 갖춘 가장 뛰어나고 가장 체계적인 구조를 찾게 되었다.

그 결과 그는 태양을 중심으로 천체들의 운동을 보면 우주 체계가 단순화된다는 것을 알아내었다. 또한 여러 행성들이 태양을 중심으로 돈다고 생각하면 거의 원형으로 운동하는 것도 발견해 내었다.

그러나 역시 그도 아리스토텔레스를 완전히 극복하지 못하여 완벽한 천체는 완벽한 원운동을 해야 한다는 고대 천문학이론에서 벗어나지 못했다. 그래서 그는 그가 눈으로 관측한 천체들이 완벽한 원운동을 하지 않는다는 것을 설명하기 위해서 프톨레마이오스가 했던 것처럼 다시 보조원을 끌어들일 수밖에 없었다. 그리하여 그가 설명한 우주 역시 조화를 잃어버리게 되었다.

결국 이에 대한 합리적인 설명은 원이라는 고정된 생각을 버리고 행성들의 타원운동을 도입한 케플러(Johannes Kepler, 1571~1630)에 의해 이루어졌다.

이와 같이 코페르니쿠스의 지동설은 그 한계를 뚜렷이 가지고 있었다. 그럼에도 불구하고 지구가 우주의 중심이 아니라는 생각을 도입하여, 그 긴 세월을 완고하게 지배했던 아리스토텔레스적 우주관을 벗어나게 하는 첫 시도가 되어 '과학혁명의 시작'이라 불리우게 된 것이다.

새로운 해부학

_____ 베살리우스 | 1543년

베살리우스(Andreas Vesalius, 1514~64)는 벨기에의 해부학자로
서 근대 해부학의 시조로 불리운다.

당시 생리학의 이론은 고대 그리스의 의학자 갈레노스(Claudius
Galenus, 2세기 경)의 인체이론체계가 주류였다. 그는 간, 심장, 뇌를
인체의 세 가지 주요 기관으로 생각했다. 또한 인체의 주요한 기능을
소화, 호흡, 신경으로 보고, 이 세 가지를 영(soul 또는 spirit)이라는
것으로 설명했다. 음식을 섭취하는 소화는 '자연의 영', 생명력과 열
과 기운을 담당하는 호흡은 '생명의 영', 두뇌 및 정신활동을 담당하
는 신경은 '동물의 영'이라 설명하였다. 이 각각의 체계는 서로 독립
적으로 분리되어 다른 영역에서 활동한다고 했다.

또한 그는 사람이 먹은 음식물은 간으로 이동해서 피가 만들어지
며, 간에서 만들어진 피가 정맥을 통해 온몸으로 전달되어 영양분이
된다고 하였다. 그에 의하면 심장은 간에서 만들어진 피를 온몸으로
보내는 보조적인 역할만을 할 뿐이었다. 심장의 피는 우심실에서 좌
심실로 격막 구멍을 통해 이동하고, 심장이 팽창될 때 밖으로부터 피
를 끌어들여 피가 심장 속으로 들어온다고 하였다.

갈레노스의 인체이론은 나름대로 합리성을 가지고 있었으나 피
의 움직임을 우리가 알고 있는 순환이론, 즉 온몸의 피는 심장을 중

심으로 끊임없이 순환하고 있다는 기본적인 사실을 포함하지 않기 때문에 당연히 불합리한 점이 많다.

16세기의 의학자들은 손으로 직접 해부하는 것을 매우 천하게 여겼다. 따라서 그들의 인체 지식은 갈레노스 이론 정도였기 때문에 인체에 대해 잘못 알고 있는 것들도 많았다. 당연히 의학교육에서도 해부는 중요하게 취급하지 않았다.

이런 상황에서 베살리우스는 자신이 직접 해부를 하면서 갈레노스의 이론이 틀렸음을 밝혔다. 그리고 1537년 파도바 대학*의 교수로 임명되면서 해부학의 혁신을 위해 노력했다.

예를 들면 우심실과 좌심실 사이에는 격막 구멍이 존재하지 않음을 밝혔다. 또한 폐에 연결된 동맥과 정맥이 갈레노스의 이론과 다름을 밝혀냈다. 갈레노스에 의하면 심장에서 폐로 연결되는 폐동맥은 단순히 영양분만을 제공하는 역할을 해야 하는데 그러기에는 동맥이 너무 굵었다. 마찬가지로 폐정맥은 폐에서 받아들인 공기를 심장으로 전달해주는 역할을 해야 하는데, 실제 폐정맥에는 공기 대신 피가 가득 차 있었다. 그리고 간에서 피가 만들어져 온몸으로 가는데, 간에

---

* 이탈리아 파도바에 있는 국립대학. 1222년 유럽의 가장 오래된 대학인 볼로냐 대학에서 교수와 학생이 집단으로 이주해 설립했다. 1405년 이후 베네치아공화국 지배하에 자유로운 분위기가 형성되면서 의학과 자연학이 발전하여 유럽 제일의 명성을 얻었다. 중세 이슬람의 영향을 받아 당시 스콜라 학문과는 다른 경험적 방법을 확립하여 역학, 병리학, 임상의학, 외과학, 해부학 등 급속한 발전을 이루어 근대의학 성립에 공헌이 크다. 15~17세기 코페르니쿠스, 하비 등이 이곳에서 수학했으며, 베살리우스, 갈릴레이 등이 교수로 있었다.

인류사를 바꾼 100대 과학사건

서 나온 동맥의 굵기보다 심장으로 들어가는 정맥의 굵기가 심장에 가까울수록 커지는 점도 설명하기 어려웠다.

이처럼 그가 밝혀낸, 인체 해부에 대한 잘못된 지식들과 새롭게 발견한 지식들을 모은 『인체 해부에 대하여』가 1543년 총 7권의 분량으로 출판되었고, 이것은 의학 근대화의 새로운 이정표가 되었다.

이와 같이 베살리우스는 갈레노스 이론의 여러 문제점들을 지적하고 해부에 의해 보여지는 경험적 지식을 강조함으로써 새로운 의학의 발달을 도왔다.

당시 천하게 보던 해부학을 중요하게 여겨 직접 시도한 해부 경험은 혈액의 순환이론을 완성한 하비(William Harvey, 1578~1657)가 등장하기 위한 기초를 이루었다.

그레고리력

_____ 그레고리우스 13세 | 1582년

달력이란 1년을 열 두달로 나누고, 각 달을 다시 30일 내외로 나누어, 각 날들의 날짜를 정해 적어 놓은 것을 말한다. 달력의 날짜를 정할 때 기초가 되는 '시간'에 대한 개념은 천문관측에서 비롯되었다. 계속되는 관측의 결과로 시·분·초가 생겼고, 이것은 지구가 1회 자전하는 시간, 즉 하루(1일)를 구성하는 시간단위들이 되었다. 그러나 하루의 개념은 지구의 1회전 자전주기보다는 태양과 마주보는 지구의 1회전으로 정하는 것이 일상생활에 더욱 유용하였다. 이를 '평균태양일(mean solar day)'이라고 한다.

이렇게 만들어진 시간의 개념은 그 편리함으로 오늘날까지 계속 사용되고 있지만, 실제로는 별들의 운행에 따라 정하는 것이 훨씬 정확하다. 이것은 평균태양일이 약간의 오차를 가진다는 의미로, 춘분과 추분으로 확인할 수가 있다.

춘분과 추분은 1년 중 낮과 밤의 길이가 똑같아지는 날로서 3월과 9월에 하루씩 있다. 그러나 태양을 기준으로 하였기 때문에 시간이 지나면 실제의 춘분과 추분이 달력의 날과 맞지 않게 된다. 그래서 사람들은 이를 조정하기 위해 어느 정도의 기간이 지나면 윤년을 두거나, 혹은 새 역법(曆法)을 만들기도 한다.

최초의 역법은 고대 문명의 발상지였던 이집트와 바빌로니아에서 만들어졌다. 이집트 농경문화의 기초는 나일강의 범람이었고, 따라서 그 시기를 정확히 아는 것은 파종시기, 수확시기를 잡기 위해 매우 중요했다. B.C 4200년에 이집트에서는 이미 1년을 12개월, 1개월을 30일, 부가일 5일을 두어 365일을 1년으로 하는 이집트력이 사용되고 있었다고 한다.

유럽에서는 B.C 46년 경 율리우스 시저에 의해 이집트의 역법이 도입되어 '율리우스력(Julian calendar)'이 만들어졌고, 이 태양력은 기원 후 천년 이상 동안 사용되었다.

율리우스력은 1년의 평균 길이를 365.25일(365일 6시간)*로 계산한 것으로, 6시간을 달력에 집어넣을 수가 없어서 4년을 한 그룹으로 하여 3년 동안은 1년의 길이를 365일인 평년으로 하고, 마지막 4년째에는 366일로 정하여 윤년이라 불렀다. 그리고 율리우스 황제는 새 달력에서도 춘분은 이집트와 마찬가지로 3월 25일로 정하였다.

그후 4세기 초엽이 되자, 천문학자들은 율리우스력의 1년인 365.25일(365일 6시간)이 실제 1년의 길이보다 약 11분 정도가 더 길다는 중요한 사실을 알게 되었다. 1년에 11분이라면 그다지 큰 문제가 아니라고 생각될 수도 있겠지만, 율리우스력이 제정되고 한참의 시간이 지난 325년 당시에는 실제 낮과 밤의 길이가 같은 춘분은 3월 21일이지만 달력에서의 춘분은 3월 25일로 4일이나 차이가 있었다.

이때 그리스도교의 지도자들이 부활절 날짜를 새로 정하기 위해 터키의 니케아라는 곳에 모였다. 이를 '니케아공의회(Council of

---

＊　　지구가 태양을 한 바퀴 도는 데 걸리는 시간은 365일 5시간 48분 46초이다.

Nicaea)'*로 부르는데, 이 회의에서 부활절은 춘분에 이어진 만월 뒤의 첫번째 일요일로 결정되었다. 또한 부활절을 제대로 치르기 위해 앞서가던 날짜를 바꾸어 그때부터 춘분을 3월 21일로 고쳐 정하였다.

그러나 몇 세기가 지나면서 율리우스력의 오차는 계속 벌어지게 되어 16세기 후반에 이르자 실제의 춘분은 달력의 춘분인 3월 21일보다 10일이나 차이가 있는 3월 11일이 되었다. 춘분을 기준으로 하는 부활절은 점점 더 만월 시기에서 멀어지게 된 것이다.

그래서 당시의 교황인 그레고리우스 13세는 새로운 역법을 제정하기에 이르렀다. 이것이 바로 오늘날 우리가 사용하고 있는 '그레고리력(Gregorian calendar)'이다.

교황은 1582년 유명한 천문학자 크리스토퍼 클라비우스의 조언에 따라 우선 그해의 달력에서 10일의 분량을 깎아 10월 5일을 15일로 고치라는 회칙을 내렸다. 또한 앞으로 다시 보정하지 않아도 되게끔 400년마다 3회만은 윤년을 두지 않아 율리우스력보다 400년에 3일씩 줄이기로 하였다. 즉 4년마다 윤년을 두는 것은 같지만, 100으로 나누어지는 해 중 400으로 나뉘어지는 해인 1600년, 2000년만 윤년이 되고 1700년, 1800년, 1900년은 평년이 되는 것이다.**

---

* 니케아공의회는 동서 교회가 함께 모여 개최한 세계교회회의이다. 325년에 열린 제1차 회의는 그리스도의 신성(神性)을 부정하는 아리우스파를 이단으로 규정하여 분열된 교회를 통일시키고, 분열된 로마제국을 안정시키고자 콘스탄티누스 1세가 소집하였다.

* '태양년'이란, 태양이 황도상의 춘분점을 지나 다시 춘분점까지 돌아오기까지의 기간으로, 계절이나 역법의 기준이 되는 시간 단위이며 보통 1년을 말한다. 현대적 측정에 의하면, 태양년은 365.2422 평균태양일이다. 따라서 율리우스력의 365.25일보다는 그레고리력의 365.2425일이 태양년에 더 가깝다.

이 새로운 역법에 의하면 대략 1만년에 3일밖에 틀리지 않게 되었다. 또한 이때부터 1월 1일을 1년의 시작이라고 정하였다.

그레고리력이 처음 반포되었을 때는 가톨릭 국가들만이 이를 사용하였다. 당시 교황 그레고리우스 13세의 신교에 대한 박해가 심했기 때문에 이에 반발한 영국과 아일랜드 등에서는 종교적·정치적 이유로 새 역법을 받아들이지 않았던 것이다.

그러나 시간이 지날수록 영국 내에서도 천문학이 발달함에 따라 맞지 않는 날짜를 사용한다는 데서 오는 부담감과, 다른 유럽 나라들과의 외교적인 문제로 인한 마찰과 불편함이 더하여졌다. 그리하여 결국 그레고리력이 반포된 지 약 200년이 지난 뒤 영국도 율리우스력을 버리고 새 역법을 사용하게 되었다. 그러나 가톨릭 명칭인 '그레고리력'을 기피하여 '신력(New Style)'이라고 불렀다.

한편 새 역법에 대한 반발은 동방교회에서 더욱 심했다. 그리스, 루마니아, 러시아의 동방정교는 1923년까지도 이 역법을 채택하지 않았고, 일부 수도사들은 아직도 이 역법을 사용하지 않고 있다. 그러나 그레고리력은 현재 전세계적으로 가장 널리 사용되고 있다.

현미경의 발명

_____ 얀센 | 1590년

현미경은 16세기 후반에 발명되어 생물학을 한 차원 높이는데 매우 중요한 역할을 했다. 현미경은 망원경과 마찬가지로 사물을 크게 보이게 하는 여러 개의 렌즈들로 이루어져 있으며, 동시에 망원경과는 달리 아주 가까이 있는 물체를 확대시키도록 배열되어 있다.

현미경은 1590년 암스테르담의 렌즈 연마공인 얀센에 의해서 발명되었다.

실용화된 최초의 현미경은 17세기 중반 무렵에 등장하였다. 생물학자들은 현미경을 통해서 간단한 물방울 하나도 수없이 많은 미세한 구성요소들의 조합으로 구성되어 있는 것을 볼 수 있었다. 그 결과 자연은 철학자들이 말해왔던 것보다 훨씬 더 복잡하다는 것을 알 수 있었다.

현미경을 이용해 처음으로 생물체를 관찰한 사람은 영국의 훅(Robert Hooke, 1635~1703)이었다. 그는 자신이 직접 고안한 복합 현미경으로 살아있거나 죽은 생물을 관찰한 결과를 기술하고 그림을 그려서 『현미경 관찰(_Micrographia_)』(1665)이라는 책을 발간했다. 또한 코르크를 자세히 관찰하여 식물의 세포벽을 최초로 발견했다.

훅 이후 많은 사람들이 현미경을 통해 생물체를 관찰했고, 그들 중에는 레벤후크(Antonie van Leeuwenhoek, 1632~1723)와 말피기

(Marcello Malphigi, 1628~94) 등이 있었다.

특히 레벤후크는 100여 개의 현미경을 만들어 내었다. 그는 자신이 직접 갈아 만든 단일 렌즈로 된 단안(單眼)현미경을 사용하였다. 이 현미경은 표본을 고정하고 초점을 맞추는 뽀족한 나사가 달려 있고, 렌즈가 설치된 평평한 놋쇠판으로 이루어져 있다. 이것은 배율이 매우 낮은 돋보기 정도에 불과한 수준의 현미경이었지만, 원생동물과 박테리아를 발견하는 등 여러가지 생물을 최초로 관찰했다.

말피기는 현미경 해부학의 창시자로 하비의 혈액순환론을 완성시키는 개구리의 모세혈관을 관찰하였고, 콩팥의 말피기소체, 혀의 미뢰를 발견하는 등 현미경으로 새로운 생물학 세계를 열었다. 이를 『허파에 관하여』(1661)를 통해 발표하였다.

최초의 현미경이 발명된 뒤 곧바로 복합현미경이 개발되었다. 복합현미경은 여러 개의 렌즈를 통해 빛을 굴절시킴으로써 배율을 증대시켜 사물을 더욱 더 크게 볼 수 있었다. 대물렌즈에 의해 확대된 물체의 상은 대안렌즈에 의해 더욱 커진다. 현대에는 렌즈를 만드는 기술의 발달로 특수한 빛의 파장을 이용하고, 대안렌즈를 기름에 담가 빛을 좀 더 모음으로써 1,000~1,500배까지 확대할 수 있다.

현미경의 기본 구성은 경통, 대물렌즈와 접안렌즈, 대물렌즈 변경용 회전판, 시료를 올려놓는 재물대로 되어 있으며, 시료 조명용 집광기 등이 있다. 또한 초점을 정밀하게 맞추기 위한 조동나사와 미동나사가 있다.

일반적으로 현미경은 빛이 통과하는 시료를 재물대 위에 놓으면 빛이 재물대 밑으로부터 투과되어, 시료 각 부분의 빛의 흡수 차이로 명암의 대비가 생겨 상(像)이 만들어진다.

광학현미경

보통 현미경이라고 하면 이러한 광학현미경을 말하지만, 보다 다양한 시료의 관찰에 사용되는 금속현미경, 위상차현미경, 미분간섭현미경, 한외현미경과 자외선현미경, 적외선현미경 등여러 종류의 현미경들이 있다.

1933년에 발명된 전자현미경은 빛대신에 전자선을 사용하여 20만 배 정도까지 확대할 수 있어 초극미 세계의 관찰도 가능해졌다.

인류사를 바꾼 100대 과학사건

온도계의 등장

_____ 갈릴레이 | 1593년

어떤 물체가 열을 받아 뜨거워지거나 열을 빼앗겨 차가워졌을 경우 이에 대한 차이점을 과학적으로 정의하는 것은 매우 중요하다. 특히 근대 이후 실험과학이 강조되면서 온도가 실험결과에 영향을 준다는 것을 알게 되자 정확한 온도측정은 실험의 중요한 과정이 되었다. 온도란 물체의 차고 뜨거운 정도를 수량으로 나타낸 것으로 정의한다. 통계 역학이 발달된 이후에는 온도란 기체 분자 1개의 평균 운동에너지와 같은 의미를 갖는다.

열에 대한 과학적인 연구는 오랫동안 기체에 대한 연구와 함께 진행되어 왔다. 1593년 갈릴레이가 온도의 높낮이에 따라 기체의 부피가 변하는 것을 원리로 최초의 온도계를 만들었다. 그 후 갈릴레이의 제자들이 주도적으로 모인 '실험 아카데미(*Accademia del Cimento*)'* 회원들에 의해 다양한 온도계가 만들어지게 되고, 이후

---

* 1657년에 창립되었는데, 회원들은 다양한 온도계와 최초의 기압계를 만들었고, 자신들이 실험한 내용이 실린 책을 발간하였다. 그러나 갈릴레이가 종교 재판을 받은 영향으로 해산되었다. 그들은 과학적 역량을 분명히 발휘하였으나 이탈리아에서 과학에 대한 관심이 감소하자, 과학의 주도권은 국가 권력이 교회보다 큰 북유럽으로 넘어갔다.

온도계가 본격적으로 사용되었다.

아카데미 회원들은 알코올과 같은 유체를 이용한 온도계를 다양하고 체계적으로 사용하였다. 이것은 유체의 열팽창이 온도변화에 따라 일정하다는 조건을 기본으로 한다. 특히 알코올은 온도 변화에 따른 부피변화가 커 온도계의 재료로 사용되기에 적당하였다.

1720년에는 파렌하이트(Gabriel D. Fahrenheit, 1686~1736)에 의해 수은으로 채워진 온도계가 처음 등장하는데, 수은은 열팽창이 균일할 뿐만 아니라 -38.9℃에서부터 357.7℃까지의 넓은 영역에서 액체로 존재하기 때문에 온도계로 사용하기에 가장 적합하다.

그러나 온도를 정할 정확한 기준점이 없어서 이에 대한 논의가 잇따랐다. 1701년 뉴턴은 물 어는점을 0으로 하고, 사람의 체온을 12로 하는 온도기준을 제안하기도 했다.

보통 과학에서 사용하는 온도는 섭씨온도와 화씨온도와 절대온도가 있다. 화씨온도는 파렌하이트가 제안한 것을 개량한 것으로 얼음의 녹는점을 32°F, 물의 끓는점을 212°F로 정하여 180등분한 것을 사용한다.

우리가 일상적으로 사용하는 섭씨온도의 기준은 1742년 셀시우스(Anders Celsius, 1701~44)가 제안한 것을 개량한 것으로 10진법을 도입하여 대기압 1기압에서 얼음의 녹는점을 0℃, 물의 끓는점을 100℃로 정하여 100등분한 것의 한 눈금을 1℃로 정한다.

미국은 19세기에 유럽의 도량형 통일과정에서 선택된 섭씨온도를 받아들이는 것이 유럽에 종속되는 것이라 여겨 오늘날까지 화씨를 사용한다.

절대온도는 물질의 성질에 관계없이 분자의 운동에너지가 0인 상

인류사를 바꾼 100대 과학사건

태를 0K라 정한 것으로, 영국의 물리학자 톰슨(William Thomson 또는 Kelvin경, 1824~1907)이 1848년에 도입하였고, 켈빈온도라고도 부른다. 현재는 1967년에 이루어진 국제협정에 의거하여 액체상태의 물, 고체상태의 얼음, 기체상태의 수증기가 열적 평형상태로 공존할 수 있는 점을 삼중점이라 부르고, 이것을 기준으로 삼는다. 식으로 표현하면 T_3=273.16K이다(여기서 아랫첨자 3은 삼중점을 의미).

섭씨온도(t_C)와 화씨온도(t_F)의 관계와, 섭씨온도(t_C)와 절대온도(T)와의 관계는 다음 식과 같다.

$$t_F(^\circ F) = \frac{9}{5} t_C(^\circ C)+32, \quad T(K) = t_C(^\circ C)+273.16 \simeq t_C(^\circ C)+273$$

현대인의 생활에서 온도개념 없이 살아간다는 것은 상상하기 어렵다. 뿐만 아니라 과학자들이 수행하는 대부분의 실험결과가 온도와 압력에 따라 달라지므로, 실험결과를 분석할 때 온도를 첨가하는 것은 기본적인 일이다. 또한 온도 측정 자체가 과학적으로 의미있는 경우도 많다. 예를 들어 지구의 온난화 현상의 객관적인 증거는 지구 평균온도의 상승이다.

과학의 발달과정을 생각해보면 정밀도의 지속적인 증대라고도 할 수 있다. 보다 확실하고 정확하고 합리적으로 자연의 모든 현상을 설명하고자 하는 것이 과학자들의 기본적인 욕망이다. 이런 관점에서 본다면 정확한 온도 측정은 과학의 가장 기본적인 일에 속한다고 할 수 있다. 물론 20세기에 이르러 성립한 양자역학의 발달을 통해 측정의 한계가 수학적으로 정립되면서, 정확한 물리량 측정이란 원칙적으로 불가능하다는 이론이 성립되지만 말이다.

자석 연구의 시작

_____ 길버트 | 1600년

자석의 신비한 성질을 이용해 나침반을 만들기는 했지만, 자석에 대한 연구는 중세 이후까지 이루어지지 않았다. 당시까지 사람들은 나침반의 자침이 남북을 향하는 이유를 북극에 자침을 끌어당기는 커다란 자석산이 있기 때문이라든가, 또는 북극성이 자석을 끌어 당기기 때문이라고 설명하였으며, 자기력을 마술의 일종이라고 생각하기도 하였다.

런던의 유명한 의사였던 길버트(William Gilbert, 1544~1603)는 처음으로 지구 전체가 하나의 자석임을 밝혀 나침반의 자침이 남북을 향하는 이유를 이론적으로 설명하였다. 또한 사람들은 자석을 가열하여 온도가 올라가면 자력이 강해진다고 믿고 있었는데, 길버트는 온도가 올라가면 자력을 잃어버린다는 것을 발견했다. 그리고 당시까지 알려진 정전기 현상들을 실험하여 자기 현상과 정전기 현상들을 구분하였다. 또한 그는 중력이란 지구가 물체에 작용하는 자기력이라고 하였다(중력자기설).

길버트는 이러한 결과들을 정리하여 『자석에 대하여』(1600)를 출판하였고, 이 이론은 다른 과학자들, 갈릴레이나 케플러에게까지 영향을 미쳤다.

지구는 하나의 커다란 막대 자석으로 볼 수 있다. 왜냐하면 지구

내부의 지각 밑에 있는 유
체의 흐름이 마치 전류의
흐름과 같기 때문에, 이것
이 원인이 되어 지구자기
장이 형성되기 때문이다.
또한 지구의 핵에서 올라
오는 열 때문에 생기는 대

지구도 커다란 자석이다.

류 전류도 지자기의 한 원인이 된다고 한다.

지구의 규모를 생각하고, 지구가 만드는 자기장의 세기를 생각하
면 전하는 1초에 1mm보다 느리게 움직여야 한다고 한다. 그러나 이
렇게 형성된 지구 자기장의 방향이 정확히 지구의 남극점·북극점과
일치하지 않으며, 또한 시간에 따라 변하고 있다. 지구의 역사에서
여러 번의 지자기 역전이 있었고, 앞으로도 그럴 가능성이 있다는 것
은 이미 앞에서 이야기했다.('나침반의 발명' 참고)

자기장이 생기는 원인은 근본적으로 전하의 흐름 때문이다. 자연
에서 나는 천연자석도 그 자석을 이루는 원자 내의 전자의 움직임 때
문에 자기장을 만든다. 전자는 원자핵 주위를 돌면서 자기장을 만들
기도 하지만 스스로의 축을 중심으로 회전하는 것에 의해 자기장을
만든다. 이 때 서로 다른 전자들이 같은 방향으로 형성되는 자기장을
만들면 이 효과가 서로 합쳐져 자석이 된다. 자석이 되지 않는 것들
은 이들의 효과가 서로 상쇄되기 때문이다.

길버트는 평생 자기에 관한 실험과 관찰에 몰두하였고, 이를 통
해 자석과 자기에 관한 연구도 과학의 중요한 부분임을 알렸다.

케플러의 1·2법칙

___ 1609년

코페르니쿠스의 지동설 발표 후 100여 년이 지나서야 사람들은 그의 이론을 상식으로 받아들였다. 그러나 그 동안 공식적인 기관에서는 여전히 천동설을 지지하였으므로 개인적으로 지동설이 진리라고 믿고 있는 사람들도 대외적으로는 천동설을 가르쳤다.

코페르니쿠스가 지동설을 처음 주장함으로써 시작된 과학혁명은 케플러(Johannes Kepler, 1571~1630)에 의해 발전되는데, 그 중간에 결정적인 역할을 담당한 사람이 있었다.

망원경 발명 이전 가장 훌륭한 천문관측 능력을 인정받고 있는 브라헤(Tycho Brahe, 1546~1601)이다. 그는 귀족의 아들로 부유하게 태어나 일생 동안 하루도 빠짐없이 밤하늘의 별만 쳐다보며 그 위치 변화를 정확하게 측정하였고, 그 결과를 넘겨 받은 케플러가 그것을 토대로 행성들의 운동을 수학적으로 완벽하게 그려낼 수 있었다.

브라헤는 코페르니쿠스의 우주체계가 수학적인 조화와 간결성을 가졌다는 것을 알면서도 그의 우주체계를 쉽게 받아들일 수 없었다. 그는 코페르니쿠스의 우주체계를 약간 수정하여 자신의 마음에 드는 우주체계로 만들어냈다.

즉 다른 행성들은 태양 주위를 돌게 하고, 행성들을 거느린 태양이 다시 지구 주위를 돌게 했다. 당시로서 지구중심설을 버리기가 얼마나 어려웠는가를 단적으로 알 수 있는 부분이다.

아리스토텔레스의 우주론에 의하면 달을 기준으로 그 위는 완벽한 영원불변의 신의 세계이고, 달 아래 지구는 인간이 살고 있는 항상 변화하는 불완전한 세계이다. 그런데 브라헤의 관측 결과 신의 세계에서 변화하는 신성($Nova$)*과 우주를 가르며 움직이는 혜성이 발견되었다. 이로써 전통적인 우주론은 잘못되었다는 것이 명확해졌다. 그럼에도 불구하고 브라헤는 아리스토텔레스의 우주론을 껴안고 있었고, 그 결과 과학사 안에서 의미있는 그의 역할은 행성의 운동에 대한 정확한 관측만으로 머물 수밖에 없었다.

어렸을 적부터 열렬한 코페르니쿠스의 지지자였던 케플러는 우주가 수학적 조화를 이루고 있다고 주장한 피타고라스의 영향을 받았으며, 또한 신은 위대한 기하학자라는 플라톤의 사고를 받아들였다. 수학의 천재이자 이론가인 케플러는 수학을 통해 우주를 이해할 수 있다고 믿었다.

1600년, 그는 드디어 오차없는 관측자 브라헤를 만난다. 그러나 브라헤는 평생을 바쳐 관측한 천문 자료를 케플러에게 넘겨주기를 꺼려했다. 시간이 흘러 브라헤는 죽고 케플러는 마침내 천문자료를 건네 받을 수 있었다.

브라헤의 관측 결과를 토대로 케플러는 행성의 궤도를 원운동의 조합으로 나타내려는 시도를 포기하고, 1605년 행성운동에 타원궤

---

* 육안이나 망원경으로 보이지 않을 정도로 어둡던 별이 수일 내에 수천 배나 수만 배로 밝아지는 별(폭발변광성)을 말한다. 발견 초기에 새로운 별이 탄생한 것이라고 생각해 신성(新星)이라 이름붙였다.

타원 궤도의 법칙

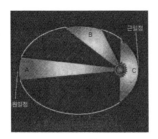

면적 속도 일정의 법칙

도를 적용시켜 조화롭고 단순한 행성궤도를 완성한다. 신플라톤주의자*였던 그도 원운동을 포기하는 것이 무척 힘든 결단이었나 보다. 타원궤도로 행성운동이 수학적으로 조화롭고 간결하게 표현되었음에도 불구하고 말이다.

케플러는 1609년에 자신의 저서 『신천문학(*Astronomia Nova*)』을 통해 제1, 2법칙을 발표하였다.

제1법칙은 행성이 태양을 초점으로 하는 타원궤도를 돈다는 것이고, 제2법칙은 행성이 타원궤도를 돌 때 행성과 태양을 연결한 선이 같은 시간 동안 같은 면적을 휩쓸며 지나간다는 법칙이다. 즉 타원을 도는 행성이 태양과 가까울 때는 빠르게 공전하고 멀리 있을 때는 상대적으로 느리게 공전한다는 것이다.

이 법칙들은 그 동안에 받아들여졌던 등속원운동의 개념과는 근본적인 차이가 있다. 케플러의 법칙들은 아리스토텔레스의 우주론의 근본변화를 뜻하며, 행성계의 운동을 이상적인 고정관념에 의해서가 아닌 관찰을 통해 정확하게 수학적으로 표현하였다는데 그 의미가 있다

* 15, 16세기에 유럽에서는 신플라톤주의라는 사조가 나타났다. 신플라톤주의자들은 아리스토텔레스주의가 만연한 분위기에서 플라톤 사상의 부활을 주장했다. 그들은 플라톤이 중요하게 생각했던 기하학과 수학을 중시하며, 자연은 기하학적인 규칙성을 가지고 있으며, 우주는 신비한 힘으로 충만해 있다고 주장했다. 신플라톤주의자들은 코페르니쿠스의 지동설을 지지했다. 지동설을 주장하다 처형된 브루노뿐만 아니라 케플러, 갈릴레이 모두 열렬한 신플라톤주의자였다.

인류사를 바꾼 100대 과학사건

행 성	코페르니쿠스 측정값 이용			현재 측정값 이용		
	주기 T(년)	평균거리 R(AU)	$\frac{T^2}{R^3}$	주기 T(년)	평균거리 R(AU)	$\frac{T^2}{R^3}$
수성	0.241	0.38	1.06	0.241	0.387	1.002
금성	0.164	0.72	1.01	0.615	0.723	1.001
지구	1.000	1.00	1.00	1.000	1.000	1.000
화성	1.881	1.52	1.01	1.881	1.523	1.000
목성	11.8	5.2	0.99	11.862	5.20	0.999
토성	29.5	9.2	1.12	29.458	9.54	1.000
천왕성	•	•	•	84.01	19.19	0.999
혜왕성	•	•	•	164.8	30.06	1.000
명왕성	•	•	•	248.6	39.52	1.001

조화의 법칙

고 할 수 있다.

1619년에 케플러는 『우주의 신비(Harmonice mundi)』에서 행성의 공전주기의 제곱은 태양으로부터의 평균 거리의 세 제곱에 비례한다는 제3법칙을 발표한다. 이 법칙은 조화의 법칙이라고도 불린다.

케플러는 세 가지 법칙을 통해 여러 복잡한 원을 도입하지 않고 간단한 기하학적 도형과 수식으로 행성의 공전궤도를 표현하는데 성공했다.

이리하여 코페르니쿠스가 시작했던 행성의 운동에 관한 새로운 설명은 과학자들의 관찰과 일치하면서도 수학적인 조화와 간결성을 가진 케플러의 법칙으로 완성되었다.

그러나 행성이 어떤 원인으로 부등속 타원운동을 하는가 하는 질문이 생겨났고, 이에 대해 케플러는 지구가 자석이라는 것을 밝혔던 길버트의 자기력을 통해 설명하기도 했다.

그러나 이 문제는 뉴턴(Isaac Newton, 1642~1727)에 이르러 완벽하게 해결되었다.

천체망원경 제작

_____ 갈릴레이 | 1610년

갈릴레이

케플러와 거의 동시대 사람으로서 고전 역학의 완성에 커다란 업적을 세운 갈릴레이는 이탈리아의 피사에서 태어나 교육에 관심이 많은 음악가 아버지 밑에서 자랐다. 그는 뉴턴과 마찬가지로 기계들을 만지고 다루는 재주가 뛰어났으며, 수학과 과학에 대단한 흥미를 보였다. 그는 네덜란드의 안경사들이 1609년에 두 개의 렌즈를 빈 관 양쪽에 장치해 망원경을 만들었다는 이야기를 듣고, 렌즈를 직접 연마하여 1610년에 자신의 천체망원경을 만들었다. *

갈릴레이는 이 망원경으로 하늘을 관찰하기 시작한다. 당시의 사람들에게 하늘은 여전히 아리스토텔레스의 우주 질서를 따르는 별들이 떠돌고 있는 공간이었다. 그러나 그가 직접 관찰한 별들은 아리스토텔레스의 우주 속에 있지 않았다. 그는 고정된 천구, 한정된 우주에서 반짝이는 별들이 아닌 광활한 우주에서 빛나고 있는 무수히 많은 별들을 볼 수 있었다.

지구를 돌고 있는 천체들만 보이는 것이 아니라, 목성을 돌고 있

* 네덜란드의 안경 기술자들인 리펠스헤이, 메티우스, 얀센 세 사람이 각각 망원경의 발명자로 이야기된다. 그러나 망원경을 가지고 변화하는 하늘을 관찰한 사람은 갈릴레이뿐이라는 데 과학사적인 의의가 있다.

는 위성이 관찰되었다. 완전해야 할 천상계에서 울퉁불퉁 불완전한 표면을 가진 달도 관찰되었다. 초생달 모양이던 금성이 달처럼 차고 기우는 것도 관찰하였다.

천체망원경

이 결과 갈릴레이는 코페르니쿠스의 지동설을 받아들였다. 그러나 행성들이 타원운동을 한다는 케플러의 이론들은 수용하지 못했다. 케플러의 제1법칙, 제2법칙이 1609년에 발표되었고, 갈릴레이가 1610년에 망원경을 만들었으니, 동시대에 체계화된 케플러의 법칙들을 틀림없이 접했을 것임에도 불구하고 안타깝게도 그는 케플러의 이론들을 인정하지 못했다.

따라서 갈릴레이는 코페르니쿠스의 지동설을 뒷받침하는 증거들만 관찰하였다.

이와 같이 갈릴레이의 천체망원경 제작은 코페르니쿠스의 지동설을 지지하는 실질적인 현상들을 제공하였다. 그럼에도 불구하고 아리스토텔레스의 우주체계는 뛰어넘기 어려운 무지막지한 요새였나 보다. 이런 직접적인 증거들이 있음에도 지동설을 받아들이지 못하는 수많은 과학자들이 있었으니 말이다.

혈액순환 이론

_____ 하비 | 1628년

영국인 의사 하비(William Harvey, 1578~1657)는 근대
생리학의 결정적인 기초를 마련한 인물이다. 그는 르네상스기의 다
른 과학자들처럼 베니스의 파도바 대학을 다녔다. 파도바 대학은 이
전에 안드레아스 베살리우스가 교수로 있었던 학교로, 하비는 여기
서 저명한 해부학자인 파브리치우스(Hieronymus Fabricius, 1537~
1619)의 가르침을 받았다.

파브리치우스는 16세기에 그 존재가 알려진 판막의 구조와 기능
에 관해 옳지는 않지만 비교적 체계적인 설명을 처음으로 제시한 학
자이다. 그는 갈레노스의 해석에 따라, 판막은 혈액의 속도를 늦추게
하여 인체 말단에 흐르는 혈액량을 조절하는 역할을 한다고 보았다.
그러나 그의 제자였던 하비는 파브리치우스의 이러한 생각과는 반대
로 정맥의 판막이 혈액을 심장으로 다시 흘러 들어가도록 하는 기능
을 가지고 있음을 증명하였다.

하비는 심장이 태양과 같은 지위에 있다는 아리스토텔레스의 가
르침을 좇아 심장을 신체의 중추기관으로 보는 한편, 갈레노스의 이
론에 따라 심장의 구조를 그 기능과 조화시켰다. 그 결과 정맥에 있는
판막의 작용을 정확히 이해하게 되어 심장의 활동과 연결시킬 수 있
었다.

또한 판막 때문에 혈액이 폐로부터 심장의 좌심실로 갈 수는 있으나 그 반대방향으로는 진행할 수 없게 되어 있다는 사실에 주목하였다. 결국 혈액은 심장에서 동맥으로 나가 다시 정맥을 거쳐서 심장으로 되돌아오는 원운동을 할 수밖에 없었다. 이와 같은 심장과 동맥계의 기능을 1628년 『동물의 심장과 피의 운동에 관한 해부학적 연구(*Exercitatio Anatomica de Motu Cordis et Sanguinis in Animalium*)』에서 명쾌한 모델로 처음 제시하였다.

하비의 저술에는 충분한 실험적인 증거에 토대를 둔 합리적인 논의가 훌륭하게 전개되어 있으며, 그 점에서 그의 혈액순환설은 실험적인 방법을 과학적인 연구에 적용한 최초의 예로 평가받는다.

당시에는 인체실험을 할 수 없었기 때문에 하비는 수많은 동물을 이전과 달리 살아있을 때 절개하여 관찰하였다. 그 덕분에 그는 심장이 수축하여 피를 내보내는 것을 직접 보았고, 그러한 펌프 작용으로 동맥이 영향을 받아 맥박이 뛴다는 것을 확인했다. 이것은 심장 근육의 능동적인 작용은 수축이며, 심장 본래의 기능은 피를 흡수하는 것이 아니라 방출하는 것임을 보여주는 증거였다.

그러면 새로운 피는 항상 어디에서 오는 것일까? 하비는 관찰과 실증뿐 아니라 수량적인 설명도 도입하였다. 하비는 죽은 사람의 심장을 해부해서 하나의 심장에 3/4dl(작은 물잔에 가득찰 정도 $1dl$=$100ml$)의 피가 담길 수 있음을 확인하였다. 또한 심장이 1맥박당 2온스(56.6g)의 피를 방출한다는 것과 1분당 72맥박이 뛰는 것을 밝혀내어 얼마나 많은 피가 혈관으로 흘러가는지 계산했다.

이 결과 시간당 8,640온스(2온스×72맥박×60분) 혹은 245kg이라는 많은 양의 피가 심장에서 혈관으로 나간다는 것을 알 수 있었다. 이것은 인간이 섭취할 수 있는 음식물의 양보다도 훨씬 많은 것으로 한 시간 동안 간이 이만한 양의 피를 만들 수 없다는 것은 분명하였다. 따라서 피가 다른 경로를 통해 심장으로 되돌아오는 것이 아니면 그처럼 많은 양의 피가 어디서 생겼는지, 혹은 어디로 갔는지 설명할 방법이 없게 된다. 결국 이 현상은 피가 우리 몸에서 순환한다는 것을 보여주는 결정적인 증거가 되었다.

또한 하비는 이에 만족하지 않고 혈관에서 혈액의 흐름을 관찰하기 위해 결찰사(結紮絲)를 이용해 살아있는 동물의 동맥이나 정맥을 묶고, 묶은 곳에서 어느 쪽의 혈관이 부풀어오르는가를 실험하였다.

동맥의 흐름을 막았을 때 막은 곳과 심장 사이의 혈액은 반드시 심장에서 가까운 방향쪽이 부풀었다. 따라서 동맥에는 심장에서 나오는 혈액이 흐른다고 할 수 있다. 정맥을 묶었을 때는 심장에서 먼쪽 혈관이 항상 부풀므로 정맥에서 혈액의 흐름은 심장 쪽으로 흘러간다고 할 수 있었다. 또한 정맥 안에는 판막이 있어 혈액이 심장 반대쪽으로 흐르는 것을 막아준다는 것도 알았다.

그러나 어떻게 혈액이 동맥에서 정맥으로 전달되는가 하는 부분은 하비의 연구에서도 밝혀지지 못했다. 분명히 어떤 종류의 연결관이 있을 것이라고만 짐작했다. 이것은 나중에 말피기(Marcello Malphigi, 1628~94)가 현미경을 이용하여 1660년 개구리의 폐에 있는 모세혈관 구조를 관찰함으로써 확인되었다.

또한 1668년 레벤후크(Antonie van Leeuwenhoek, 1632~1723)가 올챙이의 꼬리와 개구리 다리에서 동맥의 피가 모세혈관을 통해 정맥으로 흘러가는 것을 확인함으로써 하비가 추측한 혈액운동의 과정이 사실이라는 것을 결정적으로 증명하였다.

하비의 혈액순환설에는 기계론과 아리스토텔레스주의, 그리고 베이컨의 실험적 방법이 절묘하게 조화되어 있다. 그는 피 순환의 원인을 오직 심장의 박동 한가지로 돌렸고, 그것은 기계적인 작동을 의미했다. 즉 심장을 혈액이 폐회로를 따라 돌도록 하는 일종의 펌프와 같은 기계로 본 것이다.

하비의 혈액순환설은 전통적인 형이상학적 가설과 이론을 배경으로 하고 있지만, 그 확인과정은 관찰과 실험을 강조한 베이컨의 경험적인 방법을 적용한 중요한 과학이론이다.

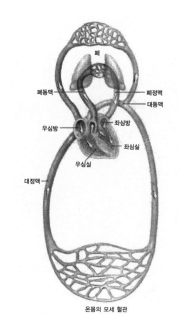

폐

폐동맥   폐정맥
          대동맥

우심방   좌심방

          좌심실

우심실

대정맥

온몸의 모세 혈관

사람의 혈액 순환

『2대 체제에 관한 대화』 발간

____ 갈릴레이 | 1632년

코페르니쿠스에 의해 시작된 행성들의 운동에 관한 설명은 갈릴레이의 천체망원경 발명 후 확실한 힘을 얻게 된다. 당연히 갈릴레이는 지동설을 지지하였다. 그리고 망원경을 통해 본 천체 관측 결과를 가지고 당시 예수회 수도사와 논쟁을 하게 되었는데, 이 과정에서 그는 로마 교황청의 반발을 사게 된다. 또한 성서와 지동설간의 모순에 대해 설명한 것을 여러 곳에 편지로 보냈는데, 이러한 것들이 문제가 되어 교황청으로부터 재판을 받고 지동설을 언급하지 말라는 1차 경고를 받게 된다.

그럼에도 불구하고 그는 『프톨레마이오스와 코페르니쿠스의 2대 체제에 관한 대화』(1632)라는 책을 쓴다. 그는 이 책에서 성직자들의 경고에 저촉되지 않게 지동설을 주장하려 하였으나, 뜻하는대로 되지 못하고 결국 2차 종교재판까지 받게 된다.

당시 종교재판에 의해서 화형*까지 당한 사람들이 많았으나 그는 이단행위를 하지 않겠다고, 즉 지동설을 주장하지 않겠다고 서약하

---

* 　중세 후기 17세기를 전후해 유럽에서는 종교재판에 의해 지동설을 주장한 사람뿐만 아니라 많은 일반 사람들, 특히 여자들이 마녀로 몰려 화형을 당했다.

고 죽을 때까지 가택 연금생활을 하게 되었다.

그는 이미 언급했듯이 지동설은 받아들였으나 원운동에 대한 믿음을 버리지 못해 케플러가 주장한 타원궤도를 도는 행성의 운동을 이해하지 못했다. 그럼에도 불구하고 아리스토텔레스의 천문학체계는 갈릴레이의 천체망원경의 발명과 2대 체제에 관한 책의 발간으로 무너질 수밖에 없었다.

또한 갈릴레이의 관심은 하늘에만 있는 것이 아니라 운동하는 물체에도 있었다. 새로운 천문학이 코페르니쿠스에 의해 시작되었다면 새로운 역학은 갈릴레이에 의해 시작되었다.

지동설을 주장하다가 종교재판을 받아 연금생활을 하는 동안 갈릴레이는 『두 가지 새로운 과학에 관한 논의와 수학적 증명』(1638)을 출간했다. 이 책은 당시의 임페투스 이론을 극복하고 운동에 대한 새로운 접근 방법을 시도한 것으로서 근대 역학을 수립하는 중요한 계기가 되었다.

아리스토텔레스는 운동을 자연적인 운동과 비자연적 운동으로 나누었다. 모든 물체들은 자신의 자연적인 위치가 있다. 무거운 물체는 아래가 자연적인 위치이고, 가벼운 물체는 위가 자연적인 위치이다. 따라서 자신의 위치를 찾아가는 운동이 자연적인 운동이고, 이

결혼을 하지 않은 여자, 산파, 주술사 등과 같이 경제적으로 독립한 여자들이 주로 사회의 곱지 않은 시선을 받아 마녀로 몰렸다. 물론 이들을 화형대로 보낸 마녀 사냥꾼들은 가부장적인 남성들의 시각을 가진 보수적인 사람들이었다. 케플러의 어머니도 아픈 사람을 고쳐주는 사람이었는데, 마녀로 몰려 종교재판을 받았다. 그녀는 케플러의 열성적인 구명활동에 의해, 마녀로 판정은 받았지만 죽음만은 면할 수 있었다.

위치에서 멀어지는 운동은 비자연적인 운동이다.

또한 비자연적인 운동을 하고 있는 물체는 힘을 받고 있어야 하고, 힘은 반드시 접촉해서 작용해야 한다고 했다. 또한 그는 진공을 부정했다. 물질은 연속적으로 존재하고 빈 공간은 없다는 것이다. 이러한 생각을 기초로 아리스토텔레스는 공중으로 던져진 물체가 앞으로 나아가는 것을 합리적으로 설명하기 위해 공간을 가득 채운 공기가 물체를 뒤에서 계속 민다고 하였다.

이러한 아리스토텔레스의 운동론을 극복하고자 한 사람들이 주장한 것이 '임페투스 이론'이다.*

14세기 프랑스의 철학자 뷔리당(Jean Buridan, 1300~58)이, 6세기에 활동하던 필로포노스가 피사체의 운동을 설명하면서 도입한 임페투스 이론을 받아들였다.

이 이론은 움직이고 있는 물체는 힘을 받고 있어야 하고, 이 힘은 반드시 접촉해서 작용하여야 한다는 아리스토텔레스의 이론을 대신하여, 물체는 직접적인 힘을 받지 않아도 내적으로 가진 임페투스 (impetus, 기동력) 때문에 운동할 수 있다고 설명한다. 그리고 물체가 정지한다는 것은 임페투스가 없어졌다는 뜻이다. 임페투스가 생긴

---

* '번역의 시기'였던 12세기에 대량의 고대 그리스 지식이 아랍에서 유럽으로 번역되어 소개되었다. 이후 아리스토텔레스의 자연철학은 13세기 토마스 아퀴나스(Thomas Aquinas, 1225~74)에 의해 스콜라 철학에 흡수된다. 이 과정에서 신의 전지전능함과 어긋나는 아리스토텔레스의 일부 자연관이 금지된다. 금지된 것 중의 하나가 '진공은 없다'는 내용이다. 왜냐면 신이 만들지 못하는 것은 없다고 생각했기 때문이다. 이에 등장한 이론이 임페투스 이론이다.

인류사를 바꾼 100대 과학사건

원인은 처음의 운동원인 때문에 얻게 되는 양으로써, 그 크기는 물체의 속도와 질량에 의해 얻어지는 양이라는 것이다.

또한 천체는 완전한 임페투스를 가졌기 때문에 영원히 운동을 계속한다고 하였다. 결국 임페투스 역학론은 아리스토텔레스 역학에서 근대역학으로 넘어가는 중간 역할을 하는 이론이었던 것이다. 이 이론은 갈릴레이의 관성개념으로 극복되었다.

갈릴레이는 홈이 파인 막대기를 구부린 것을 두 개 만든 후 이 두 개를 양쪽 끝이 경사진 사면이 되도록 연결하였다. 그리고 한 쪽 사면 위에서 공을 굴렸을 때 공이 다른 쪽 사면의 같은 높이 만큼 올라간다는 것을 발견하고, 만약 다른 쪽 사면이 지표면과 일치하도록 평평하게 만들고 공을 굴린다면 이 공은 영원히 계속 운동을 할 것이라는 사고 실험으로 관성이라는 개념을 도입하였다.

그러나 이 개념은 힘을 받지 않는 물체의 운동에 적용한 것이 아니라, 지구표면 위에서 등속원운동의 부분으로 한정하여 설명하였다. 이 관성 개념은 데카르트(René Descartes, 1596~1650)에 의해 완성된다. 그럼에도 불구하고 갈릴레이의 관성 개념은 운동을 하려면 외부에서 계속 힘이 작용해야 한다는 아리스토텔레스의 운동 개념에서 완전히 벗어난 것이었다. 또한 지속적으로 작용하는 힘이 없어도 운동을 할 수 있다는 생각을 도입함으로써 임페투스 이론을 극복하였다는 데 중요성을 가진다.

당시 아리스토텔레스의 우주론을 지지하는 사람들이 코페르니쿠스의 우주구조를 반대하는 이유중 하나는, 지구가 자전한다면 왜 지구 위의 사람들이 그 현상을 느끼지 못하는가 하는 것이었다.**

이에 대해 갈릴레이는 운동의 상대성이란 개념을 도입하여 그 이유를 설명했다. 즉 운동은 운동을 하지 않는 관측자에게 상대적으로 나타나는 것이라는 것이다. 물체가 운동을 하느냐 하지 않느냐의 문제는 절대적인 기준이 있는 것이 아니라 관측자와 운동자간에 상대적인 위치변화로 나타나는 것이고, 따라서 지구 위에 있는 우리 모두는 지구와 함께 돌고 있으므로 지구가 도는 것을 느낄 수 없다고 하였다.

사람들이 지동설을 받아들이기 힘든 또 다른 이유는, 자전하고 있는 지구 위에 있는 사람이 공중으로 물체를 던지면, 그 물체는 지구가 움직이고 있으므로 움직인 만큼 뒤쪽으로 떨어질 것인데, 왜 다시 그 사람 손으로 되돌아 오느냐 하는 것이었다.

갈릴레이는 이에 대해 지구 위의 물체는 지구와 똑같은 속력으로 운동을 하기 때문이라고 설명하였다. 즉 위로 던져진 물체는 위 방향의 운동과 지구의 자전 방향과 같은 방향으로 가는 운동이 합쳐진 운동을 한다는 것이다. 이러한 그의 생각은 공기 중으로 던져진 물체가 가지는 포물선 운동을, 수직 방향의 운동과 수평 방향의 운동으로 나눠 분석하는 것으로 발전하였다.

✳✳ 아리스토텔레스의 우주에서는 지구가 우주의 중심이고 태양이 지구 주위를 돌므로 자전하는 지구를 생각할 필요가 없었다. 그러나 코페르니쿠스의 우주에서는 지구가 태양 주위를 돌므로 밤과 낮이 생기는 이유로 하루에 한 바퀴씩 자전하는 지구를 생각할 수밖에 없다. 지구가 하루에 한 바퀴씩 자전하므로 24시간=24×3,600=86,400초이고, 지구 반지름 약 6,400km= 6,400,000m, 따라서 적도 위에 있는 사람이 하루 24시간 동안 자전 때문에 움직이는 거리는 $2\pi \times 6,400,000$m이므로, 적도 위에 있는 사람이 스스로 느끼지 못한다 하더라도 자전 때문에 가지는 속력은 대략 $2\pi \times 6,400,000$m $/86,400$s = 465.185m/s이다. 상온에서의 소리속도 340m/s보다 빠른 속력이다.

또한 갈릴레이는 아리스토텔레스가 운동의 원인으로 생각했던 자연적인 위치라는 것도 어떤 물질 속에서 운동하느냐에 따라 다르다는 것을 밝혔다. 즉 공간을 채우는 물질과 그 공간에서 운동하는 물체의 상대적인 밀도에 따라 물체가 위로 올라가느냐 또는 아래로 내려가느냐가 결정된다는 것이다.

예를 들면 공기 중에서 나무는 공기보다 밀도가 크므로 아래로 떨어지는 운동을 하지만, 물 속에서는 물보다 밀도가 작으므로 위로 떠오른다. 여기에서 그는 또 자유낙하하는 물체의 거리는 시간의 제곱에 비례한다는 것도 밝혀냈다.

이 모든 훌륭한 과학적 사고의 전환에도 불구하고 갈릴레이는 근대 과학혁명의 완성자가 되지 못했다. 그 이유는 물론 코페르니쿠스나 케플러와 마찬가지로 아리스토텔레스의 한계를 완전히 벗어나지 못했기 때문이었다.

그는 플라톤의 영향하에 자연현상을 논리적이고 수학적으로 표현했으나 천체의 원운동을 버리지 못했고, 물체의 자연적인 위치라는 것은 버렸으나 중력은 여전히 외부에서 작용하는 것이 아닌 물체 자신의 성질 때문에 나타나는 현상이라고 생각했다.

또한 힘을 받아 움직이는 물체가 움직인 거리는 시간의 제곱에 비례한다는 것을 밝혔으나, 물체의 일반적인 현상이 아닌 낙하운동만으로 한정시켰다.

과학방법론 정립

_____ 베이컨 · 데카르트 | 1637년

베이컨

고대 그리스의 자연철학자들은 과학자이자 철학자였다. 자연에서 일어나는 일들과 물질계의 운동, 우주의 운동 등을 관찰하면서도, 인간 사이에 존재하는 도덕이나 선과 악, 아름다움 등을 생각했다.

그런데 근대에 이르러 과학의 고유한 방법이라고 여겨지고 있는 '실험과 관찰'이 과학의 방법으로서 중요하게 생각되기 시작하였고, 그 결과 과학과 철학은 그 탐구 대상과 방법론에서 구별되기 시작했다. 그리하여 근대에 이르러서는 일반적으로는 과학과 철학은 서로 다른 학문 분야로 여겨졌고, 과학자와 철학자는 서로 다른 부류의 학문을 하는 사람들이라고 생각하게 되었다. 근대 전자기학의 기초를 다진 패러데이가 자신을 철학자로 불러주길 원하였음에도 우리는 그를 과학자로 생각하는 것처럼 말이다. 그럼에도 불구하고 과학과 철학은 항상 서로에게 영향을 주며 같이 발전해왔다.

과학의 방법에 관한 진지하고도 활발한 논의는 17세기에 일어났다. 기계론적 과학관이 대두되면서 과학자들은 새로운 과학 방법에 대한 필요성을 느끼고 그 해결 방법을 모색하였기 때문이다. 이러한 새로운 과학의 방법을 서로 다른 입장에서 체계적으로 제시한 대표적인 사람이 영국의 베이컨(Francis Bacon, 1561~1626)과 프랑스의 데카르트(Ren Descartes, 1596~1650)이다.

베이컨은 아리스토텔레스의 체계에 반대하면서도 그 영향하에 있던 천동설 지지자였다. 그는 중세의 스콜라철학을 비판하고 새로운 경험론적인 과학방법을 제시하고자 했다.

베이컨은 인간 정신 능력의 구분에 따라 학문을 역사·시학·철학으로 구분하였고, 철학을 신학과 자연철학으로 나누었다. 그의 가장 큰 관심은 자연철학에 있었고, 과학방법론의 정립에 있었다.

그는 먼저 인간 지성을 잘못된 방향으로 나아가게 하는 편견으로 4가지의 우상(또는 환영, *idora*)이 있다고 하였다. 인류의 보편적 편견을 의미하는 '종족의 우상', 개인적 편견으로 마치 동굴 속에 있을 때의 암흑과도 같은 상태를 비유한 '동굴의 우상', 언어의 부적당한 사용이 원인이 된 편견으로 마치 시장에서 풍문이 나도는 것과 같은 '시장의 우상', 논증의 잘못된 규칙이나 철학의 그릇된 학설이나 체계에 의해 일어나는 편견으로 '극장의 우상'이 있다는 것이다.

이러한 편견을 이기고 과학자가 따라야 할 옳은 방법은 귀납적 방법이라고 하였다. 이 방법에 의해 과학자는 자연에 관한 모든 정보를 수집하여 분류하고 표를 만든 다음 결론을 내리고 일반화시켜야 한다고 주장했다.

이러한 베이컨의 귀납적 방법론은 지나친 형식화로 인해 실행하기가 어려웠고, 근대 과학자들이 그토록 중요시한 수학적 추론을 이해하지 못하여 가설의 중요성도 알지 못했다. 베이컨은 맹목적인 사실 수집의 중요성만을 강조하고 창조적 통찰력을 상대적으로 소홀히 했다. 그러나 사실 수집을 경시하는 당시의 학문적 풍토에서 실험과 관찰을 중요시한 것은 높이 평가받아 마땅한 일이다.

이러한 베이컨의 방법은 특히 과학혁명 후기의 생물학, 지질학의 발전에 대단히 쓸모있는 방법이었다. 또한 그는 과학자들은 주어진 자연현상을 관찰만 할 것이 아니라 의도를 가지고 계획을 세워서 실험을 해야 한다고 주장함으로써 조작대상으로서의 자연관을 말했다.

실험과 관찰을 강조한 베이컨에 비해 데카르트는 이성을 중요시했고, 수학적이고 기하학적인 지식을 강조했다. 그에 의해 갈릴레이가 주장했던 역학이론의 한계점이 상당 부분 개선되고 향상되었다. 지구의 등속원운동의 개념이 포함되어 불완전했던 관성의 개념이 데카르트에 의해 우리가 알고 있는 직선 관성개념으로 정확히 기술되었다. 즉 운동이란 물체가 처한 하나의 상태이고, 외력이 작용하지 않는 한 운동하고 있는 물체는 계속 그 상태를 유지하려는 성질이 있다는 것이다.

또한 데카르트에 의하면 운동의 기원은 신이며 신이 물체를 만들고 운동하도록 한다. 따라서 운동하고 있는 물체의 관성이란 신의 영원불변성과 연결된다. 그는 이러한 직선 관성 운동을 기본으로 역학을 세웠다.

그리고 물체의 운동상태를 변화시키려는 힘이 물체에 작용하려면 접촉하지 않고는 불가능하다고 보았기 때문에 직선상의 물체의 운동을 변화시키는 원인으로서 충돌을 생각할 수밖에 없었다.

그는 이 충돌을 중요하게 여겨 여러 서로 다른 상태에서 충돌이 생길때 일어날 결과를 생각하고 법칙으로 만들었다. 이 과정에서 '운동량 보존의 법칙' 에 대한 개념이 생겨났다.

또한 그는 갈릴레이에게 남아 있던 자연적인 운동과 비자연적인 운동의 구별을 완전히 없애고 모든 운동을 동일하게 취급하였다.

또한 절대적인 운동이란 없으며, 한 물체가 다른 물체에 비해 상대적인 위치가 어떻게 변화하느냐에 따라 운동은 정의된다고 하였다. 이러한 설명은 물체가 운동하는 원인을 물체 내부에서 찾던 아리스토텔레스 역학이나 임페투스 역학과는 완전히 다른 새로운 체계인 것이다.

데카르트

데카르트는 당시의 르네상스 자연주의와의 대결과정을 통하여 기계론적 철학으로 인식되는 과학이론을 세웠다. 르네상스 자연주의란 인간의 영을 자연의 영에 도입하여 자연 세계를 영적인 힘들의 집합체로 생각하는 것을 말한다. 르네상스 자연주의자들은 자연이란 인간의 이성으로는 파악할 수 없는 신비한 세계이며, 인간은 단지 직관을 통해 자연을 이해할 수 있을 뿐이라는 주장을 하였다.

이에 대해 데카르트는 자연은 인간 앞에 완전히 투명하게 존재하는 세계일 뿐만아니라 세상의 모든 것을 회의하는 자세로부터 정신과 물질을 완전히 구별할 수 있다고 주장하였다. 그 결과 자연은 생명 없는 물질로만 구성된 기계에 불과하며, 인간만이 합리적 영혼(정신)과 신체(물질)라는 이원화된 구조를 가진 존재이고, 동물조차도 기계라고 보았다.

이러한 물심이원론에 의해 서양 고전역학의 근본철학인 기계론적 자연관이 세워지게 되었고, 이는 1637년 그의 저서 『방법서설』에서 확립된다.

그럼에도 불구하고 그의 과학이론은 경험을 무시하여 다분히 공상적이었다. 이러한 것의 대표적인 예가 진공의 존재를 인정하지 않고 물질로 가득 찬 우주를 생각하여, 우주 속의 천체의 운동을 소용돌이(*vortex*) 이론으로 설명한 것이다. 즉 그는 물질로 가득찬 우주에는 크고 작은 여러 가지 소용돌이가 있고, 이 소용돌이가 별의 운동을 일으킨다고 주장했다.

또한 그에게 있어서 우주 속의 행성들이 원운동을 한다는 사실은 당연한 진리였다. 뿐만 아니라 원운동을 일으키는 원인으로서 소용돌이를 생각한 그에게서 공간을 가로질러 작용하는 만유인력이란 개념은 도저히 나올래야 나올 수 없는 것이었다.

인류사를 바꾼 100대 과학사건

진공과 대기압에 관한 실험

_____ 토리첼리 | 1643년

이탈리아의 수학자이자 물리학자인 토리첼리(Evangelista Torricelli, 1608~47)는 비비아니(Vincezo Viviani, 1622~1703)와 함께 갈릴레이의 임종을 지킨 제자였고, 갈릴레이가 죽은 후 그의 역학을 이어받아 유체동역학을 개척하였다. 당시는 아리스토텔레스의 과학이론이 심각한 도전을 받아 무너지고 있던 시대였다. 이미 갈릴레이는 기구에 공기를 가득 채우기 전과 후의 무게를 측정하여 공기의 무게가 0이 아니라는 사실을 확인한 후였다.

토리첼리는 아리스토텔레스의 대표적 가설 '자연은 진공을 싫어한다'에 의혹을 가졌다. 그리하여 그는 1643년 비비아니와 함께 한쪽이 막힌 약 1m 길이의 시험관에 수은을 가득 채우고, 시험관의 입구를 수은 용기 속에 넣어 거꾸로 세우는 실험으로 대기압의 크기를 측정했다. 그 결과 수은 기둥은 약 76cm 정도 되는 지점까지 밀려 내려왔다.

이렇게 시험관 안에 만들어진 수은 윗부분은 처음으로 사람의 손에 의해 만들어진 진공이었고, 이

토리첼리의 진공

유리관

수은

마개

그릇

〈마개를 떼기 전〉

유리관

수은

76cm

그릇

〈마개를 떼고 한참 후〉

후로 이 진공은 '토리첼리의 진공'이라 불리게 되었다. 또한 이 실험은 최초로 대기압의 존재를 확인하였다는 데에도 큰 의의를 가진다.

토리첼리는 수은이 내려오다 약 76cm에서 멈추는 이유는 시험관 안의 수은 기둥이 내리누르는 무게가 시험관 밖의 공기의 무게와 평형을 이루기 때문이라고 생각하였다. 즉 대기압 1기압의 크기는 수은 기둥 76cm가 작용하는 압력의 크기와 같다는 것을 확인하였다. 이 결과 지표면 위의 공기가 지표면의 모든 물체에 힘을 가하고 있다는 개념을 가지게 되었고, 이러한 대기가 가진 힘으로 펌프를 만들 수 있다는 생각의 기초를 제공했다.

독일 마그데부르크시의 시장이자 물리학자인 게리케(Otto von Guericke, 1602~86)는 대기압과 관련된 실험을 하여 유명해진 사람이다. 그는 자연과학에서 실험을 강조하였고, 이에 대한 실천으로 진공에 대해 철학적인 논쟁을 하기보다 실험을 시도하였다. 토리첼리의 수은 대신 물을 사용하여 수은 기둥 76cm에 해당하는 압력을 가진 약 10m 높이의 물기둥을 만들고 윗 부분에 진공을 만들었다.*

또한 공기펌프를 개발하여 1654년 대기가 작용하는 압력의 크기가 어느 정도인지 알 수 있는 공개 실험을 하였다. 그는 먼저 속이 비어 있고 붙이면 구가 되는 2개의 반구를 구리로 단단하게 만들었다. 그리고 두 반구를 붙여 구를 만든 후에 속의 공기를 펌프를 작동시켜 뽑아냈다. 할 수 있을 만큼 구 안을 진공으로 만들어 두 반구를 양끝

---

* 수은 밀도는 13.6g/㎤, 물 밀도는 1g/㎤이다. 따라서 수은 기둥 76㎝가 누르는 압력만큼 물이 작용하려면 그 높이는 약 13.6×76≒1,034㎝가 되어야 한다.

인류사를 바꾼 100대 과학사건

에서 잡아 당겼으나 쉽게 떨어지지 않고, 양쪽에서 말 8마리씩 끌었더니 간신히 떼어지는 것을 많은 사람들 앞에서 공개해 대기압의 크기를 보여주었다.

마데그데부르크의 반구 실험
런던과학박물관에
소장되어 있는
실험 광경의 그림

또 게리케는 구에 미리 만들어져 있는 콕을 비틀어 구 안에 공기를 넣어 주면 쉽게 두 반구를 뗄 수 있다는 것도 보였다.

이 공개적인 실험은 사람들이 진공을 인정하는 계기가 되었고, 대기가 작용하는 압력에 대한 이해를 구체적으로 가지게 하였다.

이러한 게리케의 실험들은 기체역학을 세우는 기초를 만든 것으로 평가받는다. 더 나아가 지표면 위의 공기가 유한하다는 생각은 대기층의 두께가 존재하고, 그 위에는 진공인 공간이 있을 수 있다는 생각을 하게 함으로써, 아리스토텔레스 철학체계의 붕괴를 가속시키는 계기가 되었다.

028

파스칼의 원리

____ 1653년

파스칼

우리 주변에 있는 모든 물체는 고체와 액체, 기체, 플라스마 (plasma)*상태로 나눌 수 있다. 그 중에서 액체와 기체, 플라스마를 통틀어 유체라 부른다.

유체 현상에 대한 인간의 지식은 오래 전부터 시작되었다. 농경생활이 정착되고, 생활 공간이 넓어져 바다로 진출하게 되면서 물의 공급, 관개, 항해 등에서 사람들은 유체 현상에 대한 초보적인 지식을 이용하며 살았다.

이에 대한 최초의 구체적인 과학 지식은 고대 아르키메데스 (Archimedes, B.C 287~212년 경)에 의해 '부력의 원리'로 나타난다. 이 원리의 발견에는 다음과 같은 이야기가 전해 내려오고 있다.

당시 아르키메데스가 살던 시라쿠사의 왕 히에론은 순금으로 왕관을 만들게 했다. 그런데 왕은 금세공인이 왕관을 만들면서 금보다 싼 다른 금속을 섞었으리라는 의심을 하였다. 왕은 아르키메데스에

＊   기체가 이온으로 분리되어 있는 상태를 말하며, 전체적으로는 음과 양의 전하량이 같아서 중성이다. 우리가 살고 있는 지구에서는 플라스마 상태가 흔하지 않으나 우주 전체의 99%가 플라스마 상태라고 한다. 우리 주변에서는 형광등, 네온싸인에서 발견할 수 있다. 거의 모든 물체는 온도가 높아지면 제4의 상태라 불리는 플라스마 상태가 된다.

게 이 의심에 대한 명확한 해결을 요구한다.

아르키메데스는 이 문제를 깊이 생각하다가 목욕탕 속에서 부력의 원리를 생각해 내고 뛰쳐나왔다고 한다. 즉 유체 속에 있는 물체는 유체로부터 중력과 반대 방향으로 힘을 받는데, 그 힘의 크기는 물체의 부피와 같은 부피의 유체에 작용하는 중력의 크기만큼이라는 것이다. 그래서 그는 금관과 같은 질량의 순금을 양팔 저울로 평형을 맞춘 후, 금관과 순금을 물 속에 넣어 다시 평형을 이루나 관찰했을 때, 이 평형이 깨져 순금 쪽으로 저울이 기울어지는 것을 확인한다. 즉 은이 섞인 금관의 부피가 순금의 부피보다 커 물 속에서 부력을 크게 받아 순금보다 더 가벼워진 것을 보여준 것이다.

이후에는 오랫동안 유체에 대한 지식의 진보는 나타나지 않다가, 15세기 새들의 비행과 비행기를 연구했던 다빈치에 의해 유체 운동에 대한 개념이 나타난다. 그리고 근대 과학혁명이 진행되면서 갈릴레이, 토리첼리, 파스칼 등에 의해 구체적으로 유체 운동이 다루어지기 시작한다.

사람들은 보통 파스칼(Blaise Pascal, 1623~62)에 대하여 "인간은 생각하는 갈대이다", "클레오파트라의 코가 조금만 낮았어도 인류의 역사는 달라졌을 것이다"라는 유명한 격언이 실린 『팡세』(1670)를 쓴 철학자로만 알고 있을 것이다. 그런데 파스칼은 수학, 물리학, 철학, 신학 등 여러 분야에서 자신의 능력을 발휘하였다. 특히 그의 유체에 대한 관심과 연구로부터 유체역학이 시작되었다고 볼 수 있다.

그는 토리첼리와 거의 같은 시대에 살았고, 토리첼리의 기압 실험에 대한 이야기에 깊은 호기심을 가졌다. 그는 대기에 의한 힘이 대기의 무게에 기인한다면 높은 산에서 토리첼리의 실험을 재현했을 때 대기의 무게가 감소한 만큼 수은 기둥의 높이도 낮아질 것이라고 생각했다.

파스칼은 몸이 약했기 때문에 스스로 이러한 사실을 확인하지 못하고 자신의 처남에게 높은 산에서 토리첼리의 실험을 해 주기를 부탁하여 처남이 이 사실을 확인하였다. 결과는 지표면 위의 공기가 유한하다는 것을 보여준 것이었다.

또한 그는 막혀 있는 액체 내부에 가해진 힘에 관한 여러 실험을 수행하였다. 이러한 실험은 압력의 개념 형성에 중요한 역할을 하였고, "밀폐된 유체의 어느 한 부분에 가해진 압력은 그 유체의 모든 부분에 똑같은 크기로 전달된다"라는 '파스칼의 원리(Pascal's principle)'를 나오게 했다. 그는 이 정리를 『유체의 평형』(1653)으로 발표한다.

파스칼의 원리는 모든 유체, 즉 기체 및 액체에도 적용된다. 이러한 원리가 적용된 예로 U자 모양의 관을 생각할 수 있다. 이 관의 양 끝이 움직임이 자유로운 마개로 막혀 있다고 가정하자. 만약 왼쪽 마개에 압력을 작용하면, 오른쪽 마개의 밑바닥으로 압력이 전달된다. 또한 오른쪽 관의 단면적을 왼쪽보다 50배 크게 하고 왼쪽 마개에 힘을 작용하면, 오른쪽 마개에 작용하는 힘의 크기는 왼쪽에 작용하는 힘의 50배에 해당하는 힘이 작용하게 된다.

이것은 힘과 압력의 차이를 보여준다. 이러한 원리를 이용해 유압기, 공기 제동기 등을 만들 수 있다.

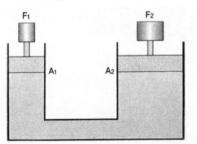

'파스칼의 원리'가 적용된 유압장치

세포의 발견

___ 훅 | 1665년

세포는 모든 생물체를 구성하고 있는 기본 단위이며, 생명의 기본 단위이다. 하나의 세포만이 존재하더라도 외부로부터 물질과 에너지를 받아들일 수 있으며, 스스로 번식할 수 있고, 또한 세포를 둘러싸고 있는 환경과 상호작용을 할 수 있다. 세포는 무생물과 생물 세계를 구분짓는 경계가 된다. 세포를 이루는 물질들은 무생물이지만 세포 자체는 생물이다.

큰 생물체라고 해서 작은 생물체보다 세포 자체가 큰 것은 아니다. 단지 큰 생물체에는 그만큼 세포의 수가 많다는 것을 뜻한다.

세포는 거의 현미경으로나 볼 수 있을 만큼 작은데, 대개 식물과 동물의 세포는 직경 5~40㎛ 정도이다. 그러나 세포는 이 작은 부피 속에 복잡한 미세구조를 가진다.

세포 안에는 세포가 증식을 통해 그 생명체가 성장할 수 있도록 하는 세포핵이라는 것이 있다. 세포핵은 세포 내에 존재하며, 세포 부피의 약 1/10을 차지하는, 밀도가 높은 물질로 구성된 구형 물체이며, 유전을 담당하는 DNA가 있다.

19세기 중반까지 '세포(cell)'는 수도사들의 예비 거주지를 뜻했다. 그러나 1665년 영국의 과학자 훅(Robert Hooke, 1635~1703)은 자신이 만든 복합 현미경으로 나무의 껍질인 코르크를 관찰하여, 이것이 작은 방으로 구성되어 있음을 발견하였다. 그는 이 공간을 수도원의 작은 독방과 비슷하다 하여 'cell'이라고 불렀다.

이어 1674년 살아 움직이는 세포를 처음 관찰한 사람은 레벤후크(Anton Van Leeuwenhoek, 1632~1723)였다. 그는 현미경을 통해 정자, 세균, 가로무늬근, 적혈구 등을 관찰하였고, 연못물에서 살아 움직이는 작은 원생동물들을 관찰하여 미소동물(*animalcule*)이라는 이름을 붙였다.

그후 오랜 세월이 지나서야 세포에 대한 연구가 이루어졌다. 세포에 대한 초기 연구는 1838년 슐라이덴(Matthias Schleiden, 1804~1881)에 의해 식물에서, 1839년 슈반(Theodor Schwann, 1810~1882)에 의해 동물에서 행하여져 '세포설(cell theory)'의 기초를 마련했다. 즉 생물체는 모두 세포로 구성되어 있으며, 세포가 생물의 구조와 기능의 기본단위이며 생명의 본체라는 것이다. 그러나 세포의 내부구조나 살아있는 유기체에서 세포의 근본적인 역할은 밝히지 못하였다.

세포설은 독일의 의사이며 해부학자였던 피르호(Rudolf Virchow, 1821~1902)에 의해 체계화되었다. 그는 이전의 불완전한 세포이론을 구체적으로 확장시켰다. 그는 조직들과 마찬가지로 근육과 뼈도 세포로 이루어져 있음을 밝혔고, 연결조직도 척수와 뇌의 신경세포와 섞여서 존재함을 증명하였고, 세포조직의 기본 분류 체계도 고안하였다.

또한 그는 세포의 기본적인 작용을 영양과 기능, 형성의 세 가지로 나누었다. 1852년에는 세포 분열과정으로 생식을 설명하는 가설을 세우기도 하였다. 그는 "세포는 세포에서 생긴다(*Omnis cellula e* cellula)"라는 유명한 말을 남겼으며, 세포설을 기본으로 세포병리학의 체계를 수립하였다. 그는 연구 결과를 베를린에 새로 세워진 병리학연구소에서 강연을 하며 정리하여 『세포병리학』(1858)으로 내어놓는다.

세포의 미세구조와 세포핵, 그리고 세포분열에 대한 연구는 19세기 말까지 뚜렷한 진전이 없었다. 그러나 유기화학자들에 의해 합성염료가 만들어진 후 생물학자들은 여러 가지 다양한 염색약으로 세포의 특정 부분만을 염색할 수 있게 되었다. 이를 이용하여 식물의 세포분열은 1875년 슈트라스부르거(Edward Adolf Strasburger, 1844 ~1912), 동물의 세포분열은 플레밍(Walter Flemming, 1843~1905)에 의해 밝혀지게 되었다.

이후 생물학은 세포설을 바탕으로 그 연구 영역을 생화학과 생리학으로 넓혔고, 오늘날 유전학의 발달과 생식에 대한 깊은 이해를 바탕으로 분자생물학*으로 발전할 수 있었다.

세포의 구조가 어떻게 되어 있고, 이러한 기관들이 에너지 대사와 물질대사, 유전과 같은 생명현상에 어떻게 참여하는지는 20세기에 이르러서 전자현미경과 같은 첨단 기기가 발명된 후에야 알 수 있게 되었다.

---

* 생리학이란 생물의 기능이 나타나는 과정이나 나타난 원인을 과학적으로 분석하고 설명하는 분야를 말한다. 생화학이란 생물체의 물질 조성과 생물체 내에서의 화학반응 등을 연구하는 분야이다. 분자생물학이란 생물체를 구성하는 고분자화합물, 특히 핵산과 단백질의 구조를 밝히고 이를 바탕으로 생명현상을 설명하려는 분야이다. 분자생물학은 DNA의 나선구조 발견 이후 비약적인 발달을 이루었다.

인류사를 바꾼
100대 과학사건
030

미적분법의 발견

___ 뉴턴 | 1669년

뉴턴

인류가 처음으로 수학이라는 학문을 발달시키게 된 계기가
토지의 공정한 분배였고, 이것을 기반으로 기하학이 발달했음은 이
미 앞에서 이야기했다. 그러나 면적이나 부피를 구하는 방법의 정확
한 개념 확립은 적분학에서야 비로소 가능해졌다.

현재 미적분학은 영국의 뉴턴과 독일의 라이프니츠가 서로 독립
적으로 창시했다고 알려져 있다. 영국과 독일에서 뉴턴과 라이프니
츠의 추종자들은 서로 미적분을 먼저 만들었다며 오랜 세월을 두고
논쟁을 했다. 과학의 역사상 위대한 발견에 대한 선취권의 명예를 얻
고자 불명예스러운 논쟁을 벌이는 경우가 여럿 있는데, 시대를 뛰어
넘는 위대한 천재 뉴턴과 라이프니츠의 경우도 그러했다는 것은 씁
쓰레한 느낌을 준다.

미분과 적분의 관계는 제곱과 제곱근의 관계와 똑같이 역연산의
관계를 갖는다. 뉴턴이 미적분에 대해 쓴 최초의 논문은 『무한급수의
방정식에 의한 해석』(1669)으로, 이는 소수의 수학자들에게만 읽혀
졌고, 그 구체적인 적용은 미분방정식을 통해 물체의 운동을 분석하
는 것으로 나타난다. 여기에서 연속적으로 변화하는 양(유량, *fluens*)
과 이 양의 순간적인 변화량을 나타내는 유율(*fluctio*)이 물체의 운동
방정식으로 등장한다.

$$\vec{F} = m\vec{a}, \quad a = \frac{d\vec{v}}{dt} = \frac{d^2\vec{x}}{dt^2}$$

($\vec{F}$: 힘, m : 질량, $\vec{a}$: 가속도, 속도의 시간적 변화율,

$\vec{v}$: 속도, 변위의 시간적 변화율, $\vec{x}$: 변위)

이 식들은 각각 미분 방정식이고, 이러한 식들은 초기조건들과
종속조건들만 알면 적분과정을 통하여 완벽하게 물체의 시간에 따른
위치, 속도, 가속도를 구해낼 수 있다. 또한 이것들을 좌표 평면 위의
시간(t)과 변위($\vec{x}$), 시간(t)과 속도($\vec{v}$), 시간(t)과 가속도($\vec{a}$)로 나타
내어지는 함수로서 표현하면, 시간과 가속도의 그래프에서 면적(적
분값)이 속도를 나타내고, 이것은 거꾸로 시간과 속도의 그래프에서
접선의 기울기(미분값)가 가속도를 나타내는 관계가 성립한다.

동서고금을 통하여 손꼽히는 천재로 받아들여지는 뉴턴은 자신
의 이론을 수학적으로 아름답게 표현하고 완벽하게 만들기 위해 미
적분을 발명한 것이다.

뉴턴이 중년 이후 조폐국에서 일할 때를 제외하고 대부분 연구실
에만 틀어박혀 있었던 것과 대조적으로 라이프니츠는 철학자, 수학
자, 법학자, 신학자, 언어학자, 역사가로서, 또는 외교관, 정치가, 하
다못해 사서 일까지 하는 등 왕성한 사회활동을 한다.

이같은 다양한 활동중에 그는 호이겐스를 만나 수학에 눈을 뜨고
독학으로 파스칼, 페르마 등이 이루어놓은 수학이론을 습득하여,
1673년 미적분학의 기초를 마련할 수 있었다. 그리고 이 내용을 1674
년 영국의 왕립학회에 보고하나 이미 뉴턴이 같은 결과를 얻었다는
답을 듣는다. 그리고 1684년 미분해설서『극대 · 극소를 만들기 위한

새로운 방법』을 출간한다.

　라이프니츠는 미적분학을 만들어냈을 뿐 아니라, 미적분의 합리적 기호를 만들었다는데 그 의의가 크다. 즉 뉴턴이 만들어 사용한 미적분 기호는 수학으로서가 아니라 물리학을 표현하는 도구로서 자신이 사용하기에 편리한 기호를 썼기 때문에 문자 위에 점을 찍거나 문자 위에 댓시를 했는데, 이 방법은 인쇄도 어려웠고 읽기도 어려웠다 (위에 표현한 뉴턴의 운동방정식은 라이프니츠의 미분 표현 방법임).

　이에 비해 라이프니츠의 미분기호는 문자 d를 썼으며, 적분기호는 합을 의미하는 머리 글자 s를 잡아늘인 ∫를 사용했다. 이러한 기호 사용은 합리적인 기호체계를 가진다는 것을 의미했다. 이 결과 상대적으로 더 불편하고 비합리적인 기호체계를 가진 뉴턴의 방법을 고수한 영국은 해석학의 발달이 독일에 비해 더 늦어졌다.

　그러나 뉴턴이나 라이프니츠 모두 미적분학의 엄밀한 기초까지는 확립하지 못했다. 그렇지만 당시까지 영향을 미치던 플라톤의 철학 — 참의 실제는 변하지 않으므로 변화의 과학적 취급은 불가능하다는 한계를 넘어 끊임없이 변화하는 양을 수학적으로 정립했다는 데 큰 의의가 있다.

고전역학 성립

_____ 뉴턴 | 1687년

'혁명'의 사전적인 의미는 비합법적인 수단으로 국가체제 또는 정치체제를 바꾸는 것을 말한다. 뉴턴의 고전 역학의 완성을 우리는 보통 과학 혁명의 완성으로 본다. 과학혁명의 시작은 코페르니쿠스의 『천구들의 회전에 관하여』가 출간된 1543년이고, 그 완성은 뉴턴(Isaac Newton, 1642~1727)의 『프린키피아』가 출간된 1687년으로 잡는다.

뉴턴의 『프린키피아』

서구 2000년을 지배했던 지독히도 완고한 아리스토텔레스의 과학체제를 뒤집어엎고 완전히 새로운 과학체제를 만드는데 거의 140여 년이 걸렸다. 자신을 '진리의 바다에서 조개를 주우며 노는 소년'으로 비유한 뉴턴은 이런 말을 했다.

"내가 멀리 볼 수 있었던 것은 거인들의 어깨 위에 올라섰기 때문이다."

자신에게 쏟아지는 찬사를 선배 과학자들의 공으로 돌린 겸손한 표현이다. 물이 차 있는 둑이 무너지려면 먼저 작은 구멍이 나고, 그 구멍이 점점 커지다 한 순간에 터진다고 한다. 아리스토텔레스라는 거대한 둑은 코페르니쿠스가 작은 구멍을 내고, 케플러, 갈릴레이에 의해 구멍이 점점 커지다가 결국은 뉴턴에 의해 완전히 무너졌던 것이다.

뉴턴은 1642년 갈릴레이가 죽던 해에 영국의 링컨셔 지방에서 가난하고 보잘것없는 허약한 아이로 태어났다. 그가 태어나기 전 아버지는 이미 사망했고, 태어난 후 얼마 지나지 않아 어머니는 그를 할머니에게 맡기고 재혼했다.

그래서였는지 그는 어린 시절 풍차, 해시계, 물시계같은 것을 만드는 것에 많은 시간을 보냈다. 물론 기계들이 서로 맞물려 작동하는 것에 호기심을 느꼈고, 그런 기구들을 만드는 것이 재미가 있었기 때문일 것이다. 그는 성적은 좋지 않았지만 학교를 꾸준히 다녔고, 유명했던 케임브리지의 트리니티 칼리지에 갈 수 있었다.

뉴턴의 대부분의 업적이 이루어져 기적의 해라 불리는 1666년의 한 해 전, 급성전염병 페스트가 런던에 번져 런던 전체를 공포로 몰아넣으며 사람들이 많이 죽자 대학교도 휴교를 한다. 그 덕분에 뉴턴은 학교 대신 어머니의 농장에서 18개월 동안 주위의 모든 것에서 고립되어 휴식의 시간을 갖는다. 이 자유로운 시간에 그의 머리 속에서는 과학혁명이라 불리는 연구의 기초들이 대부분 이루어진다.

그의 전 생애에서 특징적으로 나타나는 현상은 놀랄 정도의 집중력이었다. 한가한 시골 농장의 모퉁이에서 한 젊은이가 식사시간도 잊어버리고, 주위의 모든 사물도 잊어버리고——사과나무에서 떨어지는 사과는 예외였을지 모르지만——그를 의문에 빠뜨린 현상의 기본 원리가 조화로운 수학적 기호로, 법칙으로 정리될 때까지 몇 시간이고 몇 날이고 계속 앉아 있었을 것이라 상상된다.

뉴턴의 초기 연구는 광학 분야에서 두드러졌다. 그는 태양의 백색광선을 암실의 얇은 틈으로 지나게 한 후 프리즘에 입사시켰다. 프리즘에서 굴절되어 나온 광선은 빨, 주, 노, 초, 파, 남, 보의 분산된 무

인류사를 바꾼 100대 과학사건

닉, 연속 스펙트럼이 되었고, 이 분산된 빛들을 합쳐 다시 원래의 백색광을 만들어냈다. 이 실험으로 당시까지 전혀 알려져 있지 않던 사실, 즉 태양광선은 여러 색의 빛이 합쳐진 것임을 밝혀냈다.

또한 빛이 렌즈를 통과할 때 빛을 이루는 여러 색의 광선들이 굴절되는 정도가 약간씩 달랐기 때문에 당시 망원경으로 보여지는 상의 가장자리가 무지개빛을 띠는 것을 발견하고, 빛의 굴절을 이용한 것이 아닌 반사에 의한 망원경을 만들어낸다. 뉴턴은 이러한 실험 결과들을 『광학(Optickes)』이라는 책을 통하여 정리하였다.

그는 45살이 되던 1687년에, 주변 과학자들의 요청으로 『프린키피아(자연철학의 수학적 원리, *Philosophiae Naturalis Principia Mathematica*)』를 출간한다.

이 책은 세 부분으로 나누어져 있는데, 먼저 1부에서는 운동하는 물체들의 일반적인 역학 원리들을 다루었고, 운동의 세가지 법칙을 기술했다.

운동의 제 1법칙은 관성의 법칙으로 갈릴레이가 시작하여 데카르트가 완성한 것을 그가 수학적으로 완결시켰다. 외부에서 힘이 작용하지 않는 한 운동하던 물체는 속력과 방향의 변화없이 계속 운동하려 하고, 정지해 있던 물체는 계속 정지하려는 성질을 가진다는 것이다.

운동의 제2법칙은 $\vec{F} = m\vec{a}$의 식으로 정리될 수 있으며, 가속도의 법칙이라고 한다. 힘($\vec{F}$)이란 물체의 질량(m)과 물체의 속도의 시간적 변화율, 즉 가속도($\vec{a}$)의 곱으로 나타내진다는 것이다. 물체의 초기조건과 물체에 작용하는 힘에 영향을 주는 변수와의 관계를 알면 운동방정식 $\vec{F} = m\vec{a}$에 의해 완벽하게 시간(t)과 속도($\vec{v}$)와 변위($\vec{x}$)와의 관계가 수와 식으로 표현된다. 즉 물체의 운동을 표현하는 수학적 기초가 마련된 것이다.

예를 들면 중력 가속도의 크기가 일정한 지표면 근처에서의 중력은 질량과 중력가속도($\vec{g}$)와의 곱으로 쓸 수 있다.

$$\vec{F} = m\vec{a} = m\vec{g}, \quad \vec{g} = \frac{d\vec{v}}{dt} = \frac{d^2\vec{x}}{dt^2}$$

위 식을 적분하면, 지표면 근처에서 낙하하는 물체의 시간과 속도, 시간과 변위와의 관계식이 나온다. 물체를 공중에서 떨어뜨릴 때, 또는 위로 던졌을 때, 또는 비스듬히 던졌을 때 초기조건만 정확히 알면 몇 초 후에 물체의 속력이 얼마가 되고, 몇 초 후에 이동거리가 얼마가 될 지 완벽하게 예측할 수 있는 것이다. 이 법칙의 의미가 인과론적이고 기계론적인 근대 과학의 대표적인 내용이 된다.

운동의 제3법칙은 작용·반작용의 법칙이고, 이러한 예는 오징어의 추진력, 로켓의 추진력을 설명해주는 법칙이다. 즉 힘이 작용할 때는 항상 크기가 같고 방향은 반대인 힘이 쌍으로 작용한다는 법칙이다. 오징어는 가고자 하는 방향으로 가기 위해 반대 방향으로 물을 뿜어낸다. 이 뿜어내어진 물이 똑같은 힘으로 오징어를 밀게 되고, 오징어는 가고자 하는 방향으로 갈 수 있게 된다. 보통 총을 쏘면 총알만 힘을 받아 앞으로 나간다고 생각하기 쉽다. 그러나 총도 총알로부터 똑같은 크기의 힘을 반대 방향으로 받아 뒤로 밀린다.

사과나무에서 사과가 익으면 땅으로 떨어진다. 우리는 당연히 사과가 중력을 받기 때문이라고 생각한다. 그러나 뉴턴의 제 3법칙에 의하면 지구가 사과를 잡아당기지만 사과도 지구를 똑같은 힘으로 잡아당긴다는 이야기이다. 그렇다면 왜 사과만 움직이는 듯 보이는

가? 당연히 질량 차이 때문이다. 만약 지구와 같은 질량을 가진 행성이 지구의 인력을 받아 지구에 떨어진다면 지구도 같은 속력으로 그 행성으로 떨어질 것이다.

『프린키피아』 2부에서는 저항이 있는 공간에서의 물체의 운동을 표현하였다. 오늘날의 유체역학에 해당한다.

3부에서는 만유인력을 도입하고, 1부에서 사용한 수학적 표현으로 케플러의 행성 운동의 법칙을 완벽하게 수학적으로 증명하였다. 즉 지구상의 물체에 적용했던 운동방정식을 태양계의 행성에 확대 적용해서 행성들의 운동을 설명한 것이다. 전 우주적으로 질량을 가진 모든 물체에 작용하는 만유인력의 크기는 두 물체의 질량의 곱에 비례하고, 두 물체간 거리의 제곱에 반비례한다는 내용이다.*

마침내 뉴턴은 천상의 세계와 지상의 세계의 구분을 완전히 없애고 모든 운동을 동일한 법칙으로 설명하였다. 이와 더불어 뉴턴은 태양과 지구의 질량도 계산하고, 조석 이론을 수학적으로 정리하여 아침저녁으로 바닷물의 높이의 차가 생기는 원리도 훌륭하게 설명하였다. 그리하여 코페르니쿠스, 갈릴레이, 케플러와 같은 거인들의 어깨 위에 올라선 뉴턴에 의해 고전역학은 완성되었다.

---

* $F = G \dfrac{m_1 \cdot m_2}{r^2}$ G : 중력상수, $6.67259 \times 10^{-11} N \cdot m^2/kg^2$
m_1, m_2 : 두 물체의 질량
r : 두 물체가 떨어진 거리
F : 만유인력의 크기

증기기관의 탄생

_____ 뉴커먼 | 1712년

인류가 살아온 발자취를 짚어보면 인간의 생활방식이 매우 획기적으로 변하여 '혁명기'라고 부르는 시기들이 있다.

수렵과 채집으로만 살아가던 인간이 정착하여 곡식을 재배하고 가축을 기르기 시작했던 농업혁명기가 그러했고, 기계와 공장의 발달과 각종 발명품들이 엄청나게 쏟아졌던 18세기의 산업혁명기도 그러하다. 그런데 산업혁명기에는 사람 대신 기계에 의해 물건을 만드는 큰 공장들이 세워지면서 산업화가 더욱 촉진되는데, 그 원동력이 바로 증기기관이었다.

보통 증기기관은 끓는 수증기가 가진 힘으로 주전자의 뚜껑이 오르내리는 것을 보고 와트(James Watt, 1736~1819)가 발명했다고 말해지곤 한다. 그러나 증기기관은 와트가 태어나기 이전에 이미 사용되고 있었다. 그리스 시대의 헤론*이나 르네상스 시대의 다빈치 등이 증기기관에 대한 생각과 설계 등을 남겼다는 기록도 있고, 17세기

---

*   알렉산드리아에서 62~150년 사이에 활동했다고 알려진 그리스의 물리학자·수학자이다. 이론보다는 기구제작과 같은 응용기술에서 능력을 발휘하였다. 그는 일종의 증기터빈인 기력구, 수력 오르간, 주화를 넣으면 물이 자동으로 나오는 성수함 등과 같은 자동장치들을 만들었다고 한다.

초에 프랑스, 독일, 이탈리아 등에서도 상당히 활발한 연구가 진행되었다고 한다.

그와 같은 여러 진행과정을 통해 1679년에 프랑스의 파팽(Denis Papin, 1647~1712)이 수증기의 압력으로 피스톤을 움직이게 하는 증기솥을 발명하였다. 파팽에 의해 사람들은 증기의 힘이 얼마나 센지 알게 되었고, 이를 쓸모있게 사용할 수 있는 동력으로 발전시키기 위해 노력하게 되었다.

결국 이에 성공한 첫번째 인물은 1712년 영국의 뉴커먼(Thomas Newcomen, 1663~1729)이었다. 그가 만든 기계원리는 파팽의 증기솥과 비슷했다. 물을 담은 용기를 가열하면 증기가 실린더 속으로 들어가고, 그 속에 있던 피스톤을 위로 밀어 올린다. 피스톤이 실린더 밖으로 밀려 나가면 증기는 식고 식은 증기는 다시 물이 된다. 그러면 피스톤은 실린더 아래로 내려오게 되고 가열된 증기에 의해 다시 위로 밀어 올려지는 과정이 되풀이되는 것이다. 즉 석탄이나 나무를 연소시킬 때 발생한 열에너지를 피스톤의 왕복 운동에너지로 바뀌게 하여, 기계를 움직이도록 만든 것이다.

뉴커먼의 증기기관은 대기압을 이용한 단순한 원리로 이루어졌으며, 원래 석탄 광산 안으로 스며드는 물을 퍼 올리기 위해서 고안된 것이다. 이것은 열을 동력원으로 한 최초의 기계로서 와트의 증기기관이 나오기까지 약 60년 동안 유럽 전체와 미국 등 많은 곳에서 사용되었다.

뉴커먼의 증기기관은 이전에 말을 이용할 때보다는 훨씬 편리하였지만, 광산이나 작은 공장 이외에서는 사용하기에

최초의 증기기관차

너무 힘이 약하고 느렸다. 그 후 스코틀랜드의 글래스고 대학에서 기계 정비공으로 일하던 와트는 뉴커먼의 증기기관을 수리하다가, 이 기계가 단점이 너무 많다는 것을 알게 되었다.

우선 크기가 너무 작아서 충분히 효과를 낼 수가 없었고, 피스톤이 위로 밀려 올라갈 때 증기가 밖으로 새고, 증기를 물로 만들 때 다량의 증기가 손실되어 에너지 효율이 형편없이 낮았다. 이것은 귀중한 석탄의 낭비를 가져오게 하였다.

와트는 대학에 있으면서 귀동냥으로 얻어들은 단순한 과학 지식을 이용하여 이를 개량하게 되었다. 즉 별도의 용기를 실린더에 연결하여 증기가 그 안에서 응결되도록 하여 실린더를 따로 식힐 필요가 없게 하였다. 이 콘덴서 덕분에 와트의 증기기관은 더 적은 연료로 더 높은 효율을 얻을 수 있게 되었다.

또한 와트는 자신의 증기기관의 성능을 간단하고 알기 쉽게 설명하기 위해 '마력'*의 개념을 도입하였다. 와트의 고효율 저비용 증기기관은 쉽게 보급이 되었고, 당시 활기를 띠기 시작하던 공장제 산업에 가속도를 붙게 하여 결국 전 세계에 퍼지게 되었다.

이와 같이 증기기관은 어느 한 사람의 직관과 능력에 의해서 발명된 것이 아니라 오랜 세월 동안 많은 사람들의 실험과 연구가 축적된 결과물에 새로운 과학적 지식이 결합되고 사회적 요구에 부응하여 나타난 시대적 산물이라고 할 수 있다.

---

* 　1 마력은 1분 동안 한 마리의 말이 하는 일의 양을 말하는 것으로, 와트는 당시 말 한 마리가 우물에 매달아 놓은 45kg의 추를 끌어올리는 시간과 높이를 측정하여 이 개념을 도출해냈다.
1 마력 = 말이 1분에 하는 일 = 33,000ft · lb/min = 550ft · lb/s = 746W

생물 분류체계의 확립

_____ 린네 | 1735년

인간 주변의 생물을 논리적이고 체계적으로 분류하기 시작한 사람은 아리스토텔레스가 처음이다. 그는 생물의 구조적인 특성과 행동, 그리고 출생시의 생육 상태에 기초하여 500여 종을 11가지로 분류하였다. 그러나 그를 잇는 후속작업은 별로 이루어지지 못했다. 18세기에 와서 스웨덴의 박물학자인 린네(Carl von Linné, 1707~78)에 의해 가장 합리적인 분류법이 만들어져 오늘날까지 사용되고 있다.

린네

린네는 원예에 관심이 많은 아버지 밑에서 자라 여덟살 때 이미 '어린 식물학자'로 불리웠다. 그는 대학에서 의학을 공부하였지만 무엇보다도 식물학에 관심이 많았고, 새로운 식물을 발견하기 위해 여러 번의 채집여행을 다녔다. 그는 이러한 채집여행을 통해 새로운 식물 분류체계를 만들 수 있었다.

이전의 식물학자들은 식물들의 빛깔과 형태를 기술하는 것에 만족하였지만, 린네는 우선 식물의 생식기인 꽃을 암술과 수술의 숫자와 모양에 따라 아주 정밀하게 분류하였다. 이러한 기계적이고 수학적인 접근 방법을 통하여 그는 식물을 분류하는 새로운 체계를 만들고, 1735년 출판한 『자연계』 초판에 이 분류법을 설명하였다.

『자연계』는 20여 년에 걸쳐 꾸준히 개정되었고, 처음에는 15쪽이었던 것이 1758년에는 1,300쪽으로 늘어났다. 이 책에서는 식물뿐만이 아니라 동물과 광물도 분류해 놓았다.*

린네는 동일한 특성을 지닌 생물체의 한 부류를 종(種, species)이라고 분류했다. 식물의 경우 그런 특성은 잎이나 꽃잎의 모양, 혹은 증식방법 등으로 구별된다. 동물의 경우에는 털가죽의 무늬, 뿔이나 귀의 생김새, 다른 종과 구별되는 생활방식 등을 기준으로 삼았다.

또한 그는 많은 종들이 서로 유사한 성질을 가지고 있음을 알았다. 그런 종들은 속(屬, genus)이라 부르는 보다 큰 집단으로 묶었다.

린네는 이 두 가지 분류항을 사용하여 모든 식물과 동물들에 이름을 붙였다. 그때까지 동물이나 식물의 이름은 지역이나 나라에 따라 달랐고, 우연히 정해진 것이 대부분이었다. 린네가 처음으로 이것을 학명으로 통일시킨 것이다.

첫 부분은 어떤 종이 속한 가문을 표시했고(속명), 두 번째 부분은 그 종 자체의 이름(종명)을 쓰기로 하였다. 또한 이 이름은 어느 누구든지 알 수 있도록 라틴어로 지었다. 이를 '이명법'이라고 한다.

종을 포함하는 속이라는 집단은 과(科, family)라는 더 큰 부류에 속한다. 집고양이, 스라소니, 사자 등 고양이와 비슷한 모든 동물은 '고양이과'라고 불린다. 또한 개와 비슷한 동물들을 모은 것이 '개과'이다.

고양이과와 개과는 날카로운 이빨을 가지고 있고 고기를 먹고 산

---

* 광물분류법은 당시의 기술적인 한계로 인해 비과학적인 원리에 기초하고 있었기 때문에 얼마 지나지 않아 쓰이지 않게 되었다.

다. 따라서 이 두 과의 동물들은 목(目, order)이라 불리는 보다 큰 부류에 속한다. 개과와 고양이과의 동물들은 곰, 하이에나 등과 함께 '식육류목'에 속한다.

또한 이 동물들은 인간이나 소, 고래, 코끼리 등과 같이 새끼 때 어미의 뱃속에서 태어나 어미의 젖을 먹고 자란다. 이런 동물들은 강(綱, class)이라는 보다 큰 부류에 속하며, 바로 '포유류강'에 해당한다.

독자적인 강에 속하는 동물들을 그 공통적인 특징으로 묶는 것은 문(門, phylum)이다. 포유류, 조류, 파충류, 어류 등의 척추를 가지고 있는 동물들은 '척추동물문'에 속한다.

문에 속하는 생물들은 또한 그것들의 가장 포괄적인 특징에 따라 계(界, kingdom)라고 하는 커다란 집단으로 묶인다.

이와같이 린네는 동물이나 식물을 특정한 계, 문, 강, 목, 과, 속, 종과 변종에 해당하는 분류법을 만들어 17,000여 종의 식물과 동물에 이름을 붙였다. 이것은 생물학계에서의 커다란 진보였다.

린네 이후 그의 제자들이 이러한 분류작업을 계속하였고, 지구상의 모든 생물체들을 보다 더 정확하고 세부적으로 분류하거나, 혹은 더 큰 부류로 통합할 수 있는 체계로 발전시켜 갔다.

보통 생물의 분류에는 형태적인 특성, 발육단계, 생화학적 유사성, 그리고 행동 등의 네 가지를 기준으로 한 분류법이 있다. 이중에서 가장 중요한 기준은 과거에서와 같이 형태적인 특성이다.

과거에는 생존하기 위해 산소호흡을 하는 생물체와 이산화탄소 호흡을 하는 생물체 두 가지로 크게 구분하였다. 바로 '동물계'와 '식물계'가 그것이다. 척추동물문과 무척추동물문은 함께 동물계에 속한다. 그러나 생물 중에는 동물의 특징과 식물의 특징을 함께 가지고 있거나, 그외의 다른 특징을 가지고 있는 생물들이 많기 때문에 현대에 와서는 그 생물을 구성하는 세포구조의 특성에 따라 다음의 표와 같이 5계로 나뉜다.

생물 분류의 5계 분류 체계

계	세포의 유형	세포수	주 영양 섭취방법
원핵생물	원핵세포체	단세포	흡수 또는 광합성
진핵생물	진핵세포체	단세포	흡수, 섭취 또는 광합성
식물	진핵세포체	다세포	엽록소로 광합성
균류	진핵세포체	대부분 다세포	다른 생물에 의존하여 살며, 몸 밖에서 소화한 후 흡수함
동물	진핵세포체	다세포	다른 생물을 먹이로 섭취함

그외에 이 분류체계에서 마지막으로 남은 것은 바이러스와 비로이드(최소의 생물인 바이러스보다 작은 핵산으로만 이루어진 생물)로, 이들은 비세포 6번째 계를 형성한다.

인간이 속하는 인과는 오늘날 한 속으로 구성되어 있으며, 단 한 가지 종이다. 린네는 이 종을 '호모 사피엔스(*Homo Sapiens*, 현명한 사람)'라고 명명했다.

방적기의 등장

_____ 아크라이트 | 1768년

18세기 유럽에서 시작하여 전세계를 변화시킨 산업혁명은, 수 공업제에서 기계제 공업으로의 이행이라는 역사적인 사건이 있었던 시기였으며, 그 중심에 있던 나라가 영국이다. 당시 영국에서 생산되는 공업제품은 대부분 소비물자로 특히 면·모직물이었다.

그러므로 새로운 방적기를 발명한다는 것은 상당히 어렵고 진보적인 일이었으면서, 또한 돈을 많이 벌 수 있는 중요한 수단이 되었다. 이처럼 방적기는 산업혁명의 중심에 있었다.

최초로 인간의 손이 가지 않고 순수하게 기계를 사용하여 실을 뽑을 수 있는 방적기의 개발은 1735년 영국의 존 와이어트에 의해서였다. 처음에는 실용화 되지 못하였으나 꾸준히 개량하여 기계제·공장제 생산의 원형이 된 섬유공장을 최초로 세웠다. 와이어트의 성공을 계기로 새로운 방적기의 개발이 더욱 가속화되었고, 그후 '제니'라는 이름의 수동 방적기도 개발되었다.

그러나 1768년 응용력이 매우 뛰어났던 아크라이트(Richard Arkwright, 1732~92)가 당시 와이어트에 의해 발명된 방적기와 제니 방적기의 장점들을 모아 당시로서는 가장 성능이 좋은 방적기를 발명했다.

아크라이트가 만든 방적기

그는 이 방적기를 사용하여 튼튼한 실을 뽑아낼 수 있었다. 또한 매우 획기적이게도 이 방적기를 인력이 아닌 수력을 이용한 자동식 원동기(수차)로 작동시켰다. 그리하여 이 방적기는 '수력방적기'라고 불리우게 되었다. 이후 아크라이트는 공장을 세워 방적에서 직조까지를 한꺼번에 처리할 수 있게 하였다.

그는 비록 자신만의 창조적인 발명을 하지는 못했지만, 진취적이고 혁신적인 정신의 소유자로 산업혁명기의 가장 중심에 있으면서 그 누구보다도 많은 일을 이루어냈다.

그러나 무엇보다도 가장 뛰어난 업적은 이 방적기에 동력기계를 도입했다는 것과 직물을 생산하는 데 있어서 효율적인 공장체제를 도입하였다는 점이다. 이러한 아크라이트의 방적공장 체제는 그 이후 모든 공장들의 원형이 되었다.

인류사를 바꾼 100대 과학사건

동물전기 발견

____ 갈바니 | 1780년

그리스의 과학자 탈레스는 소나무의 진이 오랜 세월 동안 굳어져 만들어진 노란 호박[*]을 털가죽으로 문지르면 마찰전기가 생겨 가벼운 깃털같은 것을 잡아당긴다는 것을 발견했다. 오랜 세월 동안 전기에 관한 사람들의 지식은 이 정도 수준으로만 알려져 있었다. 그러다 과학이 새롭게 등장한 1700년대에 이르러 사람들은 전기에 대해서 관심을 많이 가지기 시작했고, 그 결과 새로운 실험들이 여기저기서 시도되었다.

특히 사람들은 간단히 문지르기만 하면 발생하는 마찰전기로 여러 방전현상을 관찰했다. 물체에 마찰전기를 띠게 한 후 동물이나 식물, 또는 무생물들을 접촉시키면 어떠한 반응이 보이는지, 병이 난 사람에게 전기를 흐르게 하면 어떻게 되는지, 이러한 전기 현상이 무언가가 흘러가는 것이 원인이라면 그 속력은 어떻게 될지 등을 체계적이지 않은 원시적인 방법으로 대단한 호기심을 가지고 실험했다.

이런 과정에서 네덜란드 라이덴시의 실험물리학자인 뮈센부르크

---

* electricity(전기)라는 말은 호박이라는 뜻을 가진 그리스어 *elektron*으로부터 유래된 것으로 알려져 있다.

금속(전극)　　절연체

유리병

금속박

라이덴병

(Peter Musschenbroek, 1692~1761)가 1746년에 발명한 라이덴병*은 잠시나마 전기를 모아 사람들이 흥미있어 하는 실험을 보여줄 수 있는 기구였다.

　또한 당시에는 구름 속에 화약의 연료가 포함된 가연성 증기가 들어 있다고 믿었고, 이러한 가연성 증기가 폭발하여 번개나 천둥이 생긴다고 생각하였다. 이에 대해 미국의 과학자 프랭크린(Benjamin Franklin, 1706~90)은 전기 실험에 흥미를 느끼고, 번개나 천둥이 전기 현상과 관련이 있지 않나 추론하는 여러 가지 실험을 한다. 우리에게 너무나 유명한 연을 이용한 실험이 이때 등장한다. 1752년 그는 금속을 장치한 연을 하늘로 날려 번개를 지상으로 유도해 번개가 전기현상이라는 것을 증명한다.**

　그리고 이 번개가 전기를 일으키는 현상이라는 것을 확인하는 과정에서 프랭클린과 같은 방법으로 실험하던 페테르부르크의 과학자 리히만이 번개를 맞아 생명을 잃기도 했다.

　이러한 전기 실험이 대단히 활발히 시행되고 있던 분위기에서 이

---

*　독일 물리학자인 클라이스트(Edward G. Kleist, 1700~48)도 독립적으로 1745년 전하를 모을 수 있는 라이덴병을 발명하였다고 한다. 종같이 생긴 유리병으로, 안쪽 밑과 옆면이 주석의 얇은 막으로 싸여 있고, 뚜껑은 안쪽으로 늘어뜨린 사슬이 연결된 금속막대가 꽂혀 있다.

**　구름이 순간적으로 대전되고, 이 대전된 구름이 가까운 지표면에 반대전하를 유도하여 대전된 구름과 지표면 상호간에 방전이 일어나는 것이 땅으로 떨어지는 번개이다.

탈리아의 물리학자 갈바니(Luigi Galvani, 1737~98)는 1780년 마찰이나 번개에 의한 것과는 다른 성질의 전기 발생에 성공한다.

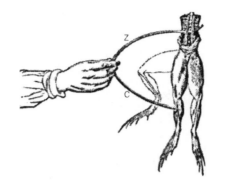

갈바니의 동물 전기

그는 개구리의 근육이 기전기(마찰이나 정전기 유도에 의해 전기를 모으는 장치)나 금속으로 만들어진 해부용 칼로 인하여 수축하는 현상을 발견했다. 또한 그는 서로 다른 금속에 연결된 개구리가

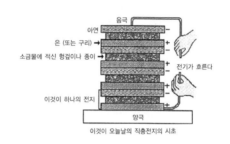

볼타의 전퇴

수축하는 현상을 발견했다. 그 움직임은 전기 방전의 결과였고, 그는 이 방전의 원인이 동물 근육에서 전기가 발생하기 때문이라고 보고, 이것을 '동물전기'라고 불렀다.

갈바니의 실험 결과는 현재로서는 별 의미가 없어 보이지만, 정전기를 이용한 다양한 실험이 행해지던 당시의 상황에서 전기에 대한 관심을 증폭시키는 계기가 되었다.

또한 볼타(p156 전지의 발명 참고)는 갈바니의 개구리와 관련된 실험결과를 '동물전기'로 해석하는 대신, 서로 다른 두 금속이 한 용액에 연결되어 있기 때문이라는 분석을 하였다. 결과적으로 갈바니의 동물전기 발견은, 전류를 비약적으로 활용할 수 있는 기초가 된, 전지 발명의 중요한 계기가 되었던 것이다.

쿨롱의 법칙

_____ 1785년

17세기 뉴턴의 만유인력의 법칙이 발표된 이후 대부분의 과
학자들은 뉴턴의 영향을 받았다. 그가 보여준 대단히 합리적이고 수
학적인―피타고라스와 플라톤 이후 많은 과학자들이 추구했던―조
화, 즉 지상과 천상의 세계가 하나의 방정식에 의해 표현된다는 것은
지성을 가진 과학자들을 매료시키기에 부족함이 없었다.

이에 과학자들은 여러 분야에서 뉴턴의 과학적 방법을 적용시키
려는 노력들을 했다. 이 노력이 성공
한 대표적인 예가 프랑스의 물리학자
였던 쿨롱(Charles A. Coulomb, 1736
~1806)이 전기력에 적용시켜 만든
'쿨롱의 법칙'이었다. 쿨롱은 전하를
띤 물체들 사이에서 작용하는 전기력
이 어떤 물리량들의 영향을 어떻게 받
는지 수학적으로 표현하려 했다. 이
를 위해 그는 1784년 그림과 같은 비
틀림 저울을 제작하여 두 금속구 A, B
가 띤 전하량을 변화시키고, 전하를
띤 물체 사이의 거리를 다르게 했다.

쿨롱의 법칙

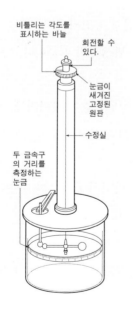

비틀리는 각도를
표시하는 바늘

회전할 수
있다.

눈금이
새겨진
고정된
원판

수정실

두 금속구
의 거리를
측정하는
눈금

당시까지 사람들이 전기에 대해 가지고 있는 지식은 마찰 전기 수준이었다. 송진의 화석인 호박을 마찰시켰을 때 전기가 발생한다는 고대의 지식은 과학적 기반을 가진 이론이기보다는 신기한 현상으로 인식되는 수준이었다. 전기 사용은 라이덴병에 저장된 정전기로 순간적인 방전현상을 보여주는 정도였고, 아직 전지도 발명되기 전이었다.

이러한 상황에서 쿨롱은 두 물체 사이에 작용하는 전기력은 두 물체가 가진 전하량의 곱에 비례하고, 두 물체 사이의 거리의 제곱에 반비례한다는 실험결과를 얻고 다음과 같은 식으로 표현했다.

$$F = k \frac{q_1 \cdot q_2}{r^2}$$

(F : 전기력, $q_1\, q_2$: 두 물체가 띤 전하량,
  r : 두 물체 사이의 거리, k : 비례상수)

이렇게 하여 쿨롱에 의해 비로소 물리학의 한 부분인 전기학도 정량적인 연구를 할 수 있는 기반이 마련되었다. 이후 전위, 전기장의 세기 등 정전기학의 주요 개념들이 전기력에 의해 수학적인 표현으로 나타낼 수 있게 되었다.

1900년대에 이르러 뉴턴의 고전역학은 원자 내부 입자들의 운동을 설명하는 데에 실패해 이들의 운동을 합리적으로 설명하기 위해 양자역학이 새로이 등장해야 했다. 그러나 쿨롱의 법칙은 아직까지 예외가 발견되지 않았다. 이 식은 원자 내부의 양전하를 가진 원자핵과 음전하를 가진 전자들 사이의 힘까지도 표현이 가능하다.

연금술

___ 헬레니즘*시대~18세기

보통사람들의 가장 커다란 소망은 무엇일까? 아마도 고갈되지 않는 부와 영원한 젊음이 아닐지. 부와 젊음은 시간과 공간을 초월하여 수많은 사람들이 꿈꾸는 가치가 되어 그 많은 연금술사들뿐만 아니라 현대의 과학자들까지도 밤낮을 가리지 않고 연구하는 분야로 자리잡게 된 것은 아닐까?

최초의 연금술사들은 헬레니즘의 과학자들로서 그들의 이론적 배경은 아리스토텔레스의 4원소설이었다. 그들은 금속의 본질적인 변화가 가능하다고 생각하여 값싼 금속을 값비싼 금속으로 만들려고 노력하였다. 여기에 수도사들이 개입하면서 점차 그노시스교**의

* 고대 그리스의 뒤를 잇는 시대. 여러 설이 있으나 일반적으로 B.C 330년 알렉산더의 페르시아 정복부터 B.C 30년 로마가 이집트를 병합하기까지를 말한다. 중심지는 이집트의 도시 알렉산드리아이다.

** 1~2세기에 로마, 그리스, 소아시아, 이집트 등지에 퍼져 있던 그리스도교의 이단이다. 그리스도교 이상의 신비적 신앙지식에 도달하려 하였고, 구약성서에 나오는 창조주와 예수가 말한 하느님을 구별하여 전자를 단순 제작자라 하여 하급신이라 주장했다. 또 영과 물질을 이원적으로 나누어 그리스도의 육신은 가짜라 주장하였으며, 인간의 구원은 그리스도의 영(靈)의 힘으로 육체를 벗어나 영화되는데 있다고 보았다. 그리스도교로부터 배척당하여 3세기에 쇠퇴하였다.

영향을 받아 연금술이 마술로 전락하자 3세기 말에는 연금술 금지령이 내려졌다.

연금술은 비밀리에 사원에서만 행해지다가 결국 미신적인 경향 때문에 연금술사들이 추방된다. 이러한 과정을 통하여 이들의 연금술은 이집트, 시리아, 페르시아 등지를 거쳐 아랍으로 전파된다.

아랍에 받아들여진 연금술은 자비르(Jabir Ibn Hayyan, 721~815)나 알라지(Allazi, 850~923)에 의해 발전하게 된다. 그들은 아리스토텔레스의 4원소설을 기본으로 자연의 모든 존재들은 완전함을 추구하려는 성질이 있다고 생각했다. 따라서 은, 구리, 수은, 주석, 철, 납과 같은 불완전한 금속들이 완전한 금속인 금에 도달하기 위해서는 연금술사들의 도움이 필요하다고 생각하였다.

그들은 아리스토텔레스 4원소 중 흙의 연기와 수증기가 금속의 성분이라고 생각하고, 이 성분들이 자연 속에 나타난 물질로 유황과 수은을 생각하였다. 그래서 유황과 수은 두 가지를 적절한 비율과 순도로 섞으면 여러 가지 종류의 금속과 광물을 만들 수 있다고 생각하였다.

이 유황·수은 이론은 후에 의학자이며 화학자이고, '의학의 루터'로 불린 파라셀수스(Paracelsus, 1493~1541)에 의해 소금도 함께 포함되면서 3원리라 불리워졌다.

12세기가 되면서 아랍의 과학 서적들이 대거 라틴어로 번역되어 아랍의 지식이 유럽으로 넘어가면서 연금술도 유럽에 전해지게 된다. 연금술은 학문의 주류에서는 무시되었지만 부를 좇는 많은 사람들이 그들의 능력을 연금술에 바친다. 당시의 수도사들은 몰락해가는 사회·경제적 지위를 확보하기 위해, 봉건 영주는 재정적 곤란 때문에 연금술사들을 지원하여 유럽의 14~15세기는 연금술의 전성시대가 되었다.

기본적으로 서양의 연금술은 아리스토텔레스의 이론에 종교적 신비주의가 섞이고, 중세 스토아 학파의 영향을 받았다. 또 아랍 과학자와 철학자들의 생각에 의해 걸러졌으며 점성술의 영향*을 받기도 하였다. 수많은 사람들이 전 생애를 바쳐 '철학자의 돌' 또는 '엘릭시르'**를 만들고자 하였다. 또한 연금술이 존재하던 거의 대부분의 시대에 연금술은 학문의 주류로부터 이단시되고 무시되었다.

그리하여 연금술사들의 책은 은유로 가득찬 언어가 사용되었으며, 온갖 수수께끼와 비유로 장식되었을 뿐 아니라 지식인들만이 알아볼 수 있도록 라틴어로 씌어졌다. 즉 연금술을 하기 위해서는 라틴어를 구사할만큼 교육도 받아야 했고, 실험실을 만들고 운영할 만한 돈과 자신의 시간을 투자할 여유도 있어야 했다.

이러한 연금술은 물론 화학혁명 이후 과학의 역사에서 더 이상 진행되지 못한다. 물론 현대 과학이론으로 어떤 원소를 핵변환시켜 다른 원소로 바꾼다거나, 또는 유전공학의 발달로 인간의 생명을 연장시키는 연구를 하여 현대에도 연금술이 있다고 할 수 있을지 모르겠으나, 어쨌든 고전적인 의미의 비술에 가득찬 연금술은 라부아지에

* 금속들을 행성으로 표현했다. 납—토성, 철—화성, 구리—금성, 수은—수성, 주석—목성, 은—달, 금—태양.
** 철학자의 돌(또는 현자의 돌, philosopher's stone)이란 비천한 금속을 금으로 변화시킬 수 있는 연금술의 마지막 생성물을 말한다. 엘릭시르(elixir)란 연금술 이론에서 전해지는 만병통치약을 뜻하며, 아랍어로서 원래의 의미는 돌 또는 건조한 가루를 말한다.

의 화학혁명 이후 자취를 감추었다.

뉴턴같은 위대한 과학자도 *F=ma*라
는 운동방정식을 만들면서 한편으로 더
많은 시간을 연금술에 바쳤다. 또한 힘
이 공간을 가로질러 작용한다는 그의
만유인력의 법칙은 신비적인 경향을 가
진 연금술의 영향을 받았다고 이야기되
기도 한다.

고대 연금술사들의 기호

흔히 알고 있는 대로 그들의 연금술은 실패했다. 그러나 그들이
남긴 다양한 실험 기구와 실험 방법, 그리고 실험 결과들은 후에 화
학이라는 학문이 태어나고 발달할 수 있었던 토양이자 산실이 되
었다.

화학 혁명

_____ 라부아지에 | 1789년

라부아지에

18세기에 화학이 뛰어넘어야 할 구시대의 이론 중 하나는 연소를 설명하는 '플로지스톤설'이었다. 당시의 과학자들은 플로지스톤(그리스어로 '불꽃'을 의미)이 가연성을 만들어내는 원인이라고 생각했으며, 탈 수 있는 물질이나 금속은 모두 이것을 가지고 있고, 특히 연소하기 쉬운 물질은 대부분 플로지스톤으로 이루어져 있다고 생각했다.

플로지스톤설에 의하면, 연소란 어떤 물질에서 플로지스톤이 빠져 나가고 재만 남는 현상을 말한다. 플로지스톤설은 화학현상을 통일적으로 설명하기 위해 17세기에 나타난 최초의 시도로서 연금술의 유산이기도 했다. 이것은 그리스의 4원소설의 '불'과도 의미가 통하였으며, 불이 탈 때 무엇인가가 빠져나갈 것이라는 일반의 상식과도 일치하였다.

이 이론은 모든 화학이론의 중심이 되었으며, 단점을 보완하려는 의도에서 플로지스톤은 질량이 없거나 음의 질량을 가졌을 것이라는 가설이 등장하기도 했다.

이러한 고정관념을 깨뜨리고 연소이론을 플로지스톤설에서 벗어나 산소와의 결합으로 설명한 사람이 바로 라부아지에(Antoine

Laurent Lavoisier, 1743~94)였다. 1772년 라부아지에는 정량적인 실험을 통해 금속이나 비금속 모두 연소할 때 질량이 늘어나는 것을 알아내고, 그 이유로 공기를 흡수하기 때문이 아닌가 하는 생각을 가졌다.

　라부아지에가 연소이론을 확립하는데 결정적인 도움이 되었던 것은 산소의 발견이었다. 산소는 프리스틀리(Joseph Priestley, 1733~1804)에 의해 발견되었다. 프리스틀리는 신학자이자 철학자이며 화학자였고 숙련된 실험가였다. 그는 헤일즈라는 사람이 당시에 만든 기체 모으는 도구를 좀 더 개발하여 암모니아, 염화수소, 일산화질소, 이산화질소, 산소, 일산화탄소, 이산화황 등을 모았다.*

　1771년에 프리스틀리는 질산염을 가열하여 불순한 산소를 얻었지만 그것을 일산화질소로 잘못 생각했다. 1774년에 그는 산화수은을 가열하여 불순한 산소를 다시 얻었고, 이전과 마찬가지로 그 기체를 또 일산화질소로 생각했다.

　마침내 1774년 말에 그는 그것이 일산화질소가 아님을 알았고, 1775년에 이 새로운 기체를 '탈플로지스톤 공기'라 명명하여 발표했다. 이 새로운 공기는 연소가 잘 일어나도록 도와주었고, 따라서 플로지스톤설을 지지했던 그에게 있어 그 공기는 '탈플로지스톤 공기'라 부를 수밖에 없었다.

　프리스틀리는 산소를 발견했지만 플로지스톤에 대한 굳은 믿음

＊　물론 당시에는 이런 이름으로 쓰이지 않았다. 암모니아-알칼리성 공기, 염화수소-산성 수성 공기, 일산화질소-탈플로지스톤 아질산 공기, 이산화질소-아질산 공기, 산소-탈플로지스톤 공기, 일산화탄소-무거운 비가연성 공기, 이산화황-황산 공기 등등으로 불리웠다.

때문에 그 중요성을 헤아리지 못했고, 산소를 탈플로지스톤 공기라 말하는 실수를 범했다.

고정관념을 버리고 새로운 사고체계를 가지는 일이 얼마나 어려운 일인가를 18세기의 과학자들의 태도를 보면 쉽게 알 수 있다. 당시의 과학자들은 말할 것도 없고, 라부아지에가 연소이론을 확립하는데 결정적인 도움을 준 산소의 발견자 프리스틀리조차 죽을 때까지 플로지스톤설을 버리지 못했다.

1774년 프리스틀리의 새로운 기체 발견 소식을 들은 라부아지에는 이 기체가 물질이 연소할 때 질량을 증가시킨 공기임을 알 수 있었다. 그는 이 기체가 호흡과 연소를 할 수 있게 하며, 비금속과 결합하여 산을 만드는 성질을 가진다는 사실을 알고 '산소'라 이름붙였다.

라부아지에의 공헌은 바로 연소의 원리를 플로지스톤설에서 벗어나 산소를 도입해 정확하게 설명했다는데 있다. 즉 연소란 어떤 물질이 산소와 결합하는 것이라고 새로이 정의되었고, 이에 의해 아리스토텔레스적 사고의 유물인 플로지스톤설에서 완전히 벗어나게 했다. 그리고 수학적 방법을 화학반응에 본격적으로 도입하여 화학반응 전후 정확한 질량을 측정함으로써 질량보존의 법칙을 확립하였다.

또한 라부아지에는 고대 그리스의 원소 개념을 근대적인 원소의 개념으로 정립시켰다. 즉 원소를 화학적인 방법에 의해 더 이상 간단한 물질로 나누어질 수 없는 물질이라고 정의했다.

또한 그는 비이성적이고 비합리적인 물질의 명명법을 체계화시켜 화합물들이 원소나 화합물의 화학 변화에 의한 것이라는 사실을 논리적으로 생각하도록 하였다.

예를 들어 라부아지에에 의해 개선된 황화납이라는 이름을 들으면 우리는 이 물질이 황과 납의 화학변화에 의해 만들어졌다는 생각을 할 수 있게 해준다. 그러나 황화납의 예전 이름인 갈레나(galena)라는 말에서는 아무런 의미를 느낄 수가 없다. 이러한 합리적인 라부아지에의 새로운 명명법은 화학자들의 사고 방법을 변화시켰다.

이와 같이 라부아지에는 연소이론을 확립하고, 정량적 방법을 본격적으로 도입하여 질량보존의 법칙을 정립하였다. 또한 원소에 대한 과학적인 정의를 내리고, 화합물의 새로운 명명법을 도입함으로써 화학자들로 하여금 무엇을 연구하여야 하는가에 대한 방향을 제시, 이를 『화학원론』(1789)에 담아 출간하였다. 그리하여 라부아지에에 의해 화학은 연금술에서 완전히 벗어났고, 그 결과 화학혁명이 이루어졌다고 말할 수 있게 되었다.

종두법 시행

_____ 제너 | 1796년

인류는 불과 2세기 전까지만 하더라도 오늘날에는 간단히
예방할 수 있는 결핵이나 장티푸스, 천연두 등과 같은 전염병에 시달
렸다. 18세기 이전 영국에서는 거의 모든 사람이 천연두에 걸렸고, 5
명당 1명 정도가 이로 인해 목숨을 잃었다.

베살리우스나 하비와 같은 학자들에 의해 인체의 비밀이 많이 밝
혀졌으나, 질병에 대해서는 여전히 아는 바가 별로 없었다. 질병이 어
떻게 생겨나고 어떻게 전염되는지, 또 어떻게 예방해야 하는지 등에
대해 정확히 알지 못했다. 단지 몇 가지의 질병은 그 병을 앓고 있는
환자와의 접촉을 통해서 걸릴 수 있으며, 한번 걸렸다가 살아나면 다
시는 걸리지 않는다는 정도만을 경험을 통해 알고 있었다. 치사율이
40%에 이르는 천연두도 그러했다.

천연두의 고전적인 예방법은 기원전 10세기 경 중국에서부터 시
작되어 오랜 동안 인도, 이란, 터키 등지로 전해졌다. 이 방법은 18세
기 초 터키 주재 영국대사의 부인이었던 메리 몬태규(Mary W.
Montagu, 1689~1762)에 의해 영국에까지 알려졌다. 이 예방법은 천
연두를 앓고 있는 환자의 수포를 찌른 후 그 바늘로 감염되지 않은 사
람의 피부에 작은 상처를 내는 요법이다.

'인두접종(人痘接種, variolation)'이라 불리는 이 방법을 사용하

면 대개의 경우 가볍게 천연두를 앓고 나서 평생 동안 다시는 이 병에 걸리지 않았다.

그러나 이 방법은 당시에 상당한 논란을 일으켰는데, 그 이유는 이러한 시술을 받은 사람 중 10% 정도가 심하게 앓다가 목숨

인두 접종하는 제너

을 잃었기 때문이다. 그럼에도 불구하고 영국에서는 몬태규 부인에 의해 이 예방법이 알려진 이후 20년 동안 800명 이상의 사람들에게 이 방법이 시행되었고, 여기에는 8살이던 제너(Edward Jenner, 1749 ~1823)도 포함되어 있었다. 그런데 이 시술을 받은 제너는 고생을 많이 하였고, 이러한 경험은 후에 외과의사가 되어서 천연두에 깊은 관심을 가지는 계기가 되었다.

제너는 의사가 되기 위해 영국의 브리스톨 근처 소드베리라는 시골에서 도제생활을 하던 중 매우 흥미로운 이야기를 듣게 되었다. 이는 목장에서 우유를 짜는 일을 하는 여자들 중에서 우두에 걸렸던 사람은 천연두에 걸리지 않는다는 것이었다.

우두(牛痘 : 소천연두)는 암소의 젖에 생기는 병으로 젖을 짜는 사람에게 쉽게 옮는다. 사람이 이 병에 걸리면 팔이나 손에 천연두의 곰보와 비슷하게 사마귀같은 종기나 부스럼이 생기지만, 이로 인해 죽는 사람은 거의 없었고 대부분 가볍게 앓기만 하였다.

제너는 1796년 이를 검증해 보기로 결심하였다. 첫 실험 대상은 자기 집에서 일하던 하인의 아이로 8살난 제임스 핍스라는 소년이었다. 우두에 전염된 여자의 손바닥에 생긴 물집에서 약간의 액을 채취

하여 소년의 왼쪽 팔에 만든 두 개의 작은 상처로 옮겼다. 어린 핍스는 미열을 나타냈지만 며칠만에 정상으로 회복되었다. 약 2개월 후 제너는 약간의 천연두를 포함한 액을 취해 인두접종법으로 핍스에게 주입했다. 그의 예상대로 핍스는 천연두의 증상을 보이지 않았고 건강하게 지냈다. 이것이 바로 최초의 '종두법' 시행이었다.

이런 과정으로 그는 천연두(天然痘), 또는 두창(痘瘡)에 대한 예방접종법인 종두(種痘, vaccination)를 발견하게 되었다.

제너는 우두와 천연두가 서로 비슷하다는 것을 강조하기 위해 우두를 '바리올라 바키내(Variola Vaccinae : 소의 천연두라는 의미의 라틴어)'라고 이름지었고, 이에 따라 사람들은 우두의 고름을 접종하는 종두법을 '바키내'에서 '백시네이션(Vaccination : 백신도 같은 말에서 유래함)'이라고 부르게 되었다.

1798년 제너는 임상실험을 통하여 우두 바이러스 감염을 경험한 사람은 천연두에 걸리지 않는다는 내용의 『우두의 원인과 효과에 관한 연구』라는 논문을 런던의 왕립학회에 보냈다.

그러나 이 논문은 그의 주장을 지지할 충분한 자료를 포함하지 못했기 때문에 거부되었고, 이 예방법의 실제 시행에 있어서도 어려움이 많았다. 제너의 종두법이 시행되던 초기에는 적절한 예방접종 방법이 확립되지 않아 환자가 천연두를 심하게 앓다가 죽기도 하였고, 병원의 실수로 천연두액과 우두액을 섞어 참혹한 결과를 낳기도 하였다. 그러나 많은 의사들이 제너와 같은 긍정적인 결과들을 얻어냈고, 그 결과 우두 바이러스를 사용하는 백신법이 널리 사용되어 전세계로 빠르게 전파되었다.

우리나라에서는 정약용의 『마과회통(麻科會通)』(1800)의 부록인

「종두기법(種痘奇法)」에 최초로 종두에 대한 기록이 언급되어 있다. 그러나 부분적으로만 실용화되었을 것으로 짐작될 뿐 보편화되지 못한 채 서학(西學)의 탄압과 함께 중단되었다.

그 뒤 일본에 간 박영선이 처음 종두법을 배워오면서 『종두귀감(種痘龜鑑)』을 구하여 지석영(池錫永, 1855~1935)에게 주었다. 지석영은 일본이 부산에 세운 우리나라 최초의 근대 병원인 제생의원(濟生醫院)에서 종두법을 익힌 뒤 충청북도 진천군 덕산면 주민들에게 처음으로 예방을 실시하였다. 또한 그는 1880년 제 2차 일본 수신사를 수행하면서 종두법에 관한 기술과 서적, 약품 등을 가지고 귀국하여 본격적인 예방활동을 벌였다.

세계보건기구(WHO)는 1979년 10월 천연두 근절 선언을 공포해 현재 종두법은 사실상 시행되지 않고 있다. 18세기 말 미국의 제퍼슨 대통령이 예견했듯이 천연두라는 무서운 질병은 2세기만에 인간의 노력에 의해 극복된 것이다.

이렇듯 보다 근대적이고 안전한 예방접종의 시작은 18세기에 천연두를 이겨내기 위한 제너의 노력에 의해서 이루어졌다. 그러나 제너는 천연두가 어떻게 발생하는지는 밝혀내지 못하였다. 이 병의 원인체를 '바이러스(virus)'라고 명명했으나 정작 이 바이러스가 어떤 성질을 지닌 것인지 알지 못했던 것이다.

19세기 중반 무렵까지 종두법은 널리 실시되었으나 사람들은 다른 질병에 의해 계속 죽어갔다. 이후 더 많은 백신이 개발되기 시작한 것은 한 세기가 지난 후 등장한 프랑스의 파스퇴르(Louis Pasteur, 1822~95)에 의해서였다.

전지의 발명

___ 볼타 | 1800년

18세기 말 당시 전기학과 자기학의 발달은 사람들에게 완성단계에 있는 상태라고 받아들여지고 있었다. 쿨롱에 의해 전기력이 전하의 곱과 거리의 역제곱으로 표현되었고, 정전기의 여러 가지 현상들이 물리적으로 완벽하게 설명된 상태였다.

또한 18세기의 수리물리학자들에 의해 만들어진 중력에 대한 위치에너지의 개념이 전기적 위치에너지에 대한 개념으로 확장되었으며, 자기에 대해서도 홑자극이 없다는 것을 제외하고는 정전기학의 수학이 정자기학까지 확장된 상태였다.

그러나 사실 전하의 흐름, 즉 전류를 생각해보면 당시까지 알려진 전기학의 지식이라는 것은 너무나 초보적인 수준이었다. 이러한 사실은 갈바니의 실험에 의해서 알려지기 시작했고, 볼타(Alessandro Volta, 1745~1827)에 의해 가속화되었다.

갈바니는 평생을 동물 전기 실험에 바쳤다. 볼타는 그러한 갈바니의 실험을 연구하다 전기 발생 원인을 전혀 다른 관점에서 보았다. 즉 개구리 조직에서 일어난 전기 발생 원인이 동물 내부에 있다고 본 것이 아니라, 서로 다른 종류의 금속이 관계했기 때문이라고 보았던 것이다.

볼타는 전기에 대한 도체를 두 가지로 분류했다. 제1종은 구리와 같은 여러 가지 금속들, 제2종은 지금은 전해질이라 부르는 전기를 통할 수 있는 용액으로 나누었다. 그리고 어떤 금속을 어떻게 붙이느냐에 따라 전위를 양과 음이 되게 할 수 있다는 것을 발견했다.

그리하여 1800년에 볼타는 제1종과 제2종의 도체를 짝지어 연결한 것을 여러 개 포개어 각각의 접촉으로 생기는 전위차를 더할 수 있게 만들고, 이를 '전퇴(電堆)'라 이름붙였다. 즉 아연과 구리의 원판과, 산으로 적신 헝겊을 차례차례 쌓아 올려 지금 보기는 상당히 원시적인 전지를 처음으로 만들었던 것이다.

전지에 의해 만들어진 전류는, 한 순간에 방전되고 사라지는 정전기에서 발생하는 전류와는 근본적으로 달랐다. 이러한 전지를 사용하면 비교적 오랜 시간 지속적으로 전기를 사용할 수 있었기에 이후 여러 가지 전기 실험을 할 수 있었다. 특히 패러데이는 전지를 이용한 전기실험을 수없이 많이 하여 전자기학의 발달에 커다란 공헌을 하였다.

볼타는 갈바니의 동물 전기의 원인을 생명 현상으로 취급할 것이 아니라 물질에서 찾아내야 한다고 생각하였다. 이전에는 전기를 자연 속의 번개 또는 마찰에 의해 잠시 정전기를 만들어 관찰할 수 있는 수준에 머물렀으나, 볼타의 전지 발명으로 실험실에서 과학적인 방법으로 지속적으로 흐르는 전류를 만들어 다양한 전기 현상을 관찰할 수 있는 길이 열리게 되었던 것이다.

육상 운송수단의 혁명

____ 트레비딕 | 1803년

18세기 후반이 되자 퀴뇨와 머독, 트레비딕 등에 의해 증기기관차가 만들어졌다.('자동차의 발명' 부분 참조)

엄밀하게 말하면 이때까지는 기차와 자동차가 개별적으로 발전하고 있지 않았다. 다만 증기기관을 새로운 운송수단으로 이용하기 위해 증기기관차의 개발에만 전력을 다하고 있었던 시기였다.

그러나 트레비딕(Richard Trevithick, 1771~1833)이 광산에서 사용하고 있던 철로를 일반 도로에 깔아 증기기관차로 철도 운송을 시도하면서부터 두 가지가 나뉘게 되었고, 기차는 육상 운송수단의 혁명을 일으켰다.

철로는 광산에서 석탄 등을 소형 화차에 실어 운반하기 위해 처음 사용하였다. 초기에는 나무로 만들었으며, 그 표면에 금속을 씌워 보강하기도 하였다. 이후 19세기가 되자 철제로 만든 레일이 사용되었다.

또한 이러한 광산에서의 경험으로 공공용 철도마차가 만들어지게 되었는데, 이것은 철제로 된 레일 위의 차량을 말이 끄는 것이었다. 증기기관차가 만들어진 뒤에도 철도마차는 오랫동안 사용되었으나 산업혁명 이후 늘어나는 인구와 엄청난 수송량을 해결하기 위해서는 보다 혁신적인 운송 수단이 필요하였다.

1801년 트레비딕은 한 개의 실린더와 굴뚝이 달린 가로형 보일러로 만든 첫 증기기관차의 시운전에 성공하였다. 그는 이듬해 이 '증기로 움직이는 수레'로 특허를 취득하였고, 실용화를 위해 노력한다. 그리고 울퉁불퉁한 길을 운행하는 것보다 오히려 매끄러운 레일과 둥근 바퀴를 접촉시켜 그 마찰력으로 열차를 진행시키는 방식이 더 효과적이라는 것을 깨닫고 철도용 증기기관차로 방향을 바꾸었다.

결국 트레비딕은 1803년 철도용 증기기관차의 운행에 성공한다. 이 기관차가 움직일 때면 고압의 증기가 피스톤을 실린더의 머리 부분까지 밀어 올리고 밖으로 나갈 때 '폭(puff)' 하는 소리를 냈기 때문에 사람들은 이 엔진을 '퍼퍼(puffer)'라고 부르게 되었고, 이때부터 증기기관차의 별명이 '칙칙폭폭'이 되었다. 트레비딕은 자신의 기계를 보급하기 위해 철도 부설까지 하였으나 기관차의 전복 등으로 파산에 이르러 철도용 증기기관의 운행을 단념해야 했다.

트레비딕에 이어 철도 운송을 확실하게 정착시킨 사람은 스티븐슨(George Stephenson, 1781~1848)이다. 그는 광산에서 증기기관의 화부로 일하던 아버지의 영향으로 어릴 때부터 경험을 통해 증기기관에 대한 지식을 쌓을 수 있었다. 1814년 첫 증기기관차를 만들었는데, 이 기관차는 30톤의 화물을 시속 6km 정도로 끌 수 있었다. 1830년 그는 총 길이 45km인 리버풀~맨체스터 철도의 건설을 맡았고, 여기에 증기기관차를 사용하기 위해 많은 노력을 기울였다.

스티븐슨의 생각은 매우 큰 효과를 가져왔고, 건설된 철도는 수송의 혁신을 가져왔다. 우선 운송 비용이 당시 가장 일반적인 운송수단인 승합마차에 비해 1/3도 되지 않았고, 여행시간을 단축했으며, 승차감도 훨씬 좋았다. 이로 인해 철도의 승객은 엄청나게 증가하였고, 철도회사는 큰 돈을 벌게 되었다.

이와 같은 효과로 인해 철도의 보급이 보다 빨리 이루어지게 되었지만 쉽게 이루어진 것은 아니었다. 철도가 등장하기 전에 운송을 주로 책임지고 있던 운하나 역마차 등 소유주들 반발이 너무나 거세었기 때문에 철로를 설치하는 것조차 쉽지가 않았다.

그럼에도 불구하고 1850년대부터 철도는 세계 각국에서 앞다투어 건설되었고, 1869년 미국에서는 대서양 연안에서부터 태평양 연안에 이르는 최초의 대륙횡단철도가 건설되었다.

철도건설의 붐은 단지 육상 운송수단의 혁명만을 이룬 것이 아니라 당시 절정기에 이른 산업혁명을 더욱 가속화시키는 원동력으로 작용하였다. 철도 건설은 금속과 기계제품, 석탄과 같은 연료 등을 대량으로 필요로 하였기 때문에 관련 산업부문의 성장과 발전을 촉진시켰고, 주요 산업의 중심지들을 가깝게 연결시키는 역할을 하여 공업생산 발전에 커다란 도움을 주었다.

전등 발명

_____ 데이비 | 1806년

인류가 처음 사용한 불은 모닥불이다. 물론 당시의 불은 인
간에게 따뜻함을 주고, 음식물을 익혀먹을 수 있게 하고, 무서운 짐
승으로부터 보호해 주는 등 일차적인 용도로 사용되었을 것이다. 그
러나 시간이 지나면서 인간은 밝은 햇빛이 있는 낮뿐만이 아니라, 촛
불과 램프, 기름 등잔, 횃불 등을 사용함으로써 밤에도 비교적 활발
한 활동을 할 수 있게 되었다. 그리고 인류는 기술이 발달할수록 더
밝고 값싸며, 더 오래가며 안전한 '조명용 불'을 개발하게 되었다. 그
결과 인간의 활동 시간과 범위는 더욱 넓어지게 되었고, 그만큼 인간
의 능력은 향상될 수 있었다.

　볼타의 전지 발명에 의해 안정적인 전류를 사용할 수 있게 된 19
세기에는 전기에 대한 실험과 연구가 매우 활발하게 이루어지고 있
었다. 이러한 전기 실험을 하다가 전류를 사용한 최초의 전등이 영국
의 데이비(Humphry Davy, 1778~1829)에 의해서 만들어졌다. 그는
1802년 전지의 양극에 연결된 전선 끝에 목탄 조각을 연결하여 서로
가까이하면 불꽃이 튀는 사실을 발견한다.

　그는 이것을 기초로 1806년 유리관을 씌운 탄소아크* 등을 발명
하고, 이를 1808년 파리의 콩코르드 광장의 가로등으로 설치한다. 그
러나 이 등은 너무 밝았고, 탄소는 금방 타버려 계속 탄소 전극을 갈

아주어야 했을 뿐 아니라, 전기를 공급할 수 있는 발전기가 발명되기 전이었기 때문에 가정용으로는 보급되지 못했다. 따라서 이 아크등은 탐조등이나 공공장소의 조명 등으로만 제한적으로 사용되었다.

또한 과학자들은 높은 전압을 가진 축전지에 금속선이 연결되면 뜨거워져서 빨갛게 달구어진다는 것을 알게 되었고, 이것을 이용하여 새로운 광원을 개발하려는 시도를 하게 된다. 그러나 이런 목적으로 사용된 구리선은 잠시 빛을 내다가 과열되어 녹아버렸기 때문에 좀처럼 쉽게 이루어지지 않았다. 그러던 중 1854년, 하인리히 괴벨에 의해 백열 전등이 만들어졌으나, 이것도 수명이 너무나 짧다는 결정적인 결함이 있었다.

그 이후 한참이 지난 뒤에 에디슨(Thomas A. Edison, 1847~1931)이 보다 실용적인 전등을 발명하였다. 그는 빛을 방출하는 필라멘트를 구리가 아닌 다른 물질로 만들어야 한다는 생각을 토대로 수없이 많은 실험을 하였으나 실패를 거듭하였다. 그는 백금부터 식물성 섬유까지 6천가지가 넘는 물질을 사용해 보았다고 한다.

그러다가 결국 1879년, 일본산 대나무섬유를 태운 숯으로 만든 필라멘트를 배 모양의 둥근 유리용기 속에 넣고, 그 아래 부분에는 나선형 홈이 만들어진 얇은 금속판을 붙인 전등을 만드는 데 성공하였다. 이 전등은 오늘날 사용하는 백열 전등과 매우 흡사한 구조로서 비교적 오래 가고 안전하며 실용적인 것이었다.

---

*   아크는 아크 방전을 줄인 말로서, 아크 방전이란 기체 방전이 절정에 달해 전극 재료의 일부가 증발해서 기체가 되며 발광하는 상태를 말한다. 이 발광을 이용한 등의 빛이 반원을 그린다는 이유로 아크등이라 이름지어졌다.

에디슨은 이 발명에 멈추지 않고 전기를 이용한 조명체계를 만드는데 심혈을 기울였다. 전등을 켜기 위한 발전소, 전등 설비, 스위치, 퓨즈, 계량기 등 모든 전기 시설을 계획하였으며, 각 가정에 전기를 공급하기 위해 지하도선도 매설했다.

토머스 에디슨

그는 실패율을 줄이기 위해 당시에 이용되던 가스 조명체계의 모든 것을 그대로 따랐다. 그래서 처음 에디슨의 전구는 가스 버너의 이름을 그대로 따라 버너(burner)라고 불리었으며, 가스버너와 마찬가지로 밝기도 촛불의 16배 정도였다.

이후 1906년 독일의 오슬람사가 2,000℃에서 견딜 수 있는 텅스텐을 찾아내면서 백열등은 전세계로 퍼졌다. 그리고 1938년에는 미국의 제너럴 일렉트릭사의 연구원 이만이 뜨겁지 않지만 빛나고 있는 개똥벌레에서 힌트를 얻어, 적외선이 포함되지 않은 가시광선만으로 전등을 만들면 뜨겁지 않을 것이라는 생각으로 형광등을 발명하였다.

결국 이처럼 많은 사람들이 오랜 시간 동안 끊임없이 개량하여 만든 전등 덕분에 우리는 언제든지 원하기만 하면 낮과 밤 가릴 것 없이 전등을 켜는 스위치 하나로 시간에 구애받지 않고 일을 할 수 있게 되었다.

원자설 등장

_____ 돌턴 | 1808년

라부아지에에 의해 화학이 연금술로부터 완전히 벗어난
후, 과학자들은 물질의 물리적·화학적 성질을 새로이 설명해야 했
다. 무엇이 한 원소와 다른 원소를 다르게 하는가. 무엇이 원소의 성
질을 결정하는가. 원소들은 어떤 규칙에 따라 화합물을 구성하는가.
화합물 내에서 원소들의 배열은 어떠한가.

라부아지에는 처음으로 화학반응식을 서술했다. 그는 모든 반응
에서 반응물질의 질량은 생성물질의 질량과 같음을 정량적으로 증명
했다. 그러나 예측은 할 수 없었다. 이 질량보존의 법칙은 그 이유를
설명할 수 없는 실험적인 사실이었다. 지금 우리가 알고 있는 원자량,
분자량, 분자식, 화학반응식을 모두 알아야 해결될 문제였다. 이것은
당시의 화학자들에게는 매우 어려운 일이었다.

라부아지에가 죽은지 3년 후, 프루스트(Joseph Louis Proust, 1754
~1826)라는 과학자가 '일정성분비의 법칙'을 발표했다. 모든 화합
물들은 각 화합물을 구성하는 원소들이 일정한 질량비로 결합한다는
법칙이다.

그후 돌턴(John Dalton, 1766~1844)이 수많은 실험을 통하여 지
구상에서 가장 가벼운 원소는 수소이고, 이러한 수소 원자 한 개의
질량을 기준으로 다른 원소의 원자들의 상대적인 질량을 구할 수 있

다는 것을 발견했다. 그는 이것을 기초로 독특한 원소 기호와 원자량을 나름대로 정하고 화학 반응을 나타내었다. 물론 편리하지도 않고 부정확하여 현재 사용하지 않고 있지만 말이다. 이러한 과정에서 정립된 원자설이 그의 저서 『화학철학의 신세계』

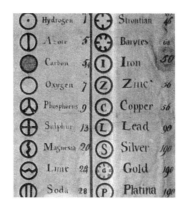

돌턴의 원소기호표

(1808)를 통하여 나오게 되었다. 돌턴의 원자설을 간단히 정리하면 다음과 같다.

첫째, 물질은 더 이상 나눌 수 없는 원자로 구성되어 있다.
둘째, 같은 원소의 원자는 질량이나 성질이 같다.
셋째, 원자는 새로 만들어지거나 파괴되지 않는다.
넷째, 화합물을 구성하는 원자들은 일정한 정수비를 이루고 있다.

이 원자설은 고대 데모크리토스의 철학적인 사고로부터 나온 것이라기 보다는 긴 세월 동안 행해진 여러 화학자들의 실험 결과를 기초로 세워진 것이다. 돌턴은 이것으로 '질량보존의 법칙'과 '일정성분비의 법칙' 뿐만 아니라 그가 실험에서 알아낸 '배수비례의 법칙'을 설명할 수 있었다.

배수비례의 법칙이란, 예를 들어 설명하면, 탄소와 산소가 반응하여 일산화탄소와 이산화탄소를 만들 때, 탄소의 일정한 질량과 결합하는 두 물질의 산소의 질량비는 간단한 정수비를 이룬다는 것이다. 분자식을 안다면 이것은 당연한 사실이다. 일산화탄소와 이산화탄소의 분자식은 각각 CO, CO_2이다. 따라서 탄소 원자 하나와 결합하는 두 물질의 산소 원자수의 비는 $1:2$이므로 배수비례의 법칙은 당연히 성립한다.

또한 화학 반응이 일어날 때 그 질량비가 소수비가 아닌 정수비라는 사실은 중요하다. 왜냐하면 정수비가 되기 위해서는 항상 기본적인 단위가 있어야 하기 때문이다. 이러한 이유로 불연속적인 단위입자인 원자를 가정하게 되었던 것이다.

물론 이러한 원자설은 20세기 들어 원자가 쪼개지고 내부의 세계가 밝혀지면서 철저하게 무너지지만, 당시로서는 새롭게 알게 된 놀라운 자연의 일부였다.

이러한 돌턴의 원자설을 기반으로 하여 분자를 정의할 수 있게 됨으로써 과학자들은 화학반응에 대한 정량적 분석과 모형 제시까지 할 수 있게 되었다.

기체 반응의 법칙

_____ 게이뤼삭 | 1808년

물질이 가질 수 있는 상태 중의 하나인 기체는 비교적 높은 온도, 낮은 압력일 때 잘 나타난다. 그리고 고체와는 달리 기체는 그 모양을 고정적으로 유지하지 못하고, 끊임없는 분자운동으로 퍼져 나가려는 성질이 있다. 또한 기체는 액체나 고체보다 밀도가 작고, 고체와 액체에 비해 작은 힘으로 부피를 쉽게 변화시킬 수 있다.

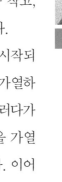
게이뤼삭

기체에 대한 구체적인 연구는 18세기가 되어서야 비로소 시작되었다. 당시 사람들은 보통 이야기되는 '기체(gas)'와, 액체를 가열하면 나타나는 것을 '증기'라 하여 이 둘을 서로 구별하였다. 그러다가 19세기 초반 영국의 패러데이는 상온에서 액체 상태인 물질을 가열할 때 나타나는 증기가 기체와 같은 상태라는 사실을 밝혀냈다. 이어서 그는 상온에서 기체인 물질의 압력을 높이면 액체가 될 수 있다는 사실도 밝혀냈다.

또한 19세기 후반에는 '임계온도'의 존재가 밝혀져, 아무리 높은 압력을 가해도 기체를 액체로 만들 수 없는 온도가 있다는 사실도 알게 되었다.

이와 같이 점차 증가하는 과학자들의 기체에 대한 지식과 발견들을 기초로, 기체들의 화학 반응에 대해서 체계적인 이론을 정립한 사람은 프랑스의 물리학자이자 화학자인 게이뤼삭(Joseph Gay-Lussac, 1778~1850)이다. 그는 기체들에 관한 폭넓은 연구를 통하여 다음과 같은 두 가지 법칙을 남겼다.

그는 1802년에 공기, 산소, 수소, 질소, 암모니아, 염화수소, 이산화황, 이산화탄소 등의 기체들의 온도가 1℃ 상승함에 따라 0℃ 부피의 1/266.66씩 팽창한다는 '기체 팽창의 법칙'을 밝혀내었다.*

이 법칙은 온도가 일정할 때, 기체의 부피는 압력에 반비례한다는 '보일의 법칙'과 함께 열역학의 기본 법칙이 되었다. 또한 이 법칙의 발견은 기체가 낮은 온도에서도 액체나 고체로 변하지 않는다고 가정하면, 이상 기체의 부피가 0이 되는 온도, 즉 -273℃를 생각하게 되는 계기가 되었다.

또한 그는 기체들의 화학 반응에서, 반응한 기체의 부피와 생성된 기체의 부피는 간단한 정수비를 이룬다는 '기체 반응의 법칙'도 발견하였다. 1805년 수소와 산소가 반응하여 수증기를 만들 때 그 부피비는 항상 2 : 1 : 2로 간단한 정수비를 가진다는 것을 실험으로 확인했고, 1808년에 다른 기체들의 반응에서도 그 부피 비가 간단한 정수비를 가진다는 것을 밝혀 '기체반응의 법칙'으로 일반화하였다.

그러나 당시의 원자설만으로는 이 현상을 합리적으로 설명할 수 없었다. 왜냐하면 물질은 더 이상 쪼개어지지 않는 원자로 구성되어 있다는 원자설로 기체반응의 법칙을 설명하려면 원자가 쪼개지는 모

---

* 프랑스의 물리학자 샤를(Jaques A. Charles, 1746~1823)도 1746년 일정한 압력 하에서 기체는 온도에 비례하여 부피가 증가한다는 것을 밝혔다. 이를 '샤를의 법칙'이라고도 한다. 게이 뤼삭이 말했던 팽창율은 나중에 1/273로 수정되었다.

순이 나타나기 때문이었다.

이 현상을 설명하기 위해서 필요한 것이 분자 개념이었다. 즉 기체는 몇 개의 원자가 결합해서 만들어진 분자들이 모여 이루어진다는 생각이다.[*]

우리는 산소 21%, 질소 78%, 그외 소량의 수증기, 이산화탄소 등으로 공기가 이루어졌다는 것을 알고 있다. 이러한 현상을 분자 개념을 기초로 설명하면 N_2(질소 원자 2개가 결합해 만들어진 질소 분자), O_2(산소 원자 2개가 결합하여 만들어진 산소 분자), H_2O(수소 원자 2개와 산소 원자 1개가 결합하여 만들어진 수증기 분자), CO_2(탄소 원자 1개와 산소 원자 2개가 결합하여 만들어진 이산화탄소 분자) 등이 서로 마구 섞여서 공기를 구성한다.

이러한 지식이 없이 발견되는 다수의 실험 결과들은 과학자들을 혼란스럽게 했다. 예를 들면 돌턴은 산소 1부피가 수증기 1부피보다 무겁다는 것을 발견했다. 수소와 산소의 복합원자(당시에는 분자를 이렇게 불렀다)인 수증기가 산소보다 더 가볍다는 불합리한 점은 당시로선 이해할 수 없는 부분이었다.

이후 아보가드로(Amedeo Avogadro, 1776~1856)가 분자 개념을 도입함으로써 이 모순점들을 해결할 수 있었다.

---

* 　헬륨이나 네온같은 단원자 기체도 있다.

아보가드로의 법칙

_____ 1811년

기체들의 화학반응은 아보가드로의 분자 개념에 의해 비로소 해결되었다. 아보가드로는 1811년 기체란 몇 개의 원자들이 결합한 입자가 모인 것이라고 했고, 이 몇 개의 원자들이 모여 만들어진 새로운 입자를 '분자'라 불렀다.

물론 이전에도 분자라는 말이 사용되기는 했으나 모든 기체의 성질을 나타내는 최소 입자 단위가 분자라는 정확한 정의는 아보가드로에 의한 것이었다. 화합물이 아닌 한 종류의 원소만으로 이루어진 기체, 예를 들면 수소나 산소같은 것들도 분자로 이루어져 있다는 것은 새롭게 받아들여야 할 부분이었다.

그리고 "같은 온도와 압력에서 모든 기체는 종류에 관계없이 같은 부피 속에 같은 수의 분자를 포함한다"는 아보가드로의 가설*로 기체반응의 법칙에서 나타난 이해할 수 없는 부분들이 쉽게 해결이 되었다. 예를 들면 수소와 산소가 화합하여 수증기를 만들 때, 기체반응의 법칙의 의미는 수소와 산소와 수증기가 2 : 1 : 2의 간단한 부피비를 이룬다는 것이다.

* 사실로 드러나 아보가드로의 법칙이라 불린다.

여기에 아보가드로의 가설을 도입하여, 돌턴의 원자설(원자는 쪼개어지지 않는다)에 어긋나지 않고도, 반응의 최소 단위로써 수소 분자 2개와 산소 분자 1개가 결합해서 수증기 분자 2개가 만들어진다고 하면 기체 반응의 법칙의 합리적 설명이 가능해진다. 수소 분자와 산소 분자가 원자로 나뉜 후 물 분자로 만들어지기 때문이다.

또한 산소 원자 2개로 만들어진 산소 1분자의 질량이 산소 원자 1개와 수소 원자 2개로 만들어진 물 1분자의 질량보다 클 것은 당연했다. 왜냐하면 수소 원자가 가장 가볍다는 것은 이미 알고 있었기 때문이다.

그러나 아보가드로의 가설이 분자를 정의하여 기체반응의 법칙을 완벽하게 설명하였을지라도 얼마나 많은 원자들이 한 분자를 만드는지는 여전히 알지 못했다. 어떤 분자는 2개의 원자가 결합해 만들어지고, 어떤 분자는 3개 또는 4개, 그 이상도 가능하다.

이런 것들을 어떻게 알 수 있을까? 또한 한 분자에 포함된 원자들의 수를 몰랐으므로 여전히 정확한 원자량, 분자량을 알지 못했다. 그래서 아보가드로가 발표한 이론들은 당시에는 다른 과학자들의 인정을 받지 못했다.

그러다가 무려 50년이 지난 1860년 제1회 만국화학자회의에서 이탈리아 화학자 카니차로(Stanislao Cannizzaro, 1826~1910)가 아보가드로의 가설을 설명하여 옳다고 증명했고, 어떻게 원자량과 분자량을 계산할 수 있는지 보여주었다. 한 원소가 구성 물질인 서로 다른 기체화합물의 같은 부피를 정량적으로 분석하면, 그 원소의 원자량은 그 화합물들의 공통 인수로 구할 수 있다는 것이다. 또한, 똑같은 부피의 서로 다른 원자들로 이루어진 다른 기체들의 분석은 상대적 원자량을 정확히 알려준다.

카니차로의 방법은 원자량을 구하고 정확한 화학식을 구하는 방법이 되었다. 이러한 과정을 통하여 비로소 과학자들은 분자개념을 받아들이기 시작하였다.

한편 스웨덴의 화학자 베르셀리우스(Jons J. Berzelius, 1779~1848)는 많은 분석실험을 통하여 여러 화합물의 조성을 알아냈을 뿐 아니라 정확한 원자량을 측정하여 원자량 표를 최초로 만들어 1828년 발표한다. 그러나 그는 분자설을 인정하지 않아 원자와 분자 구별을 하지 않았으므로 그가 측정한 것은 정확하지 못했다.

그럼에도 불구하고 그는 화학 실험 방법의 정밀도 수준을 높여 놓았다. 또한 그는 돌턴의 원소기호가 불편하다고 느껴 새로운 원소기호를 나타내는 방법을 제안하였다. 즉 원소 이름의 라틴어 첫글자 또는 두 글자로 원소를 나타내었고, 이것은 지금까지 세계적으로 사용되고 있다.

그리고 독일의 화학자 마이어(Viktor Mayer, 1848~97)가 '빅터 마이어법'으로 알려진 분석법으로 정확한 분자량을 측정할 수 있었다.

그리하여 모든 화학반응들의 식과 정량적 분석이 완벽하게 가능하게 되었다.

초기의 화학자는 연금술의 영향을 받은 약제사나 의학자였다. 그러나 이 시기에 와서 화학은 화학자들의 노력의 결실로 전문분야로 인정되어 과학의 한 분야로 명실공히 자리잡게 되었고, 이후 눈부신 발전을 할 수 있었다.

요소유기화합물 합성

____ 뵐러 | 1828년

인류는 자연과 더불어 살면서 자연에 존재하는 여러 가지 물질들을 이용하고 발전시켜 왔다. 주술사, 약제사, 의사, 그리고 연금술사와 화학자들은 처음에는 자연에서 나오는 물질을 그대로 이용하다가 점차로 우연히 그 제조법을 발견해 합성물질도 사용하게 되었다.

점점 많은 물질들이 발견되었을 뿐만 아니라 만들어지게 되면서 과학자들은 체계적인 물질 분류의 필요성을 느끼게 되었다. 이러한 과학자들의 물질 분류의 시도는 17세기 후반부터 시작되었다.

이러한 물질분류 과정에서 자연 상태에서 발견되는 것뿐만이 아니라 인위적인 합성으로 만들어진 유기물의 다양함과 방대함은 유기화학을 독자적인 학문 영역으로 만들었고, 광범위한 영역에서 우리의 생활을 편리하게 해 주었다. 특히 19세기에 유기합성화학은 가장 두드러진 발전을 하였고, 수천 가지의 유기화합물이 합성되었다. 이런 발전은 실용화학의 창시자라고 여겨지는 리비히(Justus von Liebig, 1803~73)의 공헌에 의한 것이었다.

유기화합물 연구를 진전시키기 위해서는 무엇보다도 그것을 분류할 분석법이 나와야 했다. 최초로 분석을 시도한 사람은 라부아지에지만, 그것을 표준적인 조작으로 완성한 사람은 리비히였다. 리비히는 연구를 거듭한 끝에 당시의 유기화합물의 정량적 분석방법을 더욱 발전시켰다.*

리비히는 혈액, 담즙, 오줌 등 여러 체액을 분석하였고, 우리 몸의 에너지원이 탄수화물이나 지방이라는 것도 규명하였다. 또한 그는 농업에 화학비료를 사용하기 시작하여 식량의 대량 생산을 이루었고, 이로 인해 독일의 화학비료산업은 엄청난 팽창을 하였다.

뿐만 아니라 그는 독일 최초의 화학교육자였다. 당시 화학의 중심지는 프랑스였다. 리비히는 프랑스로 유학하여 게이 뤼삭의 조수로 화학을 공부하였다. 1824년 리비히는 독일 기센 대학으로 돌아와 새로운 방법과 정열로 새로운 화학실험실을 갖추고 노력한 결과 유럽의 화학 중심지는 독일이 되었다.

독일로 돌아온 그는 폭약인 뇌산은($AgONC$)을 연구하였고, 같은 해 독일의 화학자 뵐러(Friedrich Whler, 1800~82)는 시안산염($AgOCN$)을 연구하고 있었다. 두 물질은 같은 화학식을 가졌으나 다른 물질이었다. 이 결과 과학자들은 같은 화학식을 가진 다른 물질이 존재한다는 것을 알고 이것을 이성체(isomer)라 이름붙였다. 원자배열에 따라 물질의 성질이 달라진다는 사실은 과학자들에게 구조식의 중요성을 알게 해 주었다.

이처럼 화학이 활발히 연구되는 분위기에서 뵐러는 최초로 유기화합물을 합성해낸다. 1828년 뵐러는 무기화합물인 시안산암모늄(NH_4OCN)에서 유기화합물인 요소($CO(NH_2)_2$)를 생성하였다. 요소의 합성은 유기화학 분야의 새 장을 여는 것으로, 당시 거의 모든 과학자들이 믿고 있었던 '생기론'이 옳지 않다는 것을 증명해주는 사건

---

*   그리하여 당시의 프랑스 화학자 뒤마(Jean Baptiste Dumas, 1800~84)와 함께 '리비히-뒤마의 유기정량분석법'을 만들었다. 이 분석법은 75년 뒤에 새로운 미량분석법이 나올 때까지 사용되었다.

이었다. 생기론이란 유기화합물은 생명이 있는 생물의 조직에 의해서만 만들어지며, 인공적으로 원소를 가지고 합성하는 것은 불가능하다는 이론이다.

그러나 뵐러의 스승인 베르셀리우스와 뒤마, 리비히 등 많은 학자들이 뵐러의 요소 합성을 호의적으로 평가하였음에도 불구하고 생기론의 소멸이라고 말하지는 않았다. 뵐러 자신도 생기론에 대한 믿음을 부정하려고 하지는 않았다. 그 주된 이유는 요소를 합성하기 위해 처음 반응시킨 물질이 동물에서 얻어낸 유기물이었기 때문이었다.

1853년, 뵐러의 요소 합성이 성공한 지 25년 후 베르틀로(Pierre Eugene Marcelin Berthelot, 1827~1907)가 글리세린과 지방산의 합성에 성공함으로써 유기화합물의 합성이 본격적으로 시작되었다. 이후 베르틀로는 메틸알콜, 에틸알콜, 메탄, 벤젠, 아세틸렌 등을 차례로 합성하였고, 이로써 유기화합물은 반드시 '생명력'이 있어야 한다는 이전의 생기론이 완전히 무너졌다. 그리하여 유기화학이란 '탄소화합물'을 취급하는 화학으로 정식 제안되었다.

이후 유기합성화학은 유기염료의 합성으로 또 한 차례의 전기를 마련한다. 최초의 유기염료는 15살에 런던 왕립화학대학에 입학하여 공부하던 퍼킨(Willam Henry Perkin, 1838~1907)에 의해서 만들어졌다. 1856년의 어느날 18세의 퍼킨은 콜타르에서 얻은 값싼 원료로부터 키니네(quinine : 말라리아 치료약)를 합성할 가능성이 있다는 그의 스승 호프만(August Wihelm von Hofmann, 1818~92)의 말을 듣고 이를 실행해 보기로 결심하였다. 만약 이것이 가능하다면 유럽에서 멀리 떨어진 적도지방에서 키니네를 수입하지 않아도 되었다.

키니네 합성 실험은 성공하지 못했고, 대신 그는 호프만이 학생 시절에 콜타르에서 얻어낸 아닐린을 이용한 실험으로 자주색의 아닐린 염료, '모브'를 만들어냈다.

그는 1857년 아닐린 염료공장을 차려 '아닐린 퍼플(anilin purple)'이라는 이름으로 시판하였다. 특히 프랑스에서 이 염료는 '모브(mauve)'라는 이름으로 크게 인기를 끌었다. 1868년에는 천연 염료인 꼭두서니(다년생 덩굴식물)의 성분인 알리자린(alizarine)이 합성되었고, 1890년에는 쪽(염료자원으로 재배하는 마디풀과의 1년 초)의 색소인 '합성 인디고'가 대량생산되어 푸른색 계통의 염료로 쓰이던 천연 인디고를 대신하였다.

이리하여 불과 몇 년 사이에 천연염료는 값싸고 편리하며 다양한 빛깔을 가진 새로운 합성염료로 대체되었다. 퍼킨이 처음 작은 공장 규모로 시작한 염료생산은 곧 영국과 프랑스로 퍼졌다. 1850~60년 대에는 영국과 프랑스가 다른 나라에 비해 화학염료공업이 앞서 있었다. 그러나 1890년 경에 이르게 되면 바이어(Baeyer), 훽스트(Höchst), BASF(Badische Anilin Soda-Fabrik), Agfa(A.G. Für Anilin-Fabrikation) 등을 위시한 독일 화학염료회사들이 독일 정부의 적극적인 지원과 염료회사 내 산업화 연구의 제도적 정착으로 세계 염료산업을 지배하게 된다.

이렇게 급속도로 발전한 염료산업은 유기합성화학공업 발전의 실마리가 되었다. 또한 염료 제조에 필요하였던 황산의 공급은 중화학공업의 발전을 촉진시켰고, 유기염료가 유기질 세포에 선택적으로 흡수된다는 사실에서 화학을 의학에 활용한 화학요법이 창안되었다. 또한 작은 유기분자들이 수없이 연결되어 거대 분자가 되는 고분자화학이 발달하여 합성수지, 합성섬유, 합성고무 등의 재료혁명을 일으켰다. 염료산업에 장기적인 투자를 했던 듀퐁사에서 최초의 합성섬유인 나일론을 만들어낸 것도 결코 우연이 아니었다.

비유클리드 기하학의 탄생

_____ 로바체프스키 | 1829년

고대 수학을 집대성한 위대한 수학자 유클리드의 5번째 공준 '평행선의 공준'은 많은 수학자들의 논쟁거리가 되었다. 앞서 말했던 대로(유클리드 '기하학 원론' 참조) 유클리드는 기본적으로 5개의 공준과 5개의 공리를 자명하다고 보고 증명할 필요가 없는 것으로 보았다. 물론 그것들은 서로서로 증명할 수 있는 관계에 있지 않다. 만약 어느 하나의 공리가 다른 공준, 또는 공리로부터 증명하는 것이 가능하다면 이미 공리일 수 없다는 것이 기본조건이었다.

그런데 유클리드는 이 5번째 공준을 나머지 공리와 공준으로 증명할 수 있지 않을까 하는 의심스런 생각을 하였고, 이후 여러 과학자들도 평행선의 공준을 나머지 공리로 증명하려고 노력하였으나 번번히 실패하였다.

그러던 중 19세기의 수학자 가우스(Karl Friedrich Gauss, 1777~1855), 러시아의 수학자 로바체프스키(N. I. Lobatschewcky, 1793~1856), 헝가리의 수학자 볼리아이(J. Bolyai, 1802~60)가 모두 독립적으로 평행선의 공준을 나머지 9개의 공리와 공준만을 가지고는 증명할 수 없다는 것을 알고, 새로운 공간 개념을 도입하여 비유클리드 기하학(Non-Euclidian Geometry)을 세우게 되었다.

천재 수학자 가우스도 처음에는 평행선의 공준을 나머지 공리들로 증명하려고 했으나 이것이 불가능하다는 것을 알고, 대담하게 평행선의 공준을 부정한 명제 "주어진 직선 위에 있지 않은 한 점을 지나는 평행한 직선은 두 개 이상 존재한다"를 만든다. 이 결과 이 명제를 택하여 아무런 모순없이 새로운 기하학을 전개할 수 있다는 것을 알게 되었다. 가우스는 이렇게 발견한 기하학을 '비유클리드 기하학'이라 불렀다.

그러나 당시는 칸트에 의해 철학적으로 정립된 유클리드 공간의 시대였다. 칸트는 "유클리드 공간의 개념은 결코 개념적인 것이 아니라 피할 수 없는 사고의 필연이다"라고 주장하였다. 그리고 당시의 철학자들과 수학자들은 유클리드 공간은 이미 인간의 마음에 직관적으로 존재한다는 칸트의 주장을 절대적으로 받아들이는 상황이었다.

이런 속에서 가우스는 자기의 이론을 발표할 자신감을 갖지 못했다. 자신의 이론은 문제가 없다고 생각했으나 '아둔한 사람들의 지껄임' 때문에 받을 수 있는 상처를 두려워했기 때문이다.

가우스와 독립적으로 러시아의 로바체프스키가 이 주제에 관한 체계적인 논문을 1829년에 최초로 발표하였다. 볼리아이는 비유클리드 공간에 대한 자신의 이론을 정리하여 『공간의 절대과학(The Absolute Science of Space)』(1832)으로 출판한다. 그러나 그들의 이론은 생전에 그 공로를 인정받지 못했다.

이들의 연구는 그들의 시대에 받아들여지지 못하고 거의 40여 년이 지난 후에야 벨트라미(Eugenio Beltrami, 1835~1900), 클라인(Christian Felix Klein, 1849~1900) 등에 의해 재연구되면서 인정받게 되었고, 후에 리만(Georg F. B. Riemann, 1826~66)에 의해 미분기하학으로 발전한다.

인류사를 바꾼 100대 과학사건

뉴턴은 모든 물리적 현상이 발생하는 공간을 절대적인 공간이라고 생각했는데, 이것이 유클리드 공간이다. 이에 반해 아인슈타인이 상대성 이론을 전개한 공간은 비유클리드 공간(리만 공간)이었다. 이 공간 위에서의 기

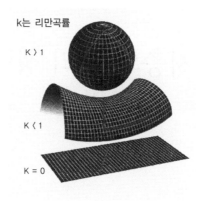

k는 리만곡률

K > 1

K < 1

K = 0

비유클리드기하학-
리만기하학

하학적 개념은 우리의 상식과는 다를 수밖에 없다.

예를 들면 유클리드 공간에서 삼각형의 세 내각의 합은 180도이다. 그러나 곡률을 가진 비유클리드 공간에서, 즉 구 위 혹은 말안장 위에서는 삼각형의 세 내각의 합은 180도보다 클 수도 있고 작을 수도 있다. 이 폭넓은 공간 개념은 인간의 사고를 넓혔을 뿐 아니라 상대론과 같은 현대 과학의 수학적 기초를 제공하였다.

지층의 원리 정립

_____ 라이엘 | 1830년

수백 년 전부터 식물과 동물들의 흔적이 돌에 굳어져 있는
것이 종종 발견되고 있었다. 중국의 몇몇 지역에서는 이러한 뼈의 잔
해를 용골(龍骨)이라 부르면서 가루로 빻아 약제에 섞어 먹기도 했
다. 이러한 화석이 오래 전에 죽은 생물체의 잔해라고 생각한 최초의
사람은 다빈치(Reonardo da Vinci, 1452~1519)였다.

그는 자신이 이탈리아에서 발견한 화석 껍질들은 과거에 바다가
육지를 뒤덮었기 때문에 생겨난 것이라고 믿었다. 그러나 이런 생물
들이 어떻게 수 미터 두께의 오래된 바위 층 속에 묻힐 수 있었는지는
설명하기가 매우 어려웠다.

또한 공룡*과 같은 동물에 대한 온갖 추측과 논의가 있었으나, 일
반적으로 이러한 문제들은 성서에 기록되어 있는 노아의 홍수나 각
종 종말론과 관계되어 있을 것이라 생각하였다. 즉 노아의 홍수로 당

---

* '공룡'이라는 명칭은 그로부터 한참 뒤에야 비로소 생겨났다. 19세기 초에
   최초로 거대한 동물의 화석이 발견되었고, 이 뼈의 잔해는 도마뱀의 뼈와 비
   슷했지만 크기가 훨씬 컸고, 또한 크고 날카로운 이빨을 가지고 있었다. 따라
   서 학자들은 이 화석에 'dianosauria(공룡 : '공포의 도마뱀'이라는 뜻으로
   그리스어 두 개가 조합된 것이다)'라고 이름붙였다.

시 살던 동물이 물에 익사했을 것이고, 그 위에 진흙과 돌이 쌓이고 세월이 흘러 암석이 되었을 것이라고 쉽게 정리해 버린 것이다.

산업혁명이 시작된 후 사람들이 지구를 구성하는 물질을 과학적으로 이해하고자 자연계에 대한 관심을 많이 가지게 되면서 대지와 화석에 대해서도 알고자 하는 욕구가 커졌다. 이 결과 지질학이 발달하기 시작하여, 보통 1780년에서 1840년까지를 지질학의 황금기라고 한다.

최초로 사변적 지질학을 근본적으로 파고든 사람은 허튼(James Hutton, 1726~97)이다. 그는 여러 지역을 두루 다니며 쌓은 견문과 농업가로서의 경험을 토대로 『지구의 이론』(1795)을 저술하였고, 이 책을 통해서 지질학의 여러 현상들은 현재의 우리 주변에서도 항상 일어나고 있는 자연적인 힘에 의한 산물이라는 주장을 하였다.

계곡은 강물로 인해 깎인 것이고, 평야는 강물이 흘러 내려온 진흙이 퇴적하여 차차 굳어져서 생긴 것이라고 보았다. 이것은 끊임없는 파괴와 창조를 뜻하는 것으로서 신에 의한 천지창조설을 거스르는 생각이었기 때문에 쉽게 받아들여지지 않았으나, 한편으로는 무시할 수 없는 설득력을 지니고 있었다.

그 외에도 지층이 형성된 방법에 대해 여러 학설들이 나왔으나, 라이엘(Charles Lyell, 1797~1875)이 『지질학의 원리』(1830)를 출간하면서 흡수되거나 사라졌다.

라이엘은 유럽의 여러 지역에 걸친 보다 광범위한 관찰을 토대로, 자연 환경은 대부분 지질시대의 오랜 기간에 걸친 물리적·화학적·생물학적 과정을 통해 천천히 단계적으로 변한다고 주장하였다. 이는 허튼이 처음 제기한 자연력의 작용에 관한 '동일과정설

(Uniformitarianism)'을 재확립시킨 것이다.

라이엘은 그의 책 첫머리에서부터 지질학을 성서의 주장과 떼어 놓았다. 그는 지구의 나이가 수백만 년은 되었고, 성서에 기록된 시간 이전에도 엄청나게 많은 시간이 존재했었다고 전제하였다.

그리고 지구가 매우 오래 전에 생성되었다는 전제로부터, 화석은 태고의 시대에 살았으나 지금은 멸종된 생물체의 유해라고 하였다. 따라서 화석이 두터운 암석층 속에서 자주 발견된다는 사실을 쉽게 설명할 수 있었다.

게다가 만일 각 지층이 어느 일정한 시대의 퇴적층을 나타낸다[*]면, 그것에 포함되어 있는 각각의 특징적인 화석은 그 시대에 살고 있던 동물의 것임에 틀림이 없다고 주장하였다.

이러한 화석은 각 지층마다 전혀 다른 형태의 생물을 나타내고 있으므로 시간에 따른 생물의 변화까지도 보여주고 있다고 생각할 수 있었다. 그러나 여기서 라이엘은 성서에 나온 종의 불변성을 전혀 의심하지 않았고 논리적인 필연으로 생각했기 때문에, 각 지질시대에 모든 동·식물들이 새로 창조되어 다음의 지질시대가 오면 전멸했다고 추론하는 데 그치고 말았다.

이러한 라이엘의 책과 이론을 아주 흥미있게 읽고 당시로서는 매우 파격적인 생각을 품게 된 사람이 있었는데, 그가 바로 진화론을 주

---

[*] 지층이 몇 층에 걸쳐 겹겹이 쌓여 있을 때, 그 지층 전체가 습곡 등의 영향으로 아래위가 뒤바뀌어 있지만 않다면 위쪽의 지층은 아래쪽의 지층보다 늦게 형성되었다고 본다. 이를 '지층 누중의 법칙' 이라고도 하며, 1669년 덴마크의 스테노(Nicolaus Steno, 1638~87)에 의해 처음으로 밝혀졌다.

장한 다윈(Charles Darwin, 1809~82)이다.

다윈은 비글호에 승선해 여행을 하는 동안 『지질학의 원리』를 탐독하였고, 그후 두 사람은 서로 학문적으로 영향을 주고받는 친구가 되었다.

라이엘은 사망하기 전까지 『지질학의 원리』를 계속 수정하여 열한번이나 개정판을 냈다. 그는 지질학 분야에서 사용되는 이론과 개념을 정립하여 지구발달에 대한 과학적 해석을 널리 알렸고, 이로써 '층서학의 아버지'로 불리게 되었다. 또한 생물 진화에 대한 학설의 기초를 제공하는 업적을 남겼다.

전자기 유도법칙

—— 패러데이 | 1831년

패러데이(Michael Faraday, 1791~1867)는 영국의 가난한 대장장이의 아들 가운데 하나로 태어났다. 형편이 좋지 않았던 그의 형제들은 농부, 노동자, 상인 등으로 어려서부터 스스로 생계를 꾸렸고, 패러데이도 일찌감치 남의 고용살이를 했다.

그가 선택한 직업은 제본공이었다. 다행히 책을 다루는 직업을 가진 그는 남의 책을 제본하면서 화학의 세계에 접하게 되었다. 화학이라는 학문에 강한 매력을 느낀 그는 책을 통해 혼자서 공부했을 뿐 아니라 직접 실험기구를 사서 여러 실험을 하였다.

그러던 중 그는 대중을 상대로 실험*을 보여주어 당시 인기를 끌었던 데이비(Humphry Davy, 1778~1829)의 강연에 매료되어 데이비에게 편지를 보내기도 하고, 그의 강연을 요약한 노트를 보내기도 하는 등 과학과 관련된 일을 하고 싶은 열정을 보인다.

결국 패러데이는 원하는 대로 데이비의 실험조수로 들어간다.

＊　　당시 영국왕립연구소에서 대중을 상대로 하는 실험 강의가 인기가 있었다. 귀족이든 서민이든 티켓을 사면 최첨단의 전기 또는 화학과 관련된 실험 과정을 설명과 함께 볼 수 있었다. 패러데이도 은퇴할 때까지 이 강의를 했고, 현재도 행해지고 있다.

그는 차츰 과학에 대한 자신의 열정을 표현할 기회를 가졌고 아낌없이 능력을 발휘한다. 그는 재능있는 연구자였고 노력하는 과학자였다.

1820년 덴마크의 과학자 외르스테드(Hans Christian Oersted, 1777~1851)는 축전지와 연결된 구리선을 나침반 위에 설치하고 구리선에 전류를 흐르게 하는 실험을 하였다. 전류가 흐르지 않을 때는 나침반의 N극은 정상적으로 지구의 북쪽을 가리켰으나, 전류가 흐르자 나침반이 힘을 받아 회전하였다. 전류가 흐르는 순간 그 주변에 자기장을 만들었던 것이다. 즉 전류의 흐름 때문에 생긴 자기장이 나침반의 바늘에 힘을 미친 것이다. 이로써 전류가 가지는 자기적 현상이 발견되었다.

1년 후 쇠 둘레에 도선을 감고 이 도선에 전류를 흐르게 함으로써 전자석이 만들어진다. 그러나 전류는 볼타가 만든 축전지에서만 만들어졌고, 이 축전지는 사용하기에 불편하였다.

패러데이는 외르스테드의 실험결과를 들은 후 곧 이 문제에 매달렸다. 전하의 흐름이, 즉 전류가 자기장을 만들어낸다면 자기장의 변화가 전류를 발생시킬 수 있지 않을까? 패러데이는 도선을 원형으로 여러번 감은 코일을 준비하고 이 도선을 전류계에 연결하였다. 그런 후 쇠고리 안에 자석을 왔다갔다 하게 했다. 그랬더니 도선에 전류가 흘러 전류계의 바늘이 움직였다. 움직이는 자석이 전류를 흐르게 한 것이다.

이러한 전자기 유도현상은 1831년에 다음과 같이 정리되어 '패러데이의 법칙'으로 불려지게 되었다.

"코일에 유도되는 전압은 감긴 전선 수와 코일을 통과하는 자기

패러데이

력선 속의 시간적 변화율에 비례한다." *

전지에 의한 것만이 아닌 자석에 의해서도 전류를 사용할 수 있는 방법이 패러데이에 의해 발명된 것이다. 이 법칙이 전기를 생산하는 발전기의 기본원리가 되었다.

이와같이 패러데이는 타고난 직관력으로 물리학에서 탁월한 업적을 나타내었다. 그는 '패러데이의 법칙' 뿐만 아니라, 자기장을 걸어놓은 물질에 편광된 빛을 자기장 방향으로 입사시키면 물질을 통과하여 나오는 편광 평면이 거리에 비례하여 회전되어 나오는 효과, 즉 '패러데이 효과'를 발견한다. 또한 그는 장(場, field)이론의 창시자였으며, 이온, 양극, 음극, 음이온, 양이온 및 전극 등 전기학의 기본 용어를 만들어내기도 하였다.

패러데이가 이룩해 놓은 전자기학의 실험 결과들은 후에 맥스웰이 수학적인 표현으로 완성하고 통합하여 식으로 나타내었다.

위대한 과학자들의 끊임없는 연구가 서로 연속적으로 연결되어 과학을 한 단계 한 단계씩 발전시키는데, 과학자들의 태어남과 죽음도 서로서로 꼬리를 물고 있음은 매우 흥미롭게 느껴진다.

위대한 거인 갈릴레이가 죽은 해(1642년)에 뉴턴은 태어난다. 패러데이가 전자기 유도법칙을 발견한 해(1831년)에 맥스웰은 태어난다. 맥스웰이 죽은 해(1879년)에 아인슈타인은 태어난다.

* $\varepsilon = N \dfrac{\varDelta \Phi}{\varDelta t}$

(ε : 코일에 유도되는 전압, N : 코일의 감은 수,

$\dfrac{\varDelta \Phi}{\varDelta t}$: 자기력선속의 시간적 변화율)

사진의 탄생

_____ 다게르 | 1839년

오래 전부터 사람들은 있는 그대로의 현실을 묘사하려는 갈망을 가지고 있었다. 사진이 탄생되기 이전부터 카메라 옵스큐라*와 같은 기술적 장치들이 발명되어 있어서 현실 묘사가 가능했으나, 이것은 오히려 '사실성'에 대한 갈망을 더욱 심하게 하였다.

빛을 이용하여 카메라에 상을 잡아 사진을 만들려고 시도한 사람은 프랑스의 니에프스(Joseph Nicphore Nipce, 1765~1833)였다. 비록 그의 카메라 작업은 오직 한 점(1827년, 〈르 그라의 집 창에서 내다본 조망〉)만이 남아 있지만, 그가 남긴 편지들을 통해 미루어 짐작하면 그는 최초의 사진 발명가였음을 알 수 있다.

혼자서 외롭고 힘든 작업을 계속하던 니에프스는 1829년 연극 무대설치가인 다게르(Louis Jacques Mand Daguerre, 1787~1851)와 10년에 걸친 동업 계약을 체결하였다. 다게르는 '디오라마'라고 하는

---

* 라틴어로 '어두운 방'을 뜻하는 카메라 옵스큐라는 다빈치가 최초로 고안하였다고 알려져 있으나 그 이전에 이미 있었다고 한다. 처음에는 어두운 방의 지붕, 벽, 문 등에 작은 구멍을 뚫어 바깥 풍경이나 경치의 상을 반대쪽 벽(스크린)에 맺히도록 하여 관찰하던 것이, 작은 상자 형태로 변하여 화가들이 그림을 그리는 도구로 사용하였다.

다게레오타입

거대한 풍경화를 제작하여 무대장치로 사용하는 등 나름대로 실물 그대로 찍어낼 수 있는 사진의 발명에 대해 깊은 관심을 가지고 있었다. 둘의 계약 후 얼마 지나지 않아 니에프스는 세상을 떠났고, 다게르 혼자 니에프스가 이루어 놓은 실험결과들을 가지고 사진의 개발에 전념하였다.

그러나 아무런 진전없이 오랫동안 지루한 실험만이 계속되었다. 이는 '현상'이라는 과정을 생각하지 못하고 오직 빛에 노출시키는 것만으로 상을 얻으려 했기 때문이다. 그러다가 수은 증기에 의해 영상이 나타나는 것을 발견한다. 즉 '현상'이 된다는 사실을 알게 된 것이다. 또한 진한 소금물로 처리하면 영상이 영구히 정착된다는 사실도 알아냈다. 이로써 노광, 현상, 정착*에 이르는 일련의 현대 사진술의 기초방법이 마련되었다.

다게르는 이것을 '다게레오타입'이라 이름짓고, 1839년 프랑스에서 열린 과학 아카데미와 미술 아카데미의 합동회의석상에서 최초의 실용적인 사진술로 공표하였다. 이것은 당시로서는 매우 큰 사건이었고, 생계의 위협을 느낀 화가나 조각가들이 이 사진술을 몹시 배척하기도 하였다.

---

* 　노광(露光)은 노출이라고도 한다. 사진을 촬영할 때 필름에 가장 적합한 양의 빛을 비추는 것을 의미한다. 현상(現像)은 필름에 기록된 보이지 않는 상을 볼 수 있게 만드는 과정을 말한다. 정착(定着)이란 필름이나 인화지를 현상한 후 빛을 받아도 변하지 않도록 처리하는 과정을 의미한다.

'다게레오타입'에 대한 발표가 있은 후 공교롭게도 유럽 각지에 있던 여러 사람들이 자신들도 사진술을 발명하였다고 주장하였다. 즉 1830년부터 1840년 사이에 한 가지의 개발이 동시에 이루어지고 있었던 것이다.

대표적인 인물로 탈보트, 허셀, 바야르 등이 있었다. 이들은 이후 자신의 독자적인 발명을 주장하거나 특허권을 내기도 하면서 사진술의 개발에 많은 영향을 미쳤다.

처음 이들이 사진술을 개발한 목적은 예술 분야에서의 이용이었다. 이들뿐만이 아니라 초기의 사진 개척자들도 모두 예술 표현의 가능성을 목적에 두고 있었다. 따라서 초창기 사진의 대상은 풍경, 정물, 초상 등의 회화적 주제가 대부분이었다. 또한 새로운 표현매체로서의 가능성으로 사진을 이용하려는 사람들도 대부분 화가와 예술애호가들이었다.

이후 계속해서 새로운 기술이 개발되어, 현대와 같이 암실과 렌즈 및 필름으로 이루어진 카메라를 이용하여 종이 위에 현실을 그대로 나타낸 완전한 사진이 출현하기에 이르렀다.

사진이 발명되자 사진기는 날개 돋친 듯이 보급되었고, 미국의 코닥(Eastman Kodak)사에서 만든 사진용 필름은 1870년대에 이미 대중화가 이루어졌다. 사진술은 영화나 텔레비전 등과 같이 움직이는 영상을 보게 하는 데에도 영향을 미치게 된다.

에너지 보존의 법칙

_____ 마이어 | 1842년

마이어

기계적 철학의 영향으로 열의 기원을 물질입자의 운동으로 보는 견해도 있었지만, 18세기까지 열은 '열소(caloric)'라 불리는 질량이 없는 입자의 작용으로 설명되었다. 즉 열을 낼 수 있는 물질은 열소를 가지고 있고, 물질이 열을 발생한다는 것은 이것의 방출이라고 생각했다. 그래서 뜨거운 물체는 열소를 많이 가졌기에 뜨거우며, 물질의 온도변화나 상태변화도 열소의 흡수 또는 방출이라고 설명하였다.

그런데 이러한 설명으로는 풀리지 않는 문제가 있었다. 예를 들면 물체와 물체를 마찰시킬 때 열이 발생하는데, 당시에는 이러한 현상을 열소의 방출로 설명할 수밖에 없었다. 그러나 열소가 물질입자라면 그 양이 일정할 텐데, 마찰을 계속하면 열이 그치지 않고 계속 발생하는 현상은 물질에 포함된 열소가 무한하다는 것이 되어 버려 자연현상과 모순되는 것이었다. 물론 질량이 없는 물질입자라는 열소의 설정 자체가 모순으로 느껴지기도 하지만 말이다.

뉴턴이 완성한 고전역학의 영향으로 영국과 유럽 대륙에서의 철학은 기계적·실험적·수학적 자연관을 강조하는 근대적인 사고 방식이 더욱 강화되었다.

이러한 철학적 분위기의 반발로 생명의 신비함, 감성 등을 내포한

자연의 통일성을 강조하는 자연철학주의가 등장하게 되었다. 자연
철학주의자들은 다양한 자연현상 뒤에는 통일성을 부여하는 단일한
힘이나 관념이 있다고 생각했고, 이러한 것을 '힘' '에너지'라 불렀
다. 이 힘이나 에너지에서 전기, 자기, 빛, 소리, 열 등등의 여러 현상
이 나타난다고 생각했다.

이러한 분위기에서 열 현상에 관한 정량적인 실험을 통하여 열역
학 제 1법칙(에너지 보존의 법칙)이 성립하게 되었다.

에너지 보존 원리는 역학에서 처음 시작되었다. 처음부터 에너지
라는 단어가 쓰이지는 않았고, 라이프니츠(Gottfried W. Leibniz,
1646~1716)가 '활력(*vis viva*)'이라는 단어를 사용하여 "충돌효과의
작용은 물체의 무게와 그것이 정지한 순간의 속도에 의존하여 측정
될 수 있는 것"이라고 전제하고 이것을 수식으로 나타내었는데, 이
것은 운동에너지의 수식이었다.

후에 네덜란드의 수학자 호이겐스(Christiaan Huygens, 1629~
95)가 두 물체의 충돌에 관한 연구를 하였다. 그는 충돌 전과 후가 활
력이 같다고 하여 에너지 보존 원리의 개념이 당시에 있었음을 알 수
있다. 활력 대신에 에너지라는 단어가 전반적으로 사용된 때는 19세
기 말부터였다.

기계적 에너지와 열 에너지와의 관계를 정량적으로 측정하고, 일
과 열의 상호관계를 증명하려 한 사람들은 독일의 물리학자이자 의
사였던 마이어(Julius R. Mayer, 1814~78), 물리학자이자 생리학자였
던 헬름홀츠(Hermann Helmholtz, 1821~94) 및 영국의 물리학자였
던 줄(James P. Joule, 1818~89)이었다.

마이어는 인도네시아에서 의사로 일한 적이 있었다. 그는 그곳에

서 환자를 진료하다가 환자의 정맥 속에 흐르는 피가 동맥의 피처럼 붉은 것을 발견하였다. 즉 열대 지방에서는 체온을 유지하는데 산소가 덜 필요하다는 사실을 안 것이다. 이로부터 상대적으로 추운 지방의 사람은 체온을 유지하려면 에너지를 많이 발생시켜야 하고, 이것은 많은 양의 산소를 소모하는 것으로부터 나온다고 생각하였다.

마이어는 사람이 체온을 유지하기 위한 에너지를 식물로부터 얻는다고 생각했고, 마찬가지로 일을 하기 위해서도 같은 과정을 거친다고 추론하였다. 즉 에너지는 상호 전환이 가능하다는 이론을 세웠다.

그는 1842년 논문 「무생물계의 힘에 관하여」에서 "물체의 낙하운동, 열, 자기, 화학적 에너지는 모두 동일한 대상이며, 단지 여러 가지 현상과 형태를 취한 것뿐이다"라고 하여 에너지 보존법칙에 관한 이론을 표현하였다. 그러나 그의 이론은 받아들여지지 않았고, 이에 상심한 마이어는 정신병원에 입원하기도 했다고 한다. 그의 이론은 말년에 이르러서야 인정을 받을 수 있었다.

줄은 마이어와는 독립적으로 정량적인 실험을 통하여 같은 결론에 도달하였다. 1840년 줄은 전류가 흐르는 바늘에서 발생하는 열을 측정하였다. 그 결과 그는 전류에 의한 열이 저항과 전류의 제곱에 비례한다는 사실을 발견하였다. 전기 에너지가 열 에너지로 변화하는 것을 발견한 것이다. 또 1843년 줄은 추를 낙하시켜 추가 가진 위치에너지로 물의 온도를 올리게 하는 실험장치를 만들어 역학적 에너지와 열 사이의 수적 관계(열의 일당량 4.2J/cal)의 정확한 측정에 성공하여 열과 일이 같은 종류라는 것을 밝혔다.

그는 이러한 실험 결과를 포함한 논문을 1847년 발표하였다. 줄의 실험에 당시 과학자들은 흥미를 보이지 않았고, 단지 켈빈만이 그의

인류사를 바꾼 100대 과학사건

연구를 칭찬하였다고 한다.

헬름홀츠는 모든 에너지는 상이한 형태를 지닐지라도 그것의 총량은 보존되며 서로 전환이 가능하다고 생각했다. 만약 생명이 있는 유기체가 식물로부터 얻은 에너지 이상으로 일한다면, 유기체는 영구기관*이 되는 것이나, 영구기관은 불가능하므로 있을 수 없는 일이라고 생각하였다. 그리하여 동물은 식물로부터 에너지를 얻고, 동물의 에너지는 같은 양의 열이나 기계적 에너지로 변한다고 주장하였다.

그의 주장은 1847년에 상세히 발표되었고, 비로소 그에게 에너지 보존 법칙을 발견한 과학자라는 영예가 주어졌다. 그러나 지금은 세 사람 모두가 에너지 보존법칙을 독립적으로 발견한 것으로 인정하고 있다.

그후 더 이상 "열은 열소의 방출이다"라는 설은 유지되지 않게 되었고, 이로써 역학적 에너지의 보존뿐만 아니라 열, 전기, 역학적 에너지를 포함한 넓은 의미의 에너지 보존법칙이 성립하게 되었다.

그들 모두는 열과 일의 상호 변환이 가능하다는 생각을 가졌다. 그러나 일이 열로 100% 바뀔 수는 있으나, 그 역은 불가능하다는 것이 클라우지우스 등에 의해 증명되면서 열역학 제2법칙이 성립하게 된다.

---

*   제1종 영구기관이란 외부에서 에너지의 공급없이 계속 일할 수 있는 기관을 말한다. 열역학 제1법칙에 위배되므로 있을 수 없는 기관이다. 제2종 영구기관이란 열에너지가 모두 일로 바꿀 수 있는 기관을 말한다. 즉 효율이 100%인 열기관으로, 열역학 제2법칙에 위배되어 역시 존재할 수 없다.

외과수술의 시행

_____ 워렌 | 1846년

현대적 의미의 외과학은 19세기 중엽에 이르러서야 비로소
제대로 구색을 갖추었다고 할 수 있을 것이다. 그전까지의 외과는 오
늘날의 수준에서 보았을 때는 단순한 외상이나 전투에서 다친 상처
만을 치료하는 정도였다.

고대 그리스의 히포크라테스 이후 가장 위대한 의사로 꼽히는 갈
레노스(Claudius Galenus, 130~201년 경)는 돼지나 개, 그리고 원숭
이 등의 해부를 통해 의학에 필요한 정보를 얻었다. 그는 붕대법*을
고안했고, 혈액의 흐름과 신경계에 대한 실험을 함으로써, 히포크라
테스 학파의 기술적 의학에 과학을 접목시킨 실험생리학의 창시자로
여겨지고 있다.

지금의 의학으로 살펴보면 그가 이루어 놓은 연구결과와 저술들
은 환자들의 병치료에 그다지 효과가 없어 보이지만, 중세에 이르기
까지 1천년이 넘도록 갈레노스의 의학체계와 치료방법은 의사들의
경전으로 취급받았다.

히포크라테스와 갈레노스 등에 의해 이루어진 의학 지식은 중세

* 　각종 상처를 깨끗한 천으로 감아서 환부를 고정하거나 압박을 가하여 치료를
　촉진하는 방법이다.

시대에는 이슬람으로 건너갔다가 중세 이후 다시 유럽으로 넘어왔다. 중세시대 보수적인 전통에 치우쳐 침체기에 있던 의학계에 획기적인 변화가 생긴 것은 르네상스가 꽃피기 시작한 16세기에 이르러서였다.

당시 의학계는 3가지 부류의 직업으로 나뉘어 있었다. 우선 대학에서 최고 과정인 박사단계까지 공부하여 학자적 전통을 가진 의학자와, 정규교육을 받지는 않았지만 해부를 전담했던 장인 계통의 이발 외과의(barber-surgeon), 그리고 약을 조제하던 약제사가 그것이다.

16세기에 이르러 의학에서는 학자적 전통과 장인적 전통의 경계가 무너지기 시작하였다. 손에 피를 묻히지 않던 의학자들도 직접 해부를 하였고, 신분이 낮아 제대로 된 교육도 받지 못하던 이발 외과의중 뛰어난 의학지식으로 훌륭한 업적을 남긴 인물도 있었다. 대표적인 사람들이 바로 의학의 명문인 파도바 대학의 의학교수였던 베살리우스(Andreas Vesalius, 1514~64)와 이발 외과의였던 파레(Ambroise Par, 1510~90)이다.

베살리우스는 직접 사람의 몸을 해부하여 구체적인 연구를 함으로써 의학계에 새로운 바람을 몰고 왔다. 또한 그는 당시까지 마치 신앙처럼 믿어져 온 갈레노스의 의학, 즉 동물의 해부를 통해 얻은 지식을 인간의 몸에 적용한 의학을 반박하고 부정하였다.

베살리우스의 해부학적 지식에 의해 외과학적 연구가 시작되었다면, 동시대인으로서 프랑스 시골 이발소의 견습생에 불과했던 파레는 외과학의 기술을 발전시켰다. 그는 당시의 여러 종교전쟁에서 군의로 일하면서 얻은 풍부한 경험을 토대로 왕실에까지 알려진 일류 외과의가 되었다.

파레는 외과기술에 있어서 4가지 주요 공헌을 하였다. 첫째, 총상의 치료는 그 자체가 독을 가진 것이 아니므로 당시 흔히 사용했던 끓는 기름보다는 진정요법이 최선이라는 것을 보여주었다. 둘째, 절단 뒤의 출혈을 멎게 하려면 당시에는 불에 달군 쇠로 지졌으나 그는 절단된 동맥을 동여맸다. 셋째, 일부 이상분만의 경우 분만 전에 태아를 회전시켜 분만을 촉진했다. 넷째, 여러 작업을 할 수 있는 의수족을 발명했다.

또한 파레는 베살리우스가 라틴어로 쓴 해부학 책들을 프랑스어로 요약하여 다른 이발 외과의들에게 소개하기도 했다.

베살리우스나 파레 등에 의해 의과학은 16세 이후 상당한 수준으로 발전했지만 대체로 종기나 부스럼, 골절 등 몸 바깥쪽의 상처를 치료하는 수준에만 머물러 있었다. 인간의 몸을 열고 그 안에 있는 장기를 수술하는 것은 거의 불가능하였다. 수술시 생기는 통증과 나쁜 균의 감염을 해결하지 못했기 때문이다.

이러한 외과학은 세월이 흘러 19세기에 이르러서야 비로소 외상치료에 효과적인 역할을 할 수 있게 되었다. 이발 외과의 전통에서 비롯된 내과학과 외과학의 차별이 없어졌고, 국소주의와 마취법과 무균법의 세 가지 과학적 성과가 외과학에 도입되었기 때문이다.

우선 고대 이후로 질병의 존재에 대해서 큰 영향을 미치고 있었던 체액설이 점차 국소주의로 바뀌었다.

체액설이란 인간에게 나타나는 질병의 원인은 체액의 불균형에서 온다는 이론이다. 또한 종양 등의 외과적 질환의 원인도 마찬가지이며, 더구나 종양은 이러한 불균형을 회복하려는 우리 몸의 작용이므

인류사를 바꾼 100대 과학사건

로 이를 제거하는 것은 잘못된 일이라는 것이다.

그러나 국소주의는 병리해부학의 발달과 함께 증명된 이론으로, 질병이 일어난 바로 그 작은 부분이 질병의 원인이라는 것을 의미한다. 따라서 국소주의는 질병이 일어난 부분을 치료하거나 제거할 명분을 제공하여 외과수술의 새로운 가능성을 열었다.

또한 1844년 웰즈가 마취성이 있는 아산화질소(N2O, 일명 '웃음가스')를 치과 수술에 도입하여 성공한 사례가 있었다. 여기에서 힌트를 얻은 모턴(William T. G. Morton, 1819~68)이라는 치과의사가 1846년 에테르를 이용한 공개적인 첫 수술에 성공하였고, 그는 이를 당시 유명 외과의사였던 존 콜린스 워렌에게 권고하였다.

워렌은 같은 해 10월 보스턴 종합병원에서 에테르 마취법을 사용한 시험 수술을 성공적으로 해냈다.

영국에서는 1847년 산부인과 교수인 심프슨(James Y. Simpson, 1811~70)이 클로로포름을 도입하여 에테르보다도 훨씬 좋은 결과를 얻었다.

비록 기술적으로 완전하지는 않지만 마취법이 성공함으로써 수술중 통증으로 인한 쇼크사(死)에 대한 우려와 수술의 부위, 수술 속도에 대한 제한이 없어지게 되었다.

역설적이게도 마취법이 개발되자 수술은 더욱 위험한 일이 되어 갔다. 통증의 문제가 없어지자 당시의 의학 수준으로는 지나치게 대담한 수술이 이루어지게 되었고, 그로 인한 감염으로 환자가 사망하는 문제가 심각하게 나타났기 때문이다.

당시 외과의사들에게 감염 문제는 매우 심각하게 여겨졌지만, 이에 대해 처음으로 근본적인 문제제기를 한 사람은 빈 대학의 셈멜바이스와 프랑스의 파스퇴르였다.

　그러나 이들의 의견은 받아들여지지 않았고, 1867년 파스퇴르의 발견을 주의깊게 연구한 리스터(Joseph Lister, 1827~1912)에 의해 차츰 인정받기 시작하였다. 리스터는 이미 소개되어 있던 석탄산을 이용해 상처의 감염을 예방하는 '방부법(Antisepsis)'이라는 새로운 원리를 도입, 외과학의 전 분야에 확대시켰다.

　그러나 방부법은 다른 의사들에게 쉽게 받아들여지지 않다가 1870년대에 이르러 독일인들이 인정하고 나서야 프랑스, 영국, 미국 등으로 퍼지게 되었다. 이후 리스터의 불완전한 소독방법은 1880년대 베를린과 파리의 의사들에 의해 '무균법(Asepsis)'으로 바뀌게 되어 감염을 보다 효과적으로 예방하게 되었다.

　이렇듯 외과수술이 마취법과 방부법, 무균법 등으로 인명을 구하는 데 획기적인 전기를 마련하면서부터 외과의사들의 사회적 지위도 높아져 가게 되었다.

　그리고 한층 더 외과의 발전을 촉진시킨 중요한 사건들이 있었으니, 바로 1895년의 X선 발견과 1901년의 혈액형 발견이다. 사람의 몸을 열어보기 전에 어느 부위에 이상이 있는지를 X선을 통해 알 수 있어 불필요한 수술을 피하게 되었고, 혈액형의 발견으로 수혈을 가능하게 함으로써 대량출혈에 대비하여 보다 안전하게 수술할 수 있게 되었다.

　그후 외과술은 아이러니하게도 제1, 2차 세계대전을 계기로 눈부신 발전을 하게 되었고, 항생제의 개발로 외과학은 이전과는 차원이 다른 발전의 시기가 도래하였다.

절대온도 개념 성립

_____ 켈빈 | 1848년

온도는 물체의 차고 따뜻한 정도를 객관적인 수치로 나타낸 것이다. 인간의 감각으로 물체의 차고 따뜻한 정도를 나타낸다는 것은 객관적이지 못하다는 것을 우리는 이미 알고 있다. 예를 들어 한겨울에 놀이터에 있는 쇠로 된 철봉과 나무로 된 의자를 만질 때 그 차가운 느낌의 정도가 서로 다르다. 분명히 쇠와 나무는 같은 조건에 있어 기온이 같을텐데 왜 쇠가 더 차갑다고 느낄까? 그 이유는 우리의 감각은 손으로부터 열을 얼마나 빨리 빼앗아 가는가에 의존하고, 쇠가 나무보다 열을 더 빨리 빼앗아가기 때문이다.

이러한 부정확한 감각을 객관적으로 정확하게 표현하기 위해 온도계가 나왔다. 우리는 온도에 따라 여러 물질의 성질이 조금씩 달라지는 것을 알고 있다. 온도가 변화함에 따라 기체나 액체의 부피, 금속 막대의 길이, 도선의 전기 저항, 기체의 압력 등이 달라진다. 따라서 이 성질들을 이용하여 다양한 온도계를 만들 수 있다.

보일이 기체의 부피와 압력과의 반비례 관계를 나타낸 '보일의 법칙'을 1662년 내놓고, 게이 뤼삭이 기체 팽창의 법칙(또는 샤를의 법칙)을 1802년에 발표하면서 열역학의 기본 공식인 이상기체의 상태방정식이 만들어졌다. 이 식에 등장하는 기본적인 물리량이 온도,

기압, 부피이다.

이와 같이 열역학의 기본 물리량은 온도이다. 물체의 온도를 한없이 올릴 수 있을지라도 한없이 내릴 수는 없다. 이론적으로 표현된 가장 낮은 온도를 절대영도라 부른다.*

인간이 만들 수 있는 최저 온도는 2.0×10^9°K로 알려져 있다. 우주가 탄생했을 때 그 온도는 10^{39}°K였다. 시간이 지나면서 우주는 점차로 식어 지금은 3K 정도가 되었다. 만약 지구 근처에 열을 공급해주는 태양이 없었다면 지구에는 지금과 같은 생명체가 없었을 것이다. 물론 우리의 상식으로는 전혀 이해할 수 없는, 전혀 다른 체계를 가진 생명체의 존재가 있을지도 모르겠지만 말이다.

이러한 열역학의 기본 개념인 절대온도는 켈빈(William Thomson 또는 Kelvin경, 1824~1907)에 의해 확립되었다.

영국이 산업혁명을 일으키는데 절대적인 도움이 된 열기관의 힘에 감탄한 프랑스의 카르노(Sadi Carnot, 1796~1832)는 열기관을 연구하여 1824년 「열의 동력에 대한 논문」을 썼다. 그는 이 글에서 열기관의 최대 열효율은 그 열기관을 구성하는 두 온도만의 함수가 된다는 것을 발표했다.

영국의 물리학자인 켈빈은 이에 주목하고 물질의 종류에 무관한, 즉 특정한 물질로 정의하지 않는 온도의 기준을 정하고자 했다. 1848년 이를 절대온도라 하고 카르노의 열기관(단열팽창, 단열압축, 등온 변화로 작동되는 기관)을 통해서 정의하였다.

---

* 이론적으로 이상기체는 절대 영도(0K=−273℃)에서 부피가 0이다.

이렇게 정의된 절대온도의 눈금은 실제 눈금과 비교하여 1의 눈금 폭이 당시 사용되는 온도 눈금 폭과 같게 만들어졌다. 또한 당시에 만들어진 이상기체의 상태방정식 $PV=nRT$ (P : 기압, V : 부피, n : 기체의 몰수, R : 기체상수, T : 절대온도)*를 만족하는 온도여야 했고, 게이뤼삭의 실험결과로 표현되는 열적 조건도 따라야 했다.

현재는 절대온도의 기준을 물의 3중점으로 설정하고, 이 점을 정확히 273.16K로 정한다. 3중점에서는 얼음과 증기 및 물이 평형상태로 존재하며, 온도와 압력이 함께 정해진다.

---

* 몰(mol)은 물질의 양을 정하는 단위이다. 산소기체 1몰이란 산소 분자 6.02×10^{23}개를 말하며, 그 부피는 0℃, 1기압 하에 22.4 ml이다.

제강법 개발

_____ 베세머 | 1855년

19세기 산업혁명기에는 철도건설이 붐을 이루고, 군수산업, 기계공업의 활황으로 철강에 대한 수요가 엄청나게 증대하였다. 그러나 당시의 제강법이나 연철법 등은 공정시간이 길고 상당한 노동력을 필요로 했을 뿐 아니라 비용도 많이 들었다.

이때 영국의 발명가인 베세머(Henry Bessemer, 1813~98)가 이를 해결할 수 있는 제강법을 1855년에 개발하였다.

금속활자 주조소 경영자였던 아버지 밑에서 용융 금속 처리를 담당했던 베세머는 어릴 때부터 발명에 대한 재능을 가지고 있었고, 이를 이용하여 많은 돈을 벌기도 하였다. 또한 19세기 중반 영국·프랑스와 러시아 사이에 크림전쟁*이 일어나자 당시 사용하던 대포보다 좀 더 강력한 대포를 만들기 위해 여러 가지 실험을 하였다.

그리하여 탄환이 빙글빙글 돌면서 튀어나가는 방법을 사용하여 이전보다 훨씬 멀리 나갈 수 있는 대포를 만들어내었다. 그러나 이것은 실제 전투에서 사용되지 못하였는데, 그 이유는 포신이 강력한 탄

---

* 1853~56년 러시아와 오스만 투르크, 영국, 프랑스, 프로이센, 사르데냐 연합국 사이에 크림반도와 흑해를 둘러싸고 일어난 전쟁을 말한다. 러시아가 패배했다.

환의 힘을 견디지 못하고 금이 갔기 때문이다. 이것이 베세머가 야금술에 몰두하게 된 계기가 된다.

그는 전로*를 이용해 노(爐) 안에 산소를 충분히 공급하면 철 속의 불순물인 규소, 망간, 탄소가 효과적으로 연소해 쉽게 제거되므로 순도 높은 철을 얻을 수 있고, 외부에서 가해주는 열이 세지 않아도 철이 쉽게 달구어진다는 사실을 알았다.

이 제강법은 이전에 사용되던 방법들보다 생산성이 매우 높았다. 시간도 훨씬 짧게 걸리고 그만큼 노동력도 덜 필요하게 되어, 결국 강하면서도 가공이 쉬운 다량의 강철을 빨리 만들 수 있게 된 것이다.

그러나 당시 이 방법은 인과 황이 들어 있는 유럽 대륙의 철광석에 적합하지 않았고, 베세머 본인이 이 방법을 공개하지 않았기 때문에 실용화되지는 않았다.

베세머 제강법이 널리 보급되는 데는 20년 정도의 시간이 걸렸는데, 야금기술자들과 과학자들의 끈기있는 노력에 의해서였다. 오늘날에는 베세머 제강법을 발전시킨 산소제강법이 가장 널리 쓰이고 있다.

＊　항아리형의 노로써 몸체를 회전시켜 쇳물을 부어내는 방식으로 사용된다.

진화론

_____ 다윈 | 1859년

다윈

19세기의 만들어진 어떤 생물학 이론이 당대뿐만 아니라 오늘날 21세기까지도 격렬하고 지속적인 논쟁을 일으키고 있다면, 그 이론은 무엇일까? 그것은 바로 다윈의 진화론이다.

1999년 8월 15일 각 일간지에는 미국 캔자스주에서 실제로 일어난 이야기가 실렸다. 캔자스주의 교육위원회가 초·중·고교 교과과정에서 다윈(Charles Darwin, 1809~82)의 진화론을 삭제하기로 결정했다는 내용이다. 교사 개인의 재량에 따라 진화론을 가르칠 수 있다고는 하지만, 모든 공공 시험에서 진화론 내용 자체가 없어진다니 적어도 캔자스주의 생물학 수준은 19세기로 되돌아가는 것이라 해도 지나친 말이 아닐 듯 싶다.

물론 캔자스주의 6개 대학 총장들이 이러한 결정이 헌법에 위배된다며 소송을 제기할 태세이지만, 이 사건은 앞으로도 두고두고 사람들의 기억에 남을 것이다. 사실 "생명체는 신이 만들었고, 그 생명체는 시간에 따라 변하지 않는다"는 창조론은 인간을 포함한 현재의 다양한 생물계가 지구에 우연히 생성된 하나의 단세포에서 진화한 것이라는 진화론보다 사람들의 정서에 더 맞는 듯 보인다.

진화론은 다윈 혼자만의 업적이 아니다. 당시 사회적 분위기와 지적인 발달 단계가 진화론이 등장할 상황이었다. 실제로 다윈은 진화론을 완성해 놓고 거의 20년 동안 학계에 발표하고 있지 않다가, 월러스(Alfred Russel Wallace, 1823~1913)가 독자적으로 다윈과 같은 수준의 진화론을 완성한 것이 계기가 되어 발표하게 된다.*

18세기까지 사람들은 모든 생물의 종(種)은 신이 따로따로 창조하여 현재까지 그대로 유지되었다고 하는 창조론을 믿었다. 이러한 이론은 사실 우리의 상식적인 경험과도 일치한다. 사람은 사람을 낳고, 개는 개를 낳고, 토마토씨를 뿌리면 토마토가 자라고… 그러나 과학적 지식이 쌓이고, 세상이 점점 좁아지고, 이전에 알려져 있지 않던 새로운 생물들이 발견되면서 학자들은 이제까지의 이론이 틀렸을지도 모른다는 생각을 하게 된다.

생물들의 새로운 분류체계를 세워 유명해진 린네(Carl von Linné, 1707~78)조차도 당시 새로 발견되는 생물의 종 분류의 어려움을 느끼면서, 종들 사이의 구분이 이제까지의 생각과는 다르게 확실하지도 않으며 종이 변화하는지도 모른다는 생각을 하게 된다.

여기에 라마르크(Jean Baptiste Lamarck, 1744~1829)는 동물의 비교 해부를 하면서 진화사상의 기초를 만든다. 그는 자신의 연구결과를 토대로 생물이 주위 환경에 적응하는 과정에서 어떤 형질을 획득하고, 그 형질을 다음 자손에게 이어주는 것을 통해 종이 변화한다는 이론을 만든다. 이러한 생각은 당시의 생물학자들에게 받아들여지지는 않았지만, 종의 진화라는 개념을 갖게 했다.

* 다윈과 월러스는 서로 독립적으로 진화론을 발견하였지만, 서로 여러 차례 편지를 교환하다가 학계에 공동으로 발표했다. 이는 과학계에서 뉴턴과 라이프니츠의 미적분업 발견 등과 같은 동시발견의 전형적인 예를 보여준다.

또 19세기에 이르러 학문의 여러 분야 중 지질학이 새로이 자리 잡는다. 지질학을 연구하면서 발견된 화석들은 결국 '지질학적 시간'이라는 개념, 즉 짧은 시간 동안에는 불가능하던 일도 몇 십 만년의 오랜 시간에서는 가능할지도 모른다는 생각을 과학자들에게 갖게 했다.

또한 다윈은 당시 출간된 맬더스(Thomas R. Malthus, 1766~1834)의 『인구론』(1798)의 영향을 받는다. 맬더스는 『인구론』에서 전쟁, 전염병, 기아 등이 없다면 농경, 의학, 기술의 진보에 의해 인구 증가가 과도하게 일어날 것이라는 주장을 했다. 즉 다윈은 인간에게 가해지는 재앙이 인구수를 조절하는 역할을 하는 것처럼 환경에 잘 적응하는 종이 경쟁에서 살아남을 수 있다는 '자연선택'이란 아이디어를 떠올리게 된다. 다윈은 이와 같이 당시의 여러 과학적·사회적 영향하에 진화론을 완성하기에 이른다.

1809년 2월 12일 영국에서 유명한 내과의사의 둘째아들로 태어난 다윈은 집안의 기대에 의해 의사, 목사가 되기 위한 수업을 차례로 받는다. 선천적인 기억력과 호기심, 자연에 대한 무한한 탐구력은 의사, 목사가 되기 위한 수업을 받는 중에도 그를 식물학, 지질학, 박물학의 세계에 몰두하게 한다.

1831년 당시 영국은 유럽의 나폴레옹을 이기고 세계 최강국으로 군림하여 세계 각지를 조사하고 연구할 때였다. 그해 영국 해군성은 2년 예정으로 남아메리카, 태평양, 동인도제도의 수로를 조사하고, 전 세계 여러 곳의 경도를 측정하기 위해 전함 비글호를 바다에 띄우기로 결정한다. 다윈은 비글호에 승선할 기회를 잡아 과학사에 길이 남을 진화론의 실증적 기초를 마련하게 된다.

인류사를 바꾼 100대 과학사건

2년 예정이었던 비글호는 영국을 떠난 지 5년 후에야 돌아온다. 다윈은 돌아온 후 관찰한 것, 느낀 점을 꼼꼼히 적어 『비글호 항해기(The Voyage of the Beagle)』(1839)를 출간했고, 이 때의 경험과 자신의 지식을 바탕으로 생물 진화에 대한 생각을 『종의 기원』(1859)으로 정리하여 발표한다.

특히 그는 여행 중 5주 동안 갈라파고스 제도에 머물렀다. 진화론의 섬이라고도 불리는 갈라파고스 제도는 육지로부터 멀리 떨어져 있고, 해류와 바람이 장벽 역할을 하기 때문에 대륙으로부터 동식물의 유입이 힘든 곳이다. 또한 갈라파고스 제도는 인간이 없었기 때문에 생물들은 인간의 영향을 받지 않고 진화할 수 있었다. 그래서 갈라파고스 각 섬들의 동식물은 독립적인 진화과정을 거쳐 서로 약간씩 달라진 모습을 보여주고 있었다.

다윈은 갈라파고스 여러 섬의 생물들을 관찰하면서, 같은 계통의 생물들이 조금씩 다른 환경에서 진화할 때 나타나는 그들간의 차이점들을 연구함으로써 진화에 대한 확실한 생각을 가질 수 있었다. 이 결과 그는 생물의 계통성을 중심으로 새로운 종의 기원, 즉 새로운 종이 형성되는 과정을 설명했다. 그는 유전학의 지식이 없이 순전히 관찰만으로 자연계의 생물계가 생존경쟁을 통해 자연에 보다 잘 적응하는 것이 선택되어 남고, 선택된 생물계의 형질이 유전되어 진화가 이루어진다는 생각을 하게 된 것이다.

그의 진화론은 생명에 대한 진화의 방향을 자연도태와 돌연변이로 설명하는 철학적 유물론(기본적으로 무신론)에 기초한다. 이것은 그 당시 다른 진화론자들의 태도, 즉 생물체가 가진 생명력, 진화의 방향성, 유기체의 노력, 그리고 정신의 불가분성을 말하며 정통적인 기독교와 타협할 수 있는 가능성을 남겨 둔 태도와는 기본적으

진화론을 주장한
다윈 풍자화

종의 기원

로 다르다.

그는 모든 생물이 살아 남을 수 있는 수 보다 훨씬 많은 수의 자손을 낳고, 그 자손들 중 주위의 생활조건에 잘 적응한 자손만이 생존하는 자연도태에 의하여 진화의 방향이 결정된다는 진화론의 내용이 가진 혁명성을 잘 알았다. 이러한 이유였는지 다윈은 진화론을 발표하기 전에 오랫동안 이 이론의 증거가 되는 다양한 자료들을 모았다. 이러한 철저하고도 충분한 다윈의 자료들은 당대의 사고체계로서는 받아들이기 힘들었던 진화론을 지식인들이 받아들이게 하는 중요한 역할을 하였다.

프로이트는 과학의 발달에 의해 알게 된 새로운 사실들에 대한 자신의 심정을 다음과 같이 표현했다.

"인류는 역사상 두 차례에 걸쳐 과학의 손에 의해 중대한 모욕을 당했다. 첫번째는 우리의 지구가 우주의 중심이 아니라, 상상하기조차 어려운 큰 규모의 우주 체계 안의 한 점 티끌에 지나지 않음을 깨달았을 때였다. 두번째는 생물학의 연구로 말미암아 신의 피조물로서의 인간의 특권을 강탈당하고, 동물계의 한 후손의 자리로 격하되었을 때였다."

냉동법의 이용

_____ 해리슨 | 1859년

인류는 문명이 시작된 이래 열을 이용하며 살아왔다. 추운 계절에는 불을 피워 따뜻하게 했고, 더운 계절에는 열을 식히기 위해 시원한 곳을 찾았다. 인간의 기술이 발달하면서 겨울철에 만들어진 천연 얼음이나 눈을 시원한 창고에 저장했다가 여름철 더울 때 먹거나 식품 저장으로 사용하였다.

시간이 지나면서 인공적으로 얼음 제조를 시도하게 되었고, 이에 1755년 컬런(William Cullen)이 펌프를 이용한 기계식 냉동기로 제빙을 하려 했다. 이 냉동기는 펌프를 이용하여 압축시킨 공기를 팽창시켜 온도를 낮추게 했으리라고 짐작된다. 그러나 이 때에 만들어진 냉동기는 속도가 느리고 수동으로 운전해야 했으며, 크기가 너무 커 실용화하기가 힘들었다.

최초의 냉동기 특허는 1790년 영국의 해리스(Thomas Harris)와 롱(John Long)이 취득하였다. 그러나 오랜 시간이 지난 1859년에 이르러서야 호주의 해리슨(James Harrison)이 증기원동기로 가동되는 냉동기를 맥주공장에 설치함으로써 세계 최초로 실용화되었다.

방을 시원하게 하는 것을 냉방(冷房), 음식물을 저장하는 것을 냉장(冷藏), 더운 것을 차게 하는 것을 냉각(冷却), 그리고 물 등을 얼리는 것을 냉동(冷凍)이라 한다.

학문적인 용어사용에서는 냉방, 냉장, 냉각, 냉동을 위와 같이 구분하지 않고 어떤 물체의 온도를 주위 온도보다 낮게 인위적으로 유지하는 방법을 넓은 의미에서 모두 냉동(refrigeration)이라 말한다. 이때 냉동시키는 기계를 냉동기(refrigerator)라 한다.

냉동방법은 일시적으로 온도를 떨어뜨리는 자연냉동법과, 연속적으로 온도를 낮게 유지하는 기계냉동법이 있다.

자연냉동법에는 먼저 상태변화가 일어날 때 출입하는 열, 즉 증발열, 융해열, 승화열을 이용해 온도를 낮추는 방법이 있다. 예를 들면 여름에 물을 뿌려 두면 증발하면서 열을 빼앗아가므로 시원해진다. 또한 얼음이 물로, 드라이아이스가 이산화탄소로 변할 때 주위의 열을 빼앗아가므로 온도가 낮아진다.

또는 온도가 다른 두 물체를 접촉시켜 온도가 높은 물체에서 낮은 물체로 열이 이동하게 해 온도를 낮추는 방법도 있다. 야외에서 수박을 시원하게 먹기 위해 찬물에 넣는 방법이다.

또한 서로 다른 종류의 물질을 섞어 한 종류만으로 냉각시킬 때보다 더 낮은 온도를 얻을 수 있는 방법도 있다. 예를 들면 얼음에 소금을 넣으면 -21.2℃에 융해하므로 양만 충분하다면 이론상으로 -21.2℃의 낮은 온도까지 냉각시킬 수 있다.

이와 같은 자연냉동법은 짧은 시간 동안만 저온을 유지한다. 이와 달리 기계냉동법은 원하는 시간만큼 낮은 온도를 유지하고 싶을 때 쓰는 방법으로 공업적으로 널리 이용되고 있다.

기계냉동법에는 먼저 압축된 기체를 급격히 팽창시켜 저온이 되게 하는 방법이 있다. 단열 팽창할 때 온도가 낮아지는 원리를 이용한 것이다. 다음은 증발열을 이용한 냉동법으로 압축기, 응축기, 팽창밸브, 증발기 등으로 구성된 냉동기에서 냉매를 순환시켜 온도를 낮게 유지하는 방법이다.

냉매의 증발은 냉동기 안에서 일어나며, 이 때 열을 흡수하여 주위의 온도를 낮춘다. 냉매는 저온 저압에서 증발해서 열을 흡수하고, 고온 고압에서 열을 방출하는 액체이다. 초기에는 이산화탄소, 암모니아, 이산화황 등을 사용했고, 1905년에 할로겐화 탄화수소계(프레온) 등으로 대체되었다. 프레온이 오존층을 파괴한다고 알려진 요즘에는 다른 물질로 대체되고 있다.

전자냉동법(electronic refrigeration)은 1834년 프랑스의 펠티에(Jean C. A. Peltier, 1785~1845)가 서로 다른 두 금속을 접합하여 직류전류를 흐르게 하면 한쪽은 고온이 되고 다른 쪽은 저온이 되는 것을 발견해서 나온 냉동방법이다. 최근에는 반도체 소자를 이용한다. 이 방법은 운전 부분이 없어 소음이 없고, 냉매가 없으므로 배관이 필요 없으며, 냉매의 누출에 따른 독성, 폭발, 대기오염, 오존층 파괴 등의 위험이 없고 소형으로 가볍게 만들 수 있다. 그러나 소비전력과 제작비 문제가 있어 대중화되지 못했다.

단열소자법(adiabatic demagnetization method)은 매우 낮은 온도를 만들 수 있는 냉동법이다. 먼저 자장 내에 상자성*염을 5K 이하로 냉각할 수 있는 액체 헬륨(끓는점 4.21K)으로 둘러싸게 한 후 자장을 갖게 하면 상자성염의 분자배열이 일렬로 정렬되며 열이 발

---

* 상자성이란 자기장을 걸면 약하게 자화(磁化)되고, 자기장을 제거하면 자화가 사라지는 성질을 말하며, 강자성이란 자기장을 걸면 강하게 자화되고 자기장이 제거되어도 자화가 남아있는 성질을 의미한다.

생한다. 이 열을 액체 헬륨이 흡수하도록 하여 증발하면, 이 헬륨을 제거하고 상자성염을 단열시킨다. 그후 상자성염의 자장을 갑자기 없애면 분자배열이 흐트러지며 다시 에너지를 필요로 하므로 상자성염의 온도는 0K 가까이 떨어진다. 이 방법은 1K 이하의 극저온을 얻을 때 이용된다.

이와 같이 여러 방법으로 만들 수 있는 냉동기는 주로 음식을 장기간 보관하는데 이용되거나, 더운 여름 차가운 공기를 제공하는 에어컨디셔너에 사용된다.

현대에 들어서는 부분적인 냉각으로 병든 인체조직을 제거하거나 파괴하기도 하고, 불임시술을 위해 정자나 수정란을 보관하기도 하는 등 냉동술은 의학에서도 다방면에 이용되고 있을 뿐만 아니라, 공학, 생물학 등 많은 분야에서 폭넓게 응용되어 쓰이고 있다.

내연기관

_____ 르누아르 | 1860년

열에너지를 사용하여 기계적인 일을 얻는 장치를 열기관(heat engine)이라 한다. 열기관은 내연기관과 외연기관이 있다.

외연기관은 실린더 외부에서 연료를 태우는 것을 말하며 대표적인 것으로 증기기관이 있다. 증기기관은 산업혁명의 원동력이 되었지만 부피가 크고 효율도 낮았으며, 보일러의 폭발사고가 잦아 취급하기가 상당히 어려웠다. 이러한 이유로 더 작고 취급도 편리하고 안전할 뿐 아니라 효율도 높은 새로운 열기관이 요구되었다.

이로써 등장한 내연기관은 기관 내부에 연소장치를 설치하고 여기에서 나오는 열을 일로 바꾸는 장치이다. 대표적인 것으로 피스톤식 왕복기관이 있고, 가스기관, 가솔린기관, 디젤기관, 제트기관 등이 있다. 내연기관은 외연기관인 증기기관보다 늦게 실용화되었지만 실제로 그 연구는 일찍부터 있었다. 17세기와 18세기에 걸쳐 연료를 실린더 내에서 연소시켜 발생한 열에너지를 기계적 에너지로 변환시키고자 하는 시도는 계속 있어왔고, 증기기관이 실용화된 이후에야 비로소 내연기관으로 발전시키는 것이 가능해졌다.

세계 최초의 내연기관은 1860년 벨기에의 발명가인 르누아르(J. J. E. Lenoir, 1822~1900)에 의해서 제작되었다. 그는 증기기관을 본

떠 조명용 가스를 연료로 사용하며 전기로 점화시키는 2행정 복동(複動)식* 내연기관을 만들었다. 그러나 점화 전에 실린더 안의 혼합기체를 압축시키지 않았기 때문에 열효율은 3~4%로 상당히 낮았다.

이후 1876년 독일의 오토(N. A. Otto, 1832~91)는 현재와 같은 식의 단동(單動)식 4행정기관**을 만들어 특허를 받았다. 이것은 열효율이 14%에 이르렀으며, 오늘날 사용되는 자동차 엔진의 원형이다. 그러나 이 기관은 가스를 사용하였기 때문에 대형설비가 필요하다는 문제점이 있었다. 이는 특히 운송기관용으로는 적합하지 않았다.

1883년 다임러(G. Daimler, 1834~1900) 등은 기화기를 고안하여 이를 장착한 가솔린엔진을 처음 만들었다. 또한 그는 엔진을 작고 가볍게, 그리고 회전수를 높여 고속으로 만들었고, 이를 자전거에 설치할 수 있는 특허를 받아 세계 최초로 오토바이를 만들었다. 또한 같은 해에 칼 벤츠도 비슷한 엔진을 만들어 3륜차에 이용했다.

한편 4행정기관보다는 일찍 고안되었지만 효율이 낮아 실용화가 늦어진 2행정기관은 1877년 셀덴(J. Selden)이 특허를 받았고, 1878년 영국의 클라크(D. Clack)에 의해 실용적으로 완성되었다. 이후 1891년에 현재 사용되고 있는 형태와 같은 크랭크실 압축형이 완성되었다. 2행정기관은 4행정기관에 비해 간단하고 회전능률이 높아 오토바이 등 소형에 사용된다.

---

*   피스톤을 올릴 때만 힘을 주지 않고 상하 양 방향에 같은 크기의 힘이 작용하도록 한 방식이다.

**   4행정이란 ① 피스톤이 가스를 흡입 ② 압축하여 점화 ③ 그 후 가스의 폭발과정을 거쳐 팽창 ④ 배기과정으로 연소가스를 배출하는 4단계를 반복하며 가솔린과 같은 연료를 연소시켜 생기는 열로부터 기계를 움직이는 동력을 얻는 과정을 말한다.

이렇게 하여 현재의 내연기관의 주요 형식인 4행정과 2행정 가솔린엔진이 실용화되었다. 또 가솔린엔진은 크기가 작고 고출력인 기관으로 개량할 수 있었기 때문에 1903년 라이트 형제의 첫 비행에도 사용되었다. 가솔린엔진은 항공기용 기관으로 사용되면서 1, 2차 세계대전을 통해 기능이 급속히 향상되었다.

한편 1897년 독일인 디젤(Rudolf Diesel, 1858~1913)은 연료를 고압으로 압축하고(압축착화), 고온으로 된 공기에 분사하여 연소시키는(연료분사) 디젤엔진을 만들었다. 이 기관의 힘은 18마력에 달했고, 선박용ㆍ차량용 등으로 쓰였으며, 이것이 오늘날 잘 알려진 디젤엔진의 시초이다. 디젤엔진은 열효율이 높고, 배기량이 크며, 큰 출력에 적합하여 대형기관에 주로 사용된다.

내연기관은 세계대전을 치르면서 항공기, 선박, 자동차 등에 활발히 사용되었고, 그 용도에 따라 크게 발전했다. 특히 오늘날에는 항공용 제트 엔진과 로케트 엔진 등도 상당히 일반화되어 있다. 처음에는 고출력 고효율의 다양한 용도로 쓰일 수 있는 소형화에 초점이 맞추어져 있었으나, 최근에는 낮은 연비, 소음과 진동의 저하, 유해가스의 배출 감소에 개발의 중점을 두고 있다.

이와 같이 내연기관은 실린더와 피스톤이라는 기본적인 구성은 바뀌지 않으면서도 당시 사회적 요구에 맞춰 진화해 가는 인류의 대표적인 동력원이 되었다.

전자기학의 기본 방정식 성립

_____ 맥스웰 | 1864년

전자기학을 4개의 방정식으로 완벽하게 표현한 맥스웰(James Clerk Maxwell, 1831~79)은 천재적인 수학자였다. 그는 패러데이가 했던 실험활동에 관심을 두고 상세하게 분석을 해 뉴턴의 미적분법을 적용하여 전기와 자기 사이의 연관성을 수학적으로 나타내었다. 이 방정식들은 전기와 자기의 힘을 전자기력 하나로 표현한다. 전자기현상의 모든 면을 통일적으로 기술한 이 식들은 아인슈타인의 특수상대성원리가 나오게 하는 배경을 제공하기도 했다.

과학의 역사를 움직이는 과학자들은 저 먼 그리스의 피타고라스와 플라톤으로부터 유래하는 변함없는 한 가지를 끊임없이 추구하고 있다는 느낌을 받는데, 그것은 수학적 조화와 간결성을 가진 아름다움이다. 맥스웰의 방정식 또한 많은 과학자들로부터 그 수학적 아름다움으로 칭송받는다.

또한 그는 이 식들의 관계 속에서 자기장의 변화와, 전기장의 변화가 파동을 만들어낸다는 사실을 발견하고, 이때 발생하는 파를 전자기파라고 이름붙인 후 속력까지 계산했는데, 그 크기가 빛의 속도와 같았다. 이것은 놀라운 일이었고, 이 사실은 빛이 전자기파라는 결론까지 이끌어낸다. 따라서 그의 가장 큰 업적은 광학이 전자기학의 한 분야라는 것을 밝힌 것이다.

그는 자신이 만
든 전자기 방정식
들을 논문「전자기
장의 동역학 이론」
(1864)에 처음으로
선을 보였다. 1865
에는 자신이 몸담

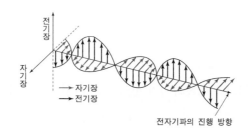

고 있던 런던 킹스 칼리지 교수직을 사임하고 시골로 내려가, 모든
시간과 노력을 투자해 전자기 현상을 수학적인 형태로 표현하고자
한다. 결국 그는 명저『전자기학』(1873)으로 이를 완성한다.

맥스웰의 방정식이 전자기학에서 차지하는 위치는 뉴턴의 운동
방정식이 역학에서 차지하는 위치에 비견할 만하다. 그러나 뉴턴의
운동방정식은 관성계의 상대속도가 광속도에 접근하는 경우 수정이
필요했고, 이것은 아인슈타인에 의해 이루어졌다. 반면 맥스웰 방정
식은 특수상대성이론에서도 어긋나지 않는 완벽함을 자랑한다.

과학자들이 빛에 대한 지식을 발견해가는 과정은 어떤 이론이
체계화되어 학문으로 발달해 가는 전형적인 모습을 보여준다. 빛에
관해 역사적으로 반복되는 상반된 두 주장은 입자설과 파동설이다.

맥스웰 방정식

	이 름	방 정 식	설 명
I	전기의 Gauss 법칙	$\oint B \cdot dA = q/\varepsilon_0$	전하와 전기장
II	자기의 Gauss 법칙	$\oint B \cdot dA = 0$	전기장
III	Faraday 유도법칙	$\oint E \cdot ds = -\dfrac{d\Phi_E}{dt}$	변화하는 자기장에 의해 생성된 전기장
IV	Ampere-Maxwell 방정식	$\oint B \cdot ds = \mu_0\varepsilon_0 \dfrac{d\Phi_E}{dt} + \mu_0 i$	변화하는 전기장이나 전류 또는 양쪽에 의해 생성된 자기장

즉 빛은 입자의 흐름이라는 주장과, 빛은 파동이라는 주장이 시대에 따라 서로 엇갈리며 나온다.

빛에 대한 본격적인 연구는 뉴턴에 의해 시작되었다. 그는 빛을 프리즘에 통과시켜 빛이 여러 가지 색의 혼합이라는 것을 밝혔고, 무지개의 신비도 같은 맥락, 즉 공기중에 떠 있는 물방울에 빛이 굴절하고 반사하여 나타난다는 사실을 알아내었다.

또한 그는 빛은 작은 입자들로 구성되었다고 주장하였다. 즉 빛은 광원으로부터 작은 입자들이 빠른 속도로 쏟아져 나와 직진, 굴절, 반사하는 것이라고 설명하였다. 빛이 파동이라면 회절이나 간섭현상이 보여야 하는데, 당시 실험으로는 이러한 현상들을 관찰할 수 없었으므로 뉴턴의 입자설은 상당히 오랫동안 과학자들에 의해 사실로 받아들여졌다.

입자설과 대조되는 이론이 파동설이다. 빛이 공간 속에서 매질을 통해 물결처럼 이동한다는 파동설은 이탈리아의 과학자 그리말디(Francesco Maria Grimaldi, 1616~63)가 처음 주장하였고, 그후 네덜란드의 과학자 호이겐스(Christian Huygens, 1629~95)가 모든 공간은 에테르라는 물질로 채워져 있고, 빛은 이 매질 속을 운동하는 파동이라 주장했다. 이러한 이론으로 호이겐스는 빛의 반사, 굴절, 복굴절 등을 효과적으로 설명할 수 있었다.

그후 영국의 영(Thomas Young, 1773~1829)이 빛의 간섭현상을, 프랑스의 물리학자 프레넬(Augustin Jean Fresnel, 1788~1827)이 빛의 회절현상을 관찰하고 설명함으로써 빛의 입자설은 힘을 잃고 파동설이 우위를 차지하게 되었다.[*]

이후 맥스웰이 등장하여 빛은 전자기파라는 것을 주장하였고, 독일의 물리학자 헤르츠(Heinrich Rudolf Hertz, 1857~94)가 실험으로

인류사를 바꾼 100대 과학사건

전자기파를 발생시켜 이 사실을 증명하였다. 이로써 빛은 파동이라는 설이 확고하게 자리잡았다.

그러나 20세기 초에 등장한 아인슈타인(Albert Einstein, 1879~1955)이 광전효과를 광양자설로 설명하게 되면서 빛의 입자성을 증명하게 되었다. 그리하여 현재는 서로 상반되어 보이는 파동·입자 모두를 빛의 속성으로 보고 있다.

* · 직진 : 빛이 곧장 나아가는 성질을 말한다. 바늘구멍 사진기의 원리이고, 태양에 의해 그림자가 생기는 이유이기도 하다.
· 반사 : 빛이 진행하다 다른 매질을 만나 그 경계면에서 오던 방향으로 다시 되돌아가는 현상이다. 거울을 보면 나의 모습을 볼 수 있는 이유이다.
· 굴절 : 빛이 성질이 다른 매질로 들어갈 때 경계면에서 진행 방향이 변하는 현상이다. 물이 담긴 컵 속에 수저를 넣으면 수저가 꺾여 보이는 이유이다.
· 회절 : 빛이 진행하다가 장애물을 만났을 때 그 주위를 돌아 뒤까지 전달되는 현상이다. 담 너머에 사람이 있으면 그 사람의 목소리는 들리고 모습은 볼 수 없는데, 그 이유가 음파는 회절이 잘 되고 빛은 회절이 잘 안되기 때문이다.
· 간섭 : 파장과 진폭이 같은 두 파가 한 점에서 만났을 때 진폭이 커지거나 작아지는 현상이다. 두 스피커를 일정한 거리만큼 떨어지게 하고 그 사이의 여러 장소에서 소리를 들어보면 소리가 강하게 들리는 지점과 약하게 들리는 지점이 생기는 원인이다. 또한 같은 광원에서 나온 두 단색광선을 다시 만나게 하면 간섭이 일어나 밝은 곳과 어두운 곳이 생기는 무늬가 나타난다. 물 위에 기름이 떠 있을 때 무지개빛이 보이는 것도 간섭 때문이다.

멘델의 유전법칙

_____ 1865년

생물은 특이한 형태와 기능적인 특징을 나타내는 유전형질
을 가지고 있다. 부모로부터 그 자손에게 특정한 형질이 전해지는 현
상을 유전(heredity)이라고 부른다. 이러한 유전현상과 유전물질(유
전자)의 기능, 형질의 변이 등을 연구하는 학문 분야를 유전학
(genetics)이라고 한다.

오늘날의 유전학은 오스트리아의 수도사였던 멘델(Gregor
Mendel, 1822~84)에 의하여 만들어진 유전에 대한 통계학적·수학
적 기초에 의해 시작되었다. 다윈이 생각하지 못한 또 다른 과학적 접
근방법으로, 생물이 환경의 변화에 적응하는 과정에서 생존에 유리
한 형질이 후손에게 어떻게 전달되는지에 대한 연구가 한 수도원의
정원에서 시작되었다.

그 이전에도 몇몇 학자들이 식물 잡종에 관한 연구를 통해 부모의
형질이 자손으로 전해진다는 사실을 알아냈지만, 그에 대한 체계적
이고 심층적인 연구는 멘델이 처음 시작하였다.

멘델은 1856년부터 8년간에 걸쳐 완두콩을 사용한 교배실험을 하
였다. 그 결과를 1865년 학회에 발표했고, 그 다음 해에 「식물 잡종에
관한 연구」(1866)라는 논문으로 출간하였다. 이 논문 중에 설명되어

있는 유전의 세 가지 기본원리가 나중에 '멘델의 유전법칙 (Mendelism)'이라고 불리게 된다.

그러나 당시 멘델의 논문은 그 가치를 인정받지 못하였다. 크게 낙담한 멘델은 자신의 실험 결과에 더 이상 확신을 가질 수 없어 연구를 중단하고 말년을 수도원장으로 살아간다.

그후 멘델의 유전법칙은 20세기가 되어서야 비로소 재평가를 받는다. 멘델이 죽은지 16년이 지난 1900년, 세 사람의 식물학자 네덜란드의 브리스(Hugo de Vries, 1848~1935), 독일의 코렌스(Carl E. Correns, 1864~1933), 오스트리아의 자이제네크(Erieh Tschermak von Seysenegg, 1871~1962) 등이 각각 독립적으로 수행한 연구를 통해서 멘델의 연구 결과가 매우 중요한 가치를 지니고 있음을 확인하게 된 것이다. 이것을 '멘델 유전법칙의 재발견'이라 하고, 이를 계기로 유전학은 빠른 속도로 발전하게 되었다.

멘델이 완두를 연구재료로 선택한 것은 완두가 주위 환경에 강하고, 성장도 빠르고, 변이들간에 차이가 분명하므로 유전현상을 관찰하기에 매우 적합했기 때문이다. 우선 2년 가까이 완두를 길러 7가지의 두드러진 특질을 지닌 순종가계를 만들었다. 그가 선택한 7가지 형질은 완두 종자의 모양과 그 껍질의 색, 줄기의 길이, 꽃이 달린 위치, 꽃잎의 색, 콩깍지의 색과 모양 등이다.

멘델의 유전법칙은 우열의 법칙, 분리의 법칙, 그리고 독립의 법칙으로 나뉜다. 순종의 부모를 교배시켰을 경우 바로 첫번째 후손인 잡종 제1대(F_1)에 나타난 형질을 우성이라 하고, 나타나지 않은 형질을 열성이라고 한다. 이때 F_1에서 우성형질만 나타나는 현상을 '우열의 법칙'이라고 한다. 즉 짝을 이루는 대립되는 유전형질 가운데 하나는 언제나 우성이고 다른 하나는 열성이라는 것이다.

또한 멘델은 어떠한 형질적 특징을 나타내는 유전인자들은 쌍을 이루고, 이들은 아버지와 어머니로부터 각기 하나씩 유전된 것이며, 생식세포가 형성될 때에는 쌍을 이루고 있는 인자들이 서로 분리된 다고 하였다. 이것을 '분리의 법칙'이라 한다. 앞의 F_1 개체의 자가수 정(같은 F_1끼리 교배시키는 것)에서 F_2를 얻을 때 우성과 열성의 대립 인자는 하나씩 나뉘어져서 양자택일로 유전된다는 것이다.

그리고 각각의 특질은 다른 특질에 대해 독립적으로 작용하는 것을 '독립의 법칙'이라 한다.

멘델의 유전법칙이 재발견된 후부터 많은 학자들에 의해 다양한 연구가 이루어졌고, 그에 따라 멘델의 업적은 제대로 이해되고 평가 받았다. 더불어 유전학은 멘델의 법칙을 기본으로 끊임없이 수정함 으로써 발전해 왔다. 그의 이론은 제한된, 혹은 선택된 형질만으로 설 명이 가능한 실험으로 이루어져 있다. 그러한 실험의 결과로부터 얻 은 멘델의 기본적인 통찰은 특정한 형질이 일정한 수로 표현할 수 있 는 규칙에 따라 자손에게 유전된다는 것이다.

오늘날 우리가 보기에는 너무나 의도적이고 단순화된 실험의 결 과이지만, 멘델의 유전법칙은 현재 고도로 발달한 유전형질의 메커 니즘에 대한 근본적인 토대가 되었다.

열역학 제2법칙과 '엔트로피'

_____ 클라우지우스 | 1865년

19세기 초 프랑스에서는 영국 산업혁명의 영향으로 열에너지를 일로, 즉 열을 역학적 에너지로 바꾸어 주는 열기관에 관심이 많았다. 열기관을 동력으로 사용하고 있는 공장의 소유주들은 적은 돈을 사용하여 많은 이익을 남기기 위해 열효율이 높은, 즉 적은 화석연료의 사용으로 많은 일을 하는 열기관을 만들고자 했다.

이에 따라 열기관을 다루는 기계공의 역할이 중요했고, 이들은 우수한 성능을 가진 열기관을 만들기 위해 노력하게 되었다. 뿐만 아니라 열기관의 기본 원리와 열의 전달과 흡수, 이에 따른 온도 변화 등을 수학적으로 표현할 필요성이 생겼다.

이에 프랑스의 물리학자이자 전문 기술자였던 카르노는 1824년 「열의 동력에 대한 논문」에서 "열기관의 최대 효율은 그 열기관을 구성하는 두 온도만의 함수가 된다"(카르노의 정리)고 발표했다.

카르노에 이어 1850년 클라우지우스(Rudolf J. E. Clausius, 1822~88)는 열과 일의 합이 보존된다는 줄의 이론으로부터, 열기관의 최대 효율이 열기관을 구성하는 고열원의 온도와 저열원의 온도에만 관계됨을 증명했다.

또한 영국의 톰슨(W. Thomson, 또는 Kelvin경, 1824~1907)도 주위로부터 방출된 열을 다시 흡수해서 일을 하는 것은 불가능하다는 것을 바탕으로 카르노의 정리를 증명했다. 예를 들면 거친 면을 운동하는 물체는 지속적인 마찰력의 작용으로 인해 언젠가는 정지하며, 가지고 있던 운동에너지는 마찰열로 방출한다. 그러나 이 물체가 운동하면서 공기중으로 방출했던 마찰열을 모두 다시 흡수할 수만 있다면 정지하지 않고 계속 운동할 수 있을 것이다. 물론 이런 일은 자연에서 일어나지 않는다.

톰슨은 이 과정에서 가정한 것을 열역학 제2법칙으로 정리하였다. 즉 열 흐름의 방향성에 대한 법칙이었다. 공중으로 퍼져버린 열이 다시 저절로 모아지는 일은 일어나지 않으며, 열은 높은 온도에서 낮은 온도로 이동하지만, 낮은 온도에서 높은 온도로 저절로 이동하지는 않는다. 그러므로 일은 100% 열로 바뀔 수 있지만, 열은 일로 100% 바뀔 수 없다는 것이다.

그러나 이런 식으로 정리된 열역학 제2법칙은 클라우지우스에게는 불완전해 보였다. 법칙이 일반적으로 가지는 보편성·규칙성도 없어 보였고, 수학적으로 표현된 것도 아니었다. 그는 더 보편적일 뿐 아니라 완전하게 정리된 수학적 표현을 찾기 위해 1850년부터 15년 동안 노력하였다.

마침내 그는 통계학적으로 정리된 엔트로피*란 개념을 불완전하

---

* 엔트로피는 무질서한 정도를 나타내는 양이다.
  엔트로피를 수학적으로 표현하면 $\Delta S = \dfrac{\Delta Q}{T}$ 이다.
  (ΔS : 엔트로피의 변화, ΔQ : 계에 출입된 열량, T : 계의 절대온도)
  볼츠만에 의해 통계역학이 도입된 후 엔트로피(S)는 $S = k \ln W$로 정의되었다.
  (k : 볼츠만 상수, W : 계를 구성하는 기체분자들의 배열가능한 수)

게나마 정립하고, 1865년 우주의 에너지는 일정하다는 것과 우주의 엔트로피는 항상 증가한다는 내용을 담은 「우주의 두 가지 기본 법칙들」이란 논문을 발표한다.

클라우지우스에 이어 볼츠만(Ludwig Boltzmann, 1844~1906)은 주어진 상태에 대한 엔트로피가 수학적 확률로 표현될 수 있음을 보여 주었다. 이러한 볼츠만의 수학적 논의를 통해 열역학 제2법칙의 통계적·확률론적 의미가 명확해질 수 있었고, 이는 물리학에서 통계역학이라는 새로운 분야를 여는 초석이 되었다.

그리고 이러한 통계역학에 따라 분자들로 이루어진 계는 어느 물리적 과정에서도 엔트로피가 증가할 것이 확실하게 설명되었다. 왜냐하면 계는 확률이 작은 쪽에서 큰 쪽으로 갈 것이고, 확률이 큰 쪽이 엔트로피가 크기 때문이다.

볼츠만은 엔트로피를 확률로 정의해 줌으로써 열역학 제2법칙을 확률법칙의 표현으로 만들어주었다. 그 결과 엔트로피는 열의 흐름만을 이야기한 한정된 정의로부터 벗어나서 모든 물리적 상태에 적용이 가능한 개념을 지니게 되었다.

줄에 의해 '무게가 없는 입자'로 열현상을 설명했던 열소이론으로부터 완전히 벗어나고, 클라우지우스와 볼츠만에 의해 열현상의 기본 개념으로서 엔트로피가 도입되어 수학적으로 정리가 됨으로써, 열에 관한 과학적 지식은 열역학으로 체계화되어 역학·전자기학과도 같이 독립적 이론을 갖춘 과학분야가 되었다.

그 바탕에는 자연철학주의의 영향과 열기관의 사용에 따른 경험적·실험적 지식의 축적, 수학적 기법의 발전이 있었다.

다이너마이트 발명

_____ 노벨 | 1866년

노벨

화약은 중국인들에 의해 수 세기 동안 이용되어 왔으며, 무기보다는 불을 붙이는 용도로 쓰였다. 아랍인들에 의해 유럽으로 전달된 화약은 알프스의 도로 닦는 곳과 같은 건설현장에서 폭파용으로, 또는 총과 대포같은 무기의 재료로 전쟁터에서 사용되었다.

그 결과 화약 사용은 중세의 전쟁 방법에 커다란 영향을 끼쳤고, 성과 기사 시대의 몰락까지 가져왔다고 한다.

19세기 중엽까지 주로 사용된 화약은 흑색화약이었다. 질산 칼륨, 황, 목탄을 일정 비율로 혼합하여 만들어진 흑색화약은 불이 잘 붙어 급격한 연소는 일어나지만 음속보다 빠르게 폭발하는 폭굉(detonation)은 일어나지 않아 위력이 약하다. 또한, 폭발시 연기가 많이 발생하여 사용하는데 어려움이 있었다.

현재의 다이너마이트의 재료가 된 니트로글리세린은 1847년 이탈리아의 과학자 소브레로(Ascanio Sobrero, 1812~96)에 의해 글리세린과 질산으로부터 얻어졌다. 작은 충격으로 쉽게 폭발하는 성질을 가진 니트로글리세린은 공사장 같은 곳에서 분쇄용 폭약으로 많이 사용되고 있었으나 올바른 사용방법을 지키지 않아 사고가 많았다.

스웨덴의 발명가이자 화학자인 노벨(Alfred Bernhard Nobel, 1833

~96)도 니트로글리세린을 이용한 폭약을 연구하다 형제를 잃었다. 그러나 그 위험성에도 불구하고 이에 대한 연구를 계속하던 노벨은 1866년 우연히 니트로글리세린이 흡수된 모래(규조토)는 뇌관을 연결해 불을 붙이지 않으면 폭발이 일어나지 않는 것을 발견하였다.

그는 이를 이용해 새로운 폭약을 발명하고 '다이너마이트'라 이름붙였다. 이후 다이너마이트는 살상의 효과적인 도구로 전쟁에 꼭 필요한 존재가 되었으나, 그보다 더 많은 양이 세계 각국의 철도 건설, 댐 건설, 광산 개발, 미국의 서부개척과 같은 곳에서 사용되었다. 결국 다이나마이트를 발명한 노벨은 그 폭발적인 수요로 인하여 유럽 최대의 부자가 되었다.

노벨은 결혼을 하지 않아 자식이 없었기 때문이었는지, 다이너마이트 때문에 목숨을 잃은 수많은 사람들에 대한 죄의식 때문이었는지 그가 평생 번 돈을 독특한 방법으로 사회에 환원시키는 유서를 남겼다. 그 결과 그의 이름은 과학사에 영원히 남게 되었다. 유서의 내용 일부는 다음과 같다.

… 유언 집행자는 유산을 안전한 유가증권으로 바꿔 투자하고, 그것으로 기금을 마련해 그 이자로 매년 그 전해에 인류를 위해서 가장 공헌한 사람에게 상금 형식으로 분배해야 한다. …

이상은 물리학상, 화학상, 생리의학상, 문학상, 평화상과 같이 5개 부문으로 정해져 1901년부터 노벨상이라는 이름으로 해마다 수여되었으며, 이 상을 받는 사람에게 대단히 큰 영예가 되었다.

대서양 횡단 해저 전신케이블

___ 1866년

19세기는 모든 나라에서 운송수단과 통신수단이 눈부시게 발달했던 시기였다. 전기를 이용한 수많은 발명품들이 쏟아져 나왔는데, 그 중에는 유럽에서 발명된 '전신기'도 포함되어 있었다. 전신기는 전선의 한쪽 끝에 전류계를 연결하고, 소식을 전하고자 하는 다른 한쪽에서는 스위치를 조작하여 전류를 흐르게 했다 끊었다를 반복하는 것이다. 그러면 상대편이 전신기의 전류계 바늘이 움직이는 것을 보고 신호를 받을 수 있었다.

미국의 모스(Samuel F. B. Morse, 1791~1872)는 전신기 발명의 소식을 전해듣자마자 기술자들에게 이 통신방법을 개선하여 실용화하는 연구를 의뢰하였고, 경제적인 지원을 하였다.

1837년 이 연구는 성공을 거두었고, 모스는 연구비를 지원하였기 때문에 이 새로운 전신 방식에 대한 특허권을 획득할 수 있었다.

모스 전신기에는 작은 누름 장치(레버)가 있어서 이를 통해 전류를 끊고 잇는 것이 보다 쉬웠다. 알파벳과 숫자를 짧은 발신음과 긴 발신음으로 바꾸어 통신할 수 있도록 '모스 부호'가 창안되었고, 이 부호를 통해 사람이 직접 문서나 말로 전달하지 않는 방식으로도 통신이 가능하게 된 것이다.

전신기는 인류 역사상 처음으로 정보를 먼곳에 정확하게, 그리고 빠르게 전달할 수 있게 하였다. 이에 전 세계는 이 새로운 정보전달 장치에 대해 열광하였고, 전신망을 설치하기 위해 엄청난 돈을 투자하게 된다. 확실하고 빠른 정보는 국력을 증대시키는데 필수적인 요인이었기 때문이다.

모스가 만든 전신기

가장 먼저 설치된 전신망은 각 국가 내의 철도망을 따라 설치한 육상 전신선이었다. 그러나 보다 먼곳을 연결하기 위해서는 바다가 문제였다. 그래서 사람들은 바다 밑에 케이블을 설치하기 시작하였고, 드디어 1850년 영국과 프랑스 사이의 도버해협을 통과하는 최초의 해저 전신케이블이 완공되었다.

그 결과 각지에서 해저 전신케이블이 부설되기 시작하였고, 마침내 1866년 유럽과 북아메리카를 연결하는 대서양 횡단 해저 전신케이블이 개통되었다. 처음으로 대륙간 직접 통신이 이루어진 것이다. 전신기에 의해 보내진 모스 부호는 단 몇 분만에 생생한 소식을 미국에서 영국으로 전했고, 다시 이 소식은 도버해협에 깔린 케이블을 통해 즉시 프랑스로 전달되어 전 유럽으로 퍼져갔다.

전신기가 자리를 잡아갈 무렵 연이어 전화와 무선전신 등의 발명으로 사람들은 뉴스(news, 새로운 소식)라는 말에 익숙해져 갔다. 그리하여 대서양을 사이에 두고 유럽과 아메리카 대륙의 정보가 공유됨으로써 세계가 좀 더 가까워지게 되었다.

콘크리트 제조

___ 모니에르 | 1867년

콘크리트는 시멘트를 물과 혼합하고 여기에 여러 크기의 골재(자갈이나 모래 등)를 섞어 만든 것으로 오늘날 튼튼한 집과 건물, 댐을 만들기 위해서 반드시 필요한 구조재이다. 고대 이집트에서는 현대의 콘크리트와 비슷하게 석회와 석고를 건축에 필요한 결합제로 사용하였다.

콘크리트의 주된 원료인 시멘트는 석회석, 백악*, 굴껍질 등에서 얻을 수 있는 석회(산화칼슘)를 가공하여 만든다. 시멘트가 발달하게 된 시기는 영국의 산업혁명이 한참 일어나고 있을 때였다.

오늘날 가장 많이 사용되고 있는 포틀랜드 시멘트는 1824년 영국의 벽돌직공인 조지프 아스프딘에 의해 발명된 것이다. 석회석과 점토의 비율을 4 대 1로 섞어 1,450℃ 정도의 고온에서 구워 식힌 뒤 다시 여기에 소량의 석고를 섞는다. 이것을 빻으면 엷은 녹색을 띠는 가루가 되는데, 이것이 바로 포틀랜드 시멘트이다.

시멘트 외에 콘크리트의 또 다른 주된 원료인 골재는 콘크리트 부

---

* 석회질 껍질을 가진 부유성 단세포 생물의 유체와 미세한 방해석의 결정으로 이루어진 암석을 말한다.

피의 70~75% 정도를 차지하며 강도에 많은 영향을 미친다. 즉 골재가 얼마나 치밀하게 채워지느냐에 따라 콘크리트의 강도와 내구성, 경제성이 결정된다.

골재는 모래와 같이 고운 것과 자갈과 같이 굵은 것 두 가지로 나뉜다. 그리고 여기에 빠질 수 없는 물은 시멘트가 단단하게 굳도록 하고, 더불어 콘크리트의 유동성을 준다. 또한 시멘트, 물, 골재 이외에 콘크리트의 성질을 개선하기 위해 다른 재료를 더 넣기도 하는데, 이를 혼화재료라고 한다.

최초의 콘크리트는 1867년 프랑스의 정원사인 모니에르(J. Monier, 1823~1906)가 만든 철근 콘크리트이다. 그는 철 그물로 보강한 콘크리트로 화분이나 둥근 통을 제작해 특허를 받았다. 그후에 독일을 중심으로 내구성과 내화성, 내진성이 한층 강화된 철근 콘크리트가 개발되어 댐이나 교량, 도로포장 등에 사용되어 왔다.

이와 같이 콘크리트는 자연에 대한 인간의 능력을 크게 확대시켜 주었다. 강의 흐름을 막아 홍수와 가뭄에 대비할 수 있게 되었고, 먼 길을 돌아가지 않도록 강 위에 긴 다리를 만들 수 있게 된 것이다. 또한 건물을 짓는데 벽돌을 하나하나 쌓는 대신 철근과 콘크리트를 사용하여 더 튼튼하면서도 노동력이 덜 필요한 조립식 건축과 고층 건물 건설을 가능하게 하였다.

주기율표 완성

_____ 멘델레예프 | 1869년

누구나 중·고등학교 화학시간에 주기율표를 외우느라 고
생했던 경험을 가지고 있을 것이다. 주기율표는 화학의 기초라고 할
정도로 사람들이 중요하게 생각한다. 주기율표에는 100여 개의 원소
들이 자기의 성질을 자기의 자리로 표현하고 있다. 어떤 원소가 어느
위치에 자리잡고 있느냐에 따라 우리는 그 원소의 원자량이 얼마나
되는지, 그 원자가 체외각 전자를 몇 개 가지고 있는지, 더 나아가 양
성자가 몇 개나 있는지, 그 원자가 이온이 될 때 전자를 몇 개 잃을 것
인지, 또는 얻을 것인지를 예측할 수 있다.

과학이 자연현상을 통일적으로 설명하고, 자연에 내재된 규칙을
발견해 나가는 과정에서 이루어진 학문이라면, 자연에 존재하는 대
부분 원소들의 성질의 규칙성을 발견하고 정리하여 단순화시킨 주기
율표야말로 과학을 가장 잘 대변하는 것 중의 하나라고 할 수 있다.

라부아지에 이후 연금술로부터 비롯된 화학이 점차 발달함에 따
라 많은 종류의 원소가 새로이 발견되어졌다. 이렇게 새로운 원소들
이 지속적으로 늘어남에 따라 화학자들은 이들을 체계화할 필요성을
느끼고, 이 원소들이 나타내는 규칙성에 주목하게 된다.

또한 1860년에 열렸던 만국화학자회의에서 이탈리아 화학자 카
니차로는 아보가드로의 분자설을 기반으로 원자량을 구하는 방법을

제안하였다. 그리하여 비로소 과학자들은 정확한 원자량을 구할 수 있게 되었고, 그 결과 원소들을 체계적으로 정리할 수 있는 기초가 마련되었다.

멘델레예프

프랑스의 지질학자 샹쿠르투아(Alexandre Chancourtois, 1820~86)는 1862년 16등분한 원기둥의 표면에 원자량 순으로 원소들을 배열하면 비슷한 성질을 가진 원소가 같은 선 위에 온다는 것을 발견하여 '땅의 나선'이라는 설로 원소의 주기율을 발표하였다.

1863년에 영국의 화학자 뉴랜즈(John Alexander Reina Newlands, 1837~98)는 원소들을 질량 순서로 배열하면 8이란 숫자와 관련있게 주기적으로 원소의 성질이 변한다는 것을 발견하였다. 여기에 음악의 음계이론을 도입하여 원소들의 주기율성을 '옥타브의 법칙'으로 발표하였다.

독일 화학자 마이어(Julius Lothar Meyer, 1830~95)는 1864년 원자의 부피에 따른 주기성으로 원소의 화학적·물리적 성질의 주기성을 나타낼 수 있다는 것을 발견하여 1869년 상세히 발표한다.

그러나 원소의 주기율 체계를 확립했다고 인정받는 사람은 러시아 과학자 멘델레예프(Dmitri Mendeleev, 1834~1907)이다. 그는 보다 합리적으로 원소의 주기성을 표현하는 주기율표를 만들었을 뿐아니라, 발견되지 않은 원소의 존재까지 예측하였다.

멘델레예프는 당시까지 알려진 63가지의 원소들을 원자량 순으로 배열한 후 원자의 이온가를 생각해보고 규칙성을 따져 보았다. 그는 또한 같은 원자가를 가진 원소들은 화학적 성질이 비슷하고, 원자량의 증가에 따라 주기성을 갖는다는 것을 발견하였다.

이러한 성질을 기반으로 멘델레예프는 대단히 합리적인 주기율

족＼주기	1	2	3	4	5	6	7	8	9	10	11	12	13	14	15	16	17	18
1	1 H																	2 He
2	3 Li	4 Be											5 B	6 C	7 N	8 O	9 F	10 Ne
3	11 Na	12 Mg											13 Al	14 Si	15 P	16 S	17 Cl	18 Ar
4	19 K	20 Ca	21 Sc	22 Ti	23 V	24 Cr	25 Mn	26 Fe	27 Co	28 Ni	29 Cu	30 Zn	31 Ga	32 Ge	33 As	34 Se	35 Br	36 Kr
5	37 Rb	38 Sr	39 Y	40 Zr	41 Nb	42 Mo	43 Tc	44 Ru	45 Rh	46 Pd	47 Ag	48 Cd	49 In	50 Sn	51 Sb	52 Te	53 I	54 Xe
6	55 Cs	56 Ba	57 La*	72 Hf	73 Ta	74 W	75 Re	76 Os	77 Ir	78 Pt	79 Au	80 Hg	81 Tl	82 Pb	83 Bi	84 Po	85 At	86 Rn
7	87 Fr	88 Ra	89 Ac**	104 Rf	105 Db	106 Sg	107 Bh	108 Hs	109 Mt	110 Ds	111 Rg	112 Uub	113 Uut	114 Uuq	115 Uup	116 Uuh	117 Uus	118 Uuo

*란탄족	58 Ce	59 Pr	60 Nd	61 Pm	62 Sm	63 Eu	64 Gd	65 Tb	66 Dy	67 Ho	68 Er	69 Tm	70 Yb	71 Lu
**악티늄족	90 Th	91 Pa	92 U	93 Np	94 Pu	95 Am	96 Cm	97 Bk	98 Cf	99 Es	100 Fm	101 Md	102 No	103 Lr

1	원자번호
H	원소기호

원소의 주기율표

표를 만들어 1869년 러시아 화학회 잡지에 발표했으나 사람들의 신뢰를 받지 못했다. 그러나 그후 멘델레예프에 의해 예측되었으나 그 때까지 발견되지 않아서 주기율표에는 빈자리로 있었던 원소들이 발견됨에 따라 그의 주기율표는 점차로 과학자들의 인정을 받게 되었다.

20세기가 되어 양자역학이 발달하여 원자 내부의 세계가 밝혀지면서 원자 구조를 정확하게 기술하기에 이르렀다. 1913년 모즐리(Henry Moseley, 1887~1915)는 에너지 준위가 높은 전자가 바닥 상태에 떨어지면서 방출하는 X선을 상세히 조사함으로써 원자 내부의 전자의 숫자를 알아낼 수 있었다.

또한 그는 '모즐리의 법칙', 즉 높은 에너지 준위의 전자가 바닥 상태에 떨어질 때 방출하는 파장은 원자번호의 제곱에 반비례한다는 사실을 발견하여 원자번호를 결정하였다. 그리하여 현대와 같은 주기율표의 모습이 갖추어지게 된 것이다.

전화의 발명

___ 벨 | 1876년

19세기 중반, 전신기의 발명이 이루어지고 영국과 프랑스 사이의 도버해협에 해저전선이 부설되자, 새로운 첨단 기술인 전기통신에 대한 사람들의 관심과 기대가 커져갔다. 이와 같은 분위기 속에서 독일의 한 교사가 전화 발명에 심혈을 기울이고 있었다. 그는 라이스(Johann P. Reis, 1834~74)로, 소리는 공기의 진동에 의해 전달되므로, 공기의 진동을 전류의 강약으로 바꾸면 음성을 전류에 실어보낼 수 있을 것이라고 생각하였다.

이렇게 하여 전화는 1861년 처음 발명되었다. 그가 만든 전화기는 다소 우스꽝스러운 모양이었다. 그는 코르크 나무를 깎아 귀 모양으로 만들고, 이 귓구멍에 돼지 방광막을 붙여 백금 조각이 달린 용수철에 연결했다. 방광막의 진동이 용수철에 흐르는 전류의 강약으로 바뀌는 장치를 만든 것이다.

그리고 이 전류가 흘러가는 끝에 바늘을 도선으로 감아 만든 전자석을 바이올린 몸체에 달아 바이올린이 수화기 역할을 하게 했다. 이 실험은 성공하였고, 라이스는 소리를 멀리 보낸다는 뜻에서 이 장치를 '텔레폰(telephon)'이라고 불렀다. 그러나 그의 발명품은 사람들로부터 외면을 당했고 진정한 평가를 받지 못하였다.

오늘날 우리가 사용하는 실용적인 전화는 1876년 미국의 농아학

벨의 전화기

교 교사였던 벨(Alexander G. Bell, 1847~1922)에 의해 만들어졌다. 아버지가 화술교육가였기 때문인지 음향학 연구에 뜻이 있었던 그는 보스턴 대학의 음성생리학 교수가 되면서 전화를 만드는 노력을 구체적으로 하게 된다.

그는 소리 즉 음파를 전기신호로 바꾸어 도선에 흐르게 하고, 이를 다시 소리로 재생하면 서로 멀리 떨어져 있는 사람들끼리 통화가 가능할 것이라고 생각했다.

그리하여 얇은 철판과 전자석을 연결하고 이 철판에 소리를 내면, 그 때 생기는 진동에 따라 전자기 유도가 일어나 전류가 흐르도록 하여 음파를 전기적 신호로 바꾸는 것을 성공시킨다. 그리하여 어느 날 벨은 옆방에 있던 조수에게 전화를 통하여 "왓슨, 이리오게! 자네가 필요하네"(Mr. Watson, Come here! I want you)라는 유명한 말을 최초로 하게 된 것이다.

거의 같은 시기에 그레이(Elisha Gray, 1835~1901)도 전화를 발명하였는데, 우연히 벨과 그레이는 특허청에 특허를 내기 위해 간 날도 같았다. 그러나 특허권은 두 시간 빨리 도착한 벨에게로 돌아갔다. 벨은 1876년에 있었던 미국 독립 100주년 만국박람회에 전화기를 출품하였고, 사람들의 대단한 관심을 끌었다. 그는 이 발명을 토대로 1877년 벨 전화회사를 설립한다.

한편 그레이는 자신의 발명품을 레스턴 유니온사에 팔았고, 이 회사는 에디슨이 발명한 송화기까지 끌어들여 벨 전화회사와 경쟁을

인류사를 바꾼 100대 과학사건

한다. 당시 벨의 전화기는 소리가 너무 작게 들렸기 때문에 이를 보완하기 위해 송화기에 나팔이 달려 있었다.

에디슨은 이것을 개선하기 위해 나팔 대신에 송화기 속에 탄소가루를 채워 소리의 진동을 전기적 신호로 바꾸는 장치를 만들었다. 미세한 소리에 의한 진동이라도 통 안의 탄소가루가 진동하면서 전류의 세기가 크게 변화하도록 한 것이다. 그리고 이 변화된 전류는 수화기에 도착하여 전류의 변화에 따라 전자석에 붙여진 진동판을 진동시켜 소리를 재생하도록 했다.

이렇게 에디슨이 개발한 송화기는 벨의 수화기와 함께 현대식 전화기의 기본이 되었다. 1879년 벨 전화회사와 유니온사는 모종의 협약을 체결했고, 그 결과 전화사업은 독점적으로 벨에게 넘어와 엄청난 속도로 발전하게 되었다.

1876년 전화선이 보스톤과 케임브리지간에 처음 설치되었고, 1915년에는 미국 대륙을 횡단하여 뉴욕에서 샌프란시스코까지 개통되었다. 아울러 전화를 사용하는 사람들이 점차 늘어나면서, 전화는 곳곳을 거미줄처럼 연결시켰고, 오늘날까지 전자·통신기술의 발달과 함께 끊임없이 변화하면서 발전해오고 있다.

한편 우리나라에는 1882년 중국 유학생에 의해 처음 전화기가 들어왔고, 1898년 궁중 전용전화로 9대가 대한제국 궁내에 설치되어 사용되기 시작하였다.

세균병인론

____ 파스퇴르 | 1878년

방부학, 방부외과학, 세균학, 면역학, 전염병학, 공중보건, 면
역계획 등의 다양한 현대의학들은 파스퇴르(Louis Pasteur, 1822~95)
와 함께 시작된다. 불과 150년 전만 하더라도 사람들은 병의 정확한
원인에 대해서 잘 모르고 있었다. 그러다가 파스퇴르에 의해 처음으
로 공기 중에 떠 다니는 미생물들 중의 일부가 병을 일으킨다는 사실
이 밝혀졌다. 그리고 그에 의해서 이러한 미생물들에 대한 본격적인
연구가 시작되었다.

동부 프랑스 쥐라현에서 태어난 파스퇴르는 파리의 에콜 노르말*
에서 물리와 화학을 배운 후, 초기에는 분자구조의 배열이 어떻게 화
합물의 성질에 영향을 주는지를 다루는 입체화학의 기초 연구를 시작
한다. 그러다 1856년에 양조업자들로부터 자신들이 만든 포도주가
왜 쉽게 부패하는지에 대한 이유를 알아달라는 요청을 받고 발효에
관심을 갖게 된다.

연구 결과 그는 당시 단순한 화학과정으로만 알려져 있던 발효가

＊　프랑스의 교원양성기관인 고등사범학교이다. 입학시험이 매우 어려우며, 재
학생은 공무원으로서의 대우와 함께 지적인 명성을 얻는다. H. L. 베르그송,
J. P. 샤르트르, R. 롤랑 등 유명한 프랑스의 지성들을 배출하였다.

실제로는 살아있는 작은 미생물에 의한 작용이라는 것을 밝힌다. 이 결과를 그는 1857년 「젖산 발효에 관한 보고」라는 논문을 통해 발표했고, 이 논문은 미생물학을 탄생시킨 계기가 되었다. 파스퇴르는 균류와 같이 산소가 없이도 자라는 혐기성 생물을 발견하여 사람들이 수백 년간 맥주와 포도주를 만드는 데 이용해온 방법을 과학적으로 설명하였다.

파스퇴르

파스퇴르의 이러한 발효에 대한 연구는 당시의 학자들이 받아들인 '자연발생설'에 관한 문제를 근본적으로 제기하였다. 고대로부터 주장되었던 자연발생설이란, 생물은 자연적으로 우연히 무생물로부터 발생한다는 설이다. 예를 들어 오물을 그냥 놔두면 거기서 저절로 파리가 나온다고 믿었다.

이에 대해 파스퇴르는 공기 중에 미생물인 생명체가 있어 이 생명체의 포자가 오물로 들어갔기 때문이고, 따라서 이 경로를 차단하면 파리가 생기지 않는다고 주장하고 실험으로 증명하였다. 1861년 백조 목 모양의 플라스크를 고안하여, 살균처리한 물질을 넣고 외부 공기와 차단시키면 부패되지 않는다는 것을 보였던 것이다. 즉 생명은 오직 생명에 의해서만 나온다는 것을 실험을 통하여 보임으로써 자연발생설을 완전히 부정하였고, 너무 작아 눈에 보이지 않는 생명체를 연구하는 미생물학의 기술적·이론적 기반을 마련하였다.

또한 1865년에는 프랑스의 포도주 산업에 엄청난 도움이 되었던, 오늘날까지도 다양하게 활용되고 있는 '저온살균법'을 만들어 냈다. 저온살균법이란 포도주가 발효하는 과정에서 증식되는 효모 세포 중 포도주의 맛을 시게 만드는 세포만을 없애기 위해 개발된 방법으로, 포도주를 50~60℃로 가열하는 살균법을 말한다. 일명

'파스퇴르 살균법'이라고도 하며, 맥주나 유제품 등 다양한 식품에 적용되고 있다.

이후 파스퇴르는 질병에 관한 연구에 몰입하였다. 앞서 1857년에 발표한 젖산에 관한 논문이 '발효의 세균설'이라면, 1878년에 발표한 논문「미생물설과 그 의학 및 외과학에서의 응용」은 '질병의 세균설'이라고 할 수 있다. 이 논문은 질병에 관한 연구와 치료를 하면서 얻은 임상실험 등을 그 바탕으로 하고 있다. 또한 이 연구는 영국의 외과의사였던 리스터에게 영향을 주어 페놀 방부법을 고안하게 했다.

1880년에는 닭콜레라를 일으키는 미생물을 분리한 뒤 백신 개발을 시도하였다. 우연히 짧은 휴가 동안 방치되어 약해진 닭콜레라균을 닭에게 주사했더니 닭이 콜레라에 걸리지 않았을 뿐더러 닭에게 면역이 생긴다는 사실을 알아냈다. 이를 바탕으로 그는 양이나 소와 같은 가축에서 생겨난 탄저병에 관한 백신도 만들었고, 많은 사람들 앞에서 행해진 공개실험을 통해 증명해 보였다. 즉 백신을 주사한 양과 주사하지 않은 양에게 탄저균을 주입하여, 백신을 맞지 않은 양들은 거의 죽어가고, 백신을 맞은 양들은 한 마리도 죽지 않은 것을 사람들에게 보인 것이다. 또 그는 광견병 백신도 만들어 프랑스에서뿐만 아니라 전세계 사람들이 그를 만나기 위해 파리로 몰려들게 하는 영웅이 되었다.

파스퇴르의 이러한 연구 결과는 이후 1940년대 화학요법이 자리잡을 때까지 면역요법으로서 의학의 흐름을 지배했다. 화학요법이 자리잡을 때까지 전염성 질병을 이기는 무기는 면역학이었고, 환자의 체내에 침투한 세균을 물리칠 수 있는 유일한 방법은 항체를 가진 살아 있는 동물의 몸에서 뽑아낸 혈청을 이용한 치료였다.

파스퇴르에 의해 증명된, 세균이 병을 일으킨다는 '세균병인론(細菌病因論)'은 인간이 질병을 극복하고자 노력한 의학의 역사에서 대단한 발견이었다. 감염성 질병의 원인이 세균이라는 것을 밝힌 그의 성공적인 연구결과는 멸균 외과학뿐만 아니라 공중보건과 위생학 분야를 중요시하게 했다. 그는 물 속에 세균이 존재함을 보여줌으로써 좋은 물이 공중 보건의 기초가 된다는 생각을 하게 했다.

또한 그는 전염병의 본질과 모습을 처음으로 알아냄으로써 그 발생을 예방할 수 있게 했다. 즉 전염병은 미생물에 의해서 발생하고, 개체에서 개체로 퍼지며, 전염의 경로는 신체의 접촉, 침, 또는 오염된 배설물 등이라는 지식을 통해 전염의 경로를 차단할 수 있는 방법을 찾을 수 있었다.

그는 의사는 아니었지만 누구보다도 많은 사람을 질병과 죽음에서 구했다. 이러한 업적을 기념하기 위해 파스퇴르 연구소가 만들어졌다. 그는 이 연구소의 지하에 묻혀 있다.

그에게 처음으로 광견병 백신을 맞고 광견병*을 치료받아 살아난 소년이 성인이 되어 이 연구소의 지하에서 평생을 묘지기로 살다가 2차 세계대전이 일어나 독일군에게 파스퇴르의 묘를 빼앗겨야 하는 상황이 되자 자살했다는 이야기는, 그가 당시 사람들에게 어떤 영향을 끼쳤는지 짐작할 수 있게 한다.

---

*   광견병은 균의 잠복기가 아주 길어 개에게 물린 후에 백신을 투여해도 효과
     가 있다고 한다.

대형 발전기의 등장

_____ 에디슨 | 1882년

에디슨

덴마크의 과학자 외르스테드는 1820년 전류가 자기장을 발생
시킨다는 것을 발견하였다. 그는 도선에 전류가 흐르면 도선 둘레에
자기력이 작용하는 공간을 만든다는 사실을 실험을 통해 증명하였
다. 즉 도선에 전류가 흐르자 도선 근처에 있던 나침반의 바늘에 힘이
작용하여 자침이 지구 자기장과 다른 방향을 가리키게 되는 것을 보
여준 것이다.

외르스테드가 이 사실을 발표하자 많은 과학자들이 관심을 나타
내었고, 이 중에는 영국의 패러데이가 있었다. 패러데이는 전류가
자기장을 만든다면 전류가 흐르는 도선과 자석을 가까이 하는 것은,
자석과 자석을 가까이 하는 것과 비슷한 효과를 나타낼 것이라 생각
했다.

실제로 실험을 해보니 자석 가까이 놓인, 전류가 흐르는 도선은
힘을 받았다. 패러데이는 전류가 흐르는 도선을 자기장 속에서 힘을
받게 해 연속적인 회전으로 변화시키려는 실험을 하였고, 이것이 전
기에너지를 기계의 운동에너지로 바꿔주는 전동기의 발명으로 이어
지게 되었다.

또한 패러데이는 움직이는 전하, 즉 전류가 자기장을 만들어내는
것의 역현상을 이용하여 자기력선 속의 시간적 변화가 전류를 만들

어낼 수 있지 않을까 하는 생각을 하게 되어 1831년 전자기유도현상을 발견해낸다. 즉 도선을 둥근 원통에 감은 코일을 만들어, 이 코일과 자석에 상대적인 운동을 시켰을 때 코일에 전류가 흐르는 현상을 발견한 것이다. 이러한 현상을 전자기유도라 부르며, 발전기의 원리가 된다.

이와 같이 패러데이는 오늘날 사용하고 있는 전동기와 발전기의 원리를 정립하고 증명하였다. 그러나 이 원리들이 바로 실생활에 응용되어 기계들로 만들어지지는 않았다. 이후 이를 실용화시키기 위한 노력은 미국의 물리학자인 헨리(Joseph Henry, 1797~1878)를 비롯한 많은 과학자와 발명가들에 의해 이루어졌다.

전동기는 전기 공급원이 직류이냐 교류이냐에 따라 직류전동기와 교류전동기로 나누어진다. 직류 전원이 교류 전원보다 먼저 사용되고 연구되었기 때문에 직류전동기는 교류전동기보다 앞서 실용화되었다.

1873년 벨기에의 전기학자 그람(Z. T. Gramme, 1826~1901)에 의해 상업성 있는 교류전동기가 비로소 발명되었다. 그람은 자신이 발명한 그람 발전기 두 대를 빈 박람회에 출품하여 전시하면서, 하나의 발전기를 회전시켰는데 다른 하나의 발전기가 회전하고 있음을 알게 되었다. 배선이 잘못되어 한쪽의 발전기에서 생긴 전류가 다른 쪽 발전기에 흐르도록 연결시켜 놓았던 것이다. 즉 한쪽 발전기에서 생긴 전기에너지가 다른 쪽 발전기에서는 운동에너지로 바뀐 것이다. 결국 그람이 우연히 발견하게 된 것은, 발전기는 동시에 전동기라는 사실이었다.

발전기가 동시에 전동기라는 사실이 발견된 후부터 발전기는 전기를 만들기 위해서 더욱 개량되고 대형화되어 갔을 뿐 아니라, 그 동안 알면서도 제대로 사용하지 못했던 전동기를 가정이나 공장에서 충분히 활용할 수 있는 길을 틔우게 되었다.

또한 1888년 전기기사인 테슬라에 의해 최초의 교류유도전동기가 개발되었다. 교류전동기는 구조가 간단하고 효율적이며, 비용이 적게 들고 튼튼하여 널리 사용되었다. 그리하여 공장의 동력원으로 전동기가 1890년대 이후에 본격적으로 사용되기 시작하였다. 이는 직류용만으로 이루어져 그 크기가 작고 용도가 한정되어 있던 것에서 교류발전기를 역으로 이용한 교류전동기가 개발되면서 가능해진 것이다.

이와 같이 발전기와 전동기는 동전의 양면과도 같기 때문에 함께 발전해 나아갔다. 이로써 증기기관에 의한 동력은 퇴보하게 되었고, 오늘까지 이어온 전기동력시대가 시작되었다.

한편, 전기를 보다 많이 사용하게 되면서 전력공급문제가 대두될 때, 대립되는 두 가지 입장이 있었다. 즉 실용적인 전등을 발명하여 우리를 밤의 어두움에서 해방시킨 에디슨은 직류 전원이 더 유용하다는 주장을 하였다. 반면에 웨스팅하우스 전기회사의 창립자인 웨스팅하우스(George Westinghouse, 1846~1914)는 교류 전원을 내세웠다. 직류의 경우는 작은 전동기로 사용할 수 있어 편리하다는 이점이 있으나, 전력 수송에 있어서 경제적이지 못하기 때문에 교류가 더 낫다는 것이다.

결국 이 논쟁은 교류전압을 간단히 증대시킬 수 있는 교류변압기가 발명되고, 동력용으로 효율이 높은 유도전동기가 발명되면서 웨스팅하우스의 주장이 받아들여지는 것으로 마무리되었다.

전기동력시대가 시작되면서 보편적으로 널리 보급되기 시작한 전동기는 이전까지의 동력기와는 달리 연기나 가스가 생기는 연료가 없이도 전기만 연결하면 되기 때문에 상당히 편리하였다.

또한 다량의 전기를 만들기 위해 1882년 에디슨이 화력발전소를 세우면서 처음 등장하게 된 대형발전기는 가스·석유뿐만이 아니라 수력, 풍력, 조력, 원자력 등을 통해 가동시킬 수 있다는 점에서 이전의 증기기관보다 훨씬 유용했다.

이렇게 만들어진 전기에너지는 기계에너지뿐만 아니라 열, 빛, 전파, 통신 등에도 자유롭게 사용할 수 있는 폭넓은 활용성을 가지고 있다. 또한 전선만 연결하면 어디서든 사용할 수 있어 입지조건에 큰 구애를 받지 않기 때문에 모든 산업의 원동력이 될 수 있었다.

자동차의 발명

_____ 다임러 · 벤츠 | 1885년

수송기관에 증기를 이용하려고 한 생각은 이미 17세기 때부터 있었다. 최초로 시도된 것은 증기기관을 마차에 연결시키는 것이었다. 1769년 프랑스의 퀴노(Nicolas Joseph Cugnot, 1725~1804)가 자동차 역사상 최초로 증기차를 만들었다. 그는 당시 관심을 보이던 육군 장교들 앞에서 실험을 하였는데, 뜻대로 조종이 안되어 엉뚱한 방향으로 나아가다가 요란스러운 소리와 함께 망가져 버렸다. 또한 구경하던 사람들도 부상을 입었다. 결국 증기차는 한동안 개량하는 것 자체가 금지되었기 때문에 실용화되지 못하였다.

1784년 스코틀랜드의 머독(William Murdock, 1754~1839)도 증기차를 설계, 제작하여 실험에 성공하였으나, 당시 제임스 와트의 조수로 있었기 때문에 독자적으로 증기차에 대한 개발에 힘을 쏟을 수 없었다.

19세기 초에 도로 위를 달리는 증기기관차가 만들어졌으나, 트레비딕과 스티븐슨(George Stephenson, 1781~1848) 등이 철도 위를 달리는 증기기관차, 즉 '기차'로 발전시킴으로써 철도운송이 더욱 빨라지고 대규모 수송이 가능해지자 사람들의 관심과 투자는 철도 쪽으로 쏠리게 되었다.

이에 자동차는 일부 애호가나 부유한 사람들의 사치품 정도로만 생각되었다.

자동차가 일반화되어 사
용되기 시작한 것은 20세기에
이르러서였다. 만약 철도가
없었더라면 내연기관을 동력
원으로 사용하는 새로운 운송
수단이 훨씬 일찍 개발되었을
것이다.

다임러가 제작한 자동차

20세기 들어 생산된 자동차는 전기자동차, 증기자동차, 그리고 가
솔린 자동차 등 세 가지 종류였다.

전기자동차는 1894년에 최초로 상업용으로 제작되었다. 소음과
냄새가 없었고, 출발과 운전이 매우 쉬웠기 때문에 다른 자동차들보
다 안락하고 깨끗하였다. 그러나 속도가 느리고, 주기적으로 전기를
충전해야 하는 배터리 때문에 운행거리에 한계점을 가지고 있었다.
따라서 전기자동차는 일종의 고급품으로 부자들만이 이용하였다.

증기자동차는 18세기에 가장 먼저 만들어졌으나 실용화되어 대
중으로부터 사랑받기 시작한 것은 20세기가 다 되어서였다. 증기자
동차는 다소 시끄러웠으나 강력한 엔진으로 모든 도로에서 어려움없
이 운전이 가능했고, 구입가격과 유지비가 전기자동차에 비해 상대
적으로 저렴하였다.

이런 점 때문에 증기자동차는 전기자동차와의 경쟁에서는 훨씬
유리하였으나 뒤늦게 개발된 가솔린 자동차와의 경쟁에서는 우위를
차지하기가 어려웠다. 그 이유는 증기기관에 대한 사람들의 인식이
그다지 좋지 않았기 때문이다. 증기기관은 소음과 먼지가 많이 생기

고, 보일러가 과열되면 터질지 모른다는 불안감도 느끼게 하였다. 증기자동차를 생산하는 업체조차도 증기기관에 대한 이러한 부정적 측면을 해결하지 못했다.

유능한 수완을 가진 가솔린 자동차 사업가들은 이 점을 잘 이용하여 20세기 초에 이미 증기자동차를 앞질렀다. 가솔린 엔진을 사용하는 자동차의 기술적 결함을 극복하고 이를 오늘날과 같이 일반화시킨 사람들은 독일의 다임러와 벤츠, 그리고 미국의 포드이다.

1885년 다임러(G. W. Daimler, 1834~1900)는 가솔린기관으로 2륜차를 만들어 특허를 받았으며, 같은 해에 벤츠(K. F. Benz, 1844~1929)도 독자적으로 가솔린기관을 완성하여 3륜차를 제작, 그 다음 해에 특허를 받았다. 이 두 사람은 최초로 실용적인 가솔린기관을 완성하여 기업화한 점에서 자동차의 아버지라 불리운다.

그러나 가솔린 자동차의 승리를 확실히 하고, 자동차를 일반인들이 이용할 수 있는 생활필수품으로 만든 것은 미국 자동차업계의 거인 포드(Henry Ford, 1863~1947)에 의해서였다.

포드는 1908년 '대중을 위한 자동차' 개발을 선언하고 값싼 T형 자동차를 생산하였다. T형은 가솔린 엔진을 사용하여 누구나 운전할 수 있는 단순하고 쉬운 자동차였다. 이 자동차는 미국의 일반 가정에서 '틴 리지(Tin Lizzie)'라는 애칭으로 불리며 가족의 일원처럼 사랑을 받았다.

또한 포드는 자동차를 최대한 빠르고 효율적으로 만들어내는 것이 이윤을 극대화시키는 방법임을 깨닫고 대량생산체제를 도입하였다. 엔진같은 자동차 부품을 만드는 과정에서 일정한 속도로 유지되는 자동 조립라인의 설치는 생산량을 획기적으로 늘어나게 하는 계

인류사를 바꾼 100대 과학사건

기가 되었다.

포드의 공장은 빠르고 부드럽게 돌아가는 공장기계가 되었지만, 그 결과 산업사회의 기계화된 효율성과 비인간적인 풍토를 대표하는 모델로 비판받았다.

그러나 임금은 아주 높았기 때문에 처음으로 공장 노동자가 중산층으로 진입하는 사례를 만들기도 하였다.

1920년대 후반이 되자 포드의 자동차는 세계 시장의 절반을 차지하였고, 자동차는 인간의 활동 공간을 넓혀주고 이동시간을 단축 시켜 인간의 삶의 행태를 바꾸는 결정적인 역할을 하였다.

전자기파 확인

_____ 헤르츠 | 1888년

독일의 물리학자 헤르츠(H. R. Hertz, 1857~94)는 1888
년 전자기파 발생 장치와 전자기파 검출 장치를 만들었다. 즉, 헤르츠
는 약간 떨어뜨린 두 극을 포함한 전기 진동 회로를 만들고, 유도 코
일을 이용하여 두 극에 고전압을 걸어 불꽃 방전을 발생시켜 공간으
로 전자기파가 퍼져 나가도록 하였다. 순간, 이 회로와 떨어져 있는
곳에 놓인 전자기파 검출 장치에 불꽃 방전 현상이 나타나는 것을 관
찰하였다.

또 헤르츠는 전자기파의 직진, 반사, 굴절현상도 관찰하여 전자기
파가 빛과 같은 성질을 가지고 있다는 것을 증명하였다. 이것은 맥스
웰이 전자기 방정식을 이용하여 이론적으로 예언한 전자기파의 존재
를 실험적으로 증명한 것을 의미한다.

헤르츠가 죽은 이듬해인 1895년 마르코니(Guglielmo Marconi,
1874~1937)는 헤르츠가 발생시킨 전자기파 소식을 듣는다. 그는 이
로부터 송신자와 수신자를 연결해주는 선이 없어도 전자기파를 이용
한 통신이 가능할 것이라는 생각으로 무선통신을 연구하게 된다.

전자기파가 공간을 퍼져나가는 원리는 다음과 같다. 코일과 축전
기를 연결한 회로에 교류전원을 연결하면 축전기 사이에서는 연속적

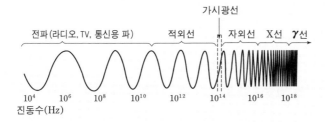

전자기파 스펙트럼

으로 변하는 전기장이 형성된다. 축전기 사이에서 시간에 따라 변화
하는 전기장은 주위의 공간에 변화하는 자기장을 만든다. 즉 변화하
는 전기장이 변화하는 자기장을 만들고, 변화하는 자기장은 다시 그
주위에 변화하는 전기장을 만든다. 이것이 연속적으로 서로를 재생
산하며 진동하여 나가면, 전자기파가 공간으로 퍼져 나가는 것이다.

이렇게 만들어진 전자기파는 낮은 진동수를 가지며 전파라고 부
르는, 주로 통신에 이용되는 파들이다. 라디오파, 텔레비전파, 레이
다 또는 전자레인지에 이용되는 마이크로파 등이 있다.

좀 더 높은 진동수의 전자기파는 보통 빛이라고 말해지는 파들이
며, 적외선, 가시광선, 자외선이다. 이러한 파들은 원자 내부의 전자
가 가진 에너지 준위가 변할 때 만들어진다. 적외선은 주로 물체를
따뜻하게 하며 가시광선은 사물을 볼 수 있게 한다. 자외선은 좀 더
진동수가 높은 파로써 피부를 태우거나 피부암을 일으키는 원인으로
알려져 있다.

이보다 진동수가 더 높은 X선도 원자 내부의 전자가 높은 에너지
준위에서 낮은 에너지 준위로 떨어지면서 발생시킬 수 있다. 그러나
이러한 방법으로 10^{20}Hz 이상인 진동수를 가진 파는 발생시킬 수 없
다. 이 이상의 진동수를 갖는 γ선은 불안정한 원자핵이 안정한 핵으
로 변할 때 나온다.

또한 대전입자가 가속될 때에도 전자기파를 얻을 수 있으므로 전하를 띤 입자의 속도를 조절할 수 있는 입자가속기로부터 넓은 영역의 전자기파를 얻을 수 있다.

이러한 인공적인 방법 외에 자연적으로 전자기파가 발생하는 경우도 많다. 구름과 구름, 혹은 구름과 대지 사이에서 방전현상이 나타날 때도 전자기파가 발생해 무선통신을 방해하기도 한다. 또한 태양 내부 또는 우주에서도 전하의 격렬한 활동에 따라 다양한 전자기파가 발생하기도 한다.

우리는 보통 공간은 비어있다고 생각하기 쉽다. 그러나 전자기파를 눈으로 볼 수 있다면 공간에 가득 찬, 우주에 가득 찬 전자기파동을 볼 수 있을 것이다.

전자기파의 종류와 이용

명 칭		이용 분야
전 파	장파(LF)	선박, 비행기의 통신
	중파(MF)	국내 라디오 방송(AM)
	단파(HF)	국외 라디오 방송
	초단파(VHF)	FM 방송, TV 방송
	마이크로파 극초단파(UHF)	UHF TV 방송
	cm 파(SHF)	레이더, 전화 중계
	mm 파(EHF)	전자레인지, 무선전화
열복사선	적외선	적외선 사진, 난방, 건조
	가시광선	광학기계
	자외선	살균, 화학작용
x 선		X선 사진, 의학 재료 검사
γ 선		비파괴 검사, 종자 개량, 살균 식품, 의료 등

인류사를 바꾼 100대 과학사건

영화의 등장

_____ 뤼미에르 형제 | 1895년

영화는 인간이 자신의 모습과 자연의 경관, 사회의 움직임 등을 기록하고 후손에게 물려주고자 하는 욕구로 인해 이루어진 것이라 할 수 있다. 이러한 욕구는 처음에는 그림으로 시작하여 사진으로, 그리고 영화로 이어졌다.

1822년 프랑스의 니에프스(Joseph Nicéphore Niépce, 1765~1833)가 빛을 받으면 검게 변하는 화학물질이 입혀진 사진제판을 만들어 세상에 최초로 사진을 선보였다. 이후 1839년 8월 프랑스 학사원에서 개최된 과학아카데미와 미술아카데미 합동회의에서 최초의 실용적인 사진술의 발표를 시작으로 현재까지 끊임없는 개발을 함으로써, 암실과 렌즈 및 필름으로 이루어진 사진기를 사용한 완전한 종이 사진이 출현하게 되었다. 사진이 발명되자 사진기는 날개돋힌 듯이 보급되었고, 미국의 코닥(Eastman Kodak)사에서 만든 사진용 필름은 이미 1870년대에 대중화가 이루어졌다.

그후 사람들은 단순히 정지된 모습이 아닌 움직이는 모습을 필름에 담아 재현하고자 노력하였다. 그리하여 결국 잔상현상(殘像現象)*을 이용하여 마치 움직이는 것같이 보이는 사진, 즉 활동사진을

* 빛의 자극이 제거된 후에도 망막에 시각작용이 잠시 남아 있는 현상을 말한다.

발명하기에 이르렀다.

이러한 이유로 영화는 처음 등장하였을 때 '움직이는 사진'이라 불리었다. 그 뒤에는 '영화(movie)'라는 호칭으로 통일되었다. 지금은 많은 나라에서 시네마(cinéma)가 영화라는 의미로 쓰이고 있고, 필름(film)은 사진 필름의 재질을 의미할 뿐만 아니라 영화를 문화적인 측면에서 뜻하는 말로 국제적으로 쓰인다.

영화가 탄생되기 위해서는 기본적으로 3가지 기술과 아이디어가 필요하다.

첫번째, 같은 위치에서 조금씩 다른 그림을 교대로 나타내어 움직이는 것처럼 보이게 하는 장치이다. 이 장치는 19세기 초부터 차례로 등장하였다. 조에트로프, 페나키스토스코프, 프락키시노스코프 등이 그것인데, 구조상으로는 단순하게 순환운동을 함으로써 움직이는 그림을 보여주는 장난감으로 보급되었다.

두번째, 사진이다. 19세기 전반에 고안된 감광유제(感光乳劑)를 사용하여 화상을 기록하는 방법은 유리건판을 대신하여 셀룰로이드제 감광필름을 사용하는 것으로 변화하였고, 보다 성능이 좋은 유제가 발명됨에 따라 화상의 감도가 높아졌다. 이것은 움직이는 피사체의 모습을 일정한 시간 간격으로 장시간 동안 기록함으로써 움직이는 화상으로 다시 재현하는 일을 가능하게 하였다.

세번째, 영사 방법이다. 이는 움직이는 화상을 스크린 위에 확대 영사함으로써 다수의 관중이 한꺼번에 그것을 감상할 수 있도록 하는 것이다.

처음으로 이러한 3가지 기술과 아이디어를 이용해 영화를 만들고 상영한 사람들이 바로 뤼미에르 형제이다. 1895년 프랑스의 사진사인 뤼미에르 형제(Louis Lumiére, 1864~1948, Auguste Lumiére, 1862~1954)는 '시네마토그래프(cinématographe)'라 불리는 최초의 영화를 선보였다. 뤼미에르 형제의 첫 영화 제목은 〈뤼미에르 공장의 출구〉이다. 이 영화는 일종의 기록영화로 길이가 17m밖에 안되고 상영시간도 1분에 불과하였다. 여기에 〈벽부수기〉, 〈기차의 도착〉, 〈거친 바다〉, 〈물 뿌리는 사람〉 등 10개 작품을 모아 1895년 12월 28일 처음으로 파리의 인도살롱이라는 곳에서 관객을 모아 1프랑의 입장료를 받고 상영하였는데, 주위의 우려와는 달리 매일 2천 프랑의 수입을 올리는 대성공을 거두었다.

미국에서는 이보다 앞선 1893년에 에디슨(Tomas Edison, 1847~1931)의 조수인 딕슨(W. K. L. Dickson)이 카메라를 개발하여 짧은 35mm 영화를 만들었다. 에디슨은 이것을 신기한 구경거리로 상품화하기 위해 자신의 축음기와 결합시키려 시도하였다.

그는 딕슨이 요지경 속에서 필름이 돌아가도록 만들어서 구멍을 통해 한 사람씩 영화를 보게 하는 핍쇼 기계, 즉 키네토스코프(kinetoscope)를 개발하도록 하였다. 에디슨은 1896년 이를 개량하여 여럿이 함께 볼 수 있는 바이터스코프(vitascope)를 만들었다.

그러나 그는 곧 영화의 상업적인 가능성을 간파하여 키네토스코프를 포기하고 극장 시사용 영화를 만드는 회사를 설립하였다. 또한 이외에도 미국에서는 팬터스코프(phantascope), 영국에서는 애니머토그래프(animatograph), 독일에서는 비오스코프(bioskop) 등 각국에서 독자적으로 제작된 '움직이는 사진'이 불과 2, 3년 사이에 잇따라 발표되었다.

그러나 나라와 제작자에 따라 명칭이 달랐던 것처럼 규격도 일정하지 않았다. 따라서 환등기 방식을 이용하여 스크린에 확대 영사하여 동시에 많은 관객이 관람할 수 있게 만들어진 것으로, 오늘날의 영화와 그 원리를 같이하는 뤼미에르 형제의 시네마토그래프가 세계 최초의 영화로 인정받고 있다.

최초의 영화들은 형식이 극히 단순한 기록물이었으나 곧 서사형식이 빠르게 도입되었다. 에디슨은 최초로 영화 스튜디오인 '블랙 마리아'를 만들어 희극적인 내용들을 찍기도 하였다. 1893년, 술취한 사내가 잠시 동안 경관과 실랑이를 벌이는 내용의 영화가 그 중 하나였다. 또한 뤼미에르 형제의 〈물뿌리는 사람〉도 의도된 상황을 담아 대중적인 호응을 받았다. 영화인들은 이 새로운 매체에 대한 대중의 관심을 지속시키기 위해 보다 복잡하고 재미있는 형식을 찾아내야만 했다.

이러한 시기에 프랑스에서 마술사로 활동하던 멜리에스(George Melies, 1861~1938)가 1896년부터 직접 영화제작에 뛰어들었다. 그는 마술을 영화에 도입하고자 스튜디오를 세우고 무대장치(set)를 만들었고, 환상적인 세계를 창조하기 위해 간단한 특수효과를 사용하였다. 이러한 트릭 영화를 만드는 가운데 이중 촬영과 페이드인(fade-in : 한 쇼트가 나타나면서 어두운 화면이 점차 밝아지는 것), 페이드아웃(fade-out : 화면이 점차 어두워지면서 한 쇼트가 사라지는 것)을 우연히 발견하였고, 촬영속도를 조절하는 방법을 개발하는 등 영화가 표현할 수 있는 폭을 넓혔다.

또한 그는 여러 가지 사건들이 모여 한 편의 이야기를 구성하는 보다 긴 서사체 형식을 발전시켰다. 그리하여 자신이 직접 시나리오를 쓰거나 오래된 이야기를 각색하여 〈신데렐라〉(1899), 〈달세계의 여행〉(1902) 등을 제작하였다.

멜리에스의 영향으로 극영화를 정리하고 발전시킨 사람은 〈대열차강도〉(1903)를 만든 포터(Edwin S. Poter, 1869~1941)이다.

또한 영화의 표현기법을 개발하고 영화언어를 발견하여 그 문법을 정립하고, 영화형식을 완성한 사람은 영화의 아버지라 불리는 미국의 그리피스(David Wark Griffith, 1875~1948)이다. 그는 에디슨의 스튜디오에서 일하던 포터를 찾아가 영화 공부를 하였으며, 〈국가의 탄생〉(1912), 〈속임수〉(1915), 〈인톨러런스〉(1916) 등 수많은 작품들을 남겼다.

영화의 등장과 발전은 다음과 같이 정리될 수 있다. 뤼미에르가 영화를 창안했고, 멜리에스에 의해 영화의 가능성이 증명되었으며, 포터에 의해 무대극 형식에서 탈피하여 극영화의 기초가 다져졌고, 그리피스에 의해 영화적인 형식이 완성되었다고 할 수 있다. 또한 뤼미에르 형제와 함께 에디슨도 영화 등장 초기에 영화를 상업적이고 대중적인 방향으로 발전시키는데 중요한 역할을 했다.

초창기 영화는 흑백 화면에, 소리를 입히지 못했다. 이것이 너무도 부자연스럽게 느껴졌으므로 레코드 연주로 소리를 붙여보기도 하였으나 역시 불완전하였다. 이러한 문제 때문에 처음 30년 동안에는 무성(無聲)영화가 표준이 되었다. 1927년 뉴욕의 워너극장에서 상연된 〈재즈싱어〉는 그때까지의 실험적인 작품과는 달리 최초의 본격적인 발성(發聲, talkie) 장편영화이다. 이 영화는 노래를 비롯하여 배우 자신이 목소리를 직접 들려준 영화로서 크게 성공을 거두었다. 이를 시초로 발성영화는 1920년대 후반부터 본격적으로 시작되었으나 1935년까지도 무성영화와 공존하였다.

완전한 발성영화의 시대는 1936년부터 펼쳐졌다. 불과 몇 년 사이에 무성영화는 자취를 감추게 되었고, 영화는 보다 연극적으로 되었으며, 더 나아가 연극 이상의 사실묘사에 치중하게 되었다.

이와 비슷한 시기에 영화의 색채화가 실용화 단계에 들어갔다. 이는 월트 디즈니의 만화영화 〈숲의 아침〉(1932) 등의 단편에서 먼저 시작되어 극영화에도 점차 도입되기 시작하였다. 그러나 초기에는 기술과 능률상의 한계로 인해 보급은 일부 미국영화에만 한정되었다. 그 뒤 이스트맨 코닥사에서 개발한 컬러 네거티브 필름을 사용한 촬영기술이 급속히 보급됨에 따라 1950년대부터 영화의 컬러화는 본격화되어 오늘에 이르고 있다.

우리나라에 영화가 처음으로 소개된 때는 1903년 6월 「황성신문」에 영화상영이 알려진 즈음이다. 그러나 일본은 이미 1896년에 새로운 문화매체로서 영화를 받아들였고, 왕래가 잦았던 이들에 의해 이 시기에 우리나라에도 영화가 소개되었을 것이라는 다른 견해도 있다. 당시 외국인들은 서양 문물을 우리에게 소개하고 판매하기 위해 갖가지 수단을 동원하였는데, 영화도 그중 하나였다. 다시 말해 영화는 새로운 문화매체의 필요성으로 우리 스스로에 의해 들여온 것이 아니라 외국인들이 상업적 목적을 위해 상영하기 시작한 것이다.

이렇게 우리나라에 들어왔던 영화는 단지 외국 문물 중의 하나로 여겨지다가, 20년이라는 긴 시간이 지난 후에 비로소 국내에서 제작이 시작되었다. 우리나라에서 처음 제작된 영화는 완전한 형태를 갖추지 못하였고, 연극이 공연되는 중간에 연극무대에서는 실제로 할 수 없는 장면들을 영화로 찍어 막간에 상영함으로써 연극의 줄거리를 잇게 하는 '연쇄극(連鎖劇)'의 형태를 취하였다.

1919년 10월 27일 단성사에서 첫 연쇄극인 〈의리적 구투(仇鬪)〉가 상영되었다. 나중에 이 날을 우리나라 영화의 시발점으로 기념하여 '영화의 날'로 제정하였다.

반일 사상을 회석시키기 위한 일본인들의 정책으로 〈국장실사〉〈조선사정〉등의 영화가 본격적으로 만들어지기 시작하였으며, 일반 대중들

인류사를 바꾼 100대 과학사건

을 계몽하기 위한 영화들도 제작되었다. 한국 극영화의 효시라 일컬어지는 〈월하의 맹세〉(1923)도 저축을 장려하기 위해 조선총독부 체신국에서 제작한 계몽 영화의 하나였다. 일본의 지배하에 있었던 상황이었음에도 불구하고, 조선황실의 관비유학생으로 와세다 대학에 유학하였던 윤백남(1888~1954), 항일 독립투사였던 나운규(1902~37), 김구의 임시 정부를 위해 활동하기도 했던 이경손(1905~78) 등의 선구자적인 영화 활동으로 우리 나라 영화가 지속적으로 발전할 수 있는 틀이 만들어졌다.

우리 영화는 일제, 해방, 그리고 6·25전쟁 등을 거치면서 숱한 어려움으로 인해 기술적으로는 많은 발전을 이루지 못했다. 그러나 1955~62년 기간 우리 영화계에서 일었던 엄청난 제작의욕과 다양해진 소재 등은 영화제작에 있어서 새로운 시도를 가져오게 하였고, 이것이 바로 우리 영화가 비약적으로 발전하는 계기가 되었다. 이강천의 〈피아골〉(1955), 유현목의 〈오발탄〉(1960), 신상옥의 〈사랑방 손님과 어머니〉(1961) 등의 영화들이 이때에 제작된 것이다.

군사정권은 1962년 한국 최초로 영화법을 만들었는데, 국산영화의 보호와 육성이라는 그 본래 의도나 목적과는 달리 제도적으로 영화내용과 소재 등을 제한하는 합법적인 장치가 되었다. 이 법은 영화인들의 자유로운 창작활동에 결정적인 걸림돌로 작용하기도 했다.

현대는 문화의 시대라고도 한다. 문화를 대표하는 것이 여러 가지가 있지만, 빼놓을 수 없는 것이 영화이다. 우리는 영화 속에서 다양한 모습의 삶을 사는 인간들을 만나기도 하고, 문화속 이야기가 여러 영화 표현기법들과 접하면서 만들어진 화면에 감동하기도 한다. 무엇보다도 영화는 그 시대 사람들이 꿈꾸는 최고 수준의 이상, 가장 기발한 상상력을 반영하는 예술적 형상물을 대표한다.

X선 발견

_____ 뢴트겐 | 1895년

19세기 중반 이후부터 독일을 중심으로 진공도를 증대시키는 기술과 고전압을 만드는 기술이 발달하면서, 진공방전 현상에 대한 연구가 다양하고 활발하게 이루어지고 있었다. 방전이란 넓은 의미로 대전체가 전하를 잃는 현상을 말한다. 좁은 의미의 방전이란, 기체와 같이 전류가 잘 흐르지 못하는 물체가 고전압 하에서 절연성을 상실하고 전류가 흐르는 현상을 말한다. 유리관을 만들어 그 안의 기압을 점차로 낮추어주면서, 즉 공기를 빼어 진공도를 높여 주면서 고전압을 걸어주면 압력의 크기에 따라 방전현상이 다양하게 나타나는데, 이것을 진공방전이라 한다. 이러한 현상이 나타나는 이유는 음극에서 나오는 전자가 유리관 속의 기체를 이온화시켜 전류를 흐르게 하고, 또한 기체와 충돌하여 독특한 빛을 발생시키기 때문이다.

과학자들은 유리관 내의 압력이 50~20mmHg[*] 정도가 되면, 관 속이 끈 모양의 붉은 보라색으로 빛나는 아크 방전이 나타남을 알았고, 압력이 더 낮아지면 유리관 전체가 빛을 내는 글로 방전현상이 나타남을 관찰하였다. 이러한 글로 방전에서는 유리관 속에 존재하는

___

[*]   지표면에서의 대기압의 크기는 보통 76cmHg, 즉 760mmHg이다.

론트겐

소량의 기체 종류에 따라 특별한 색깔을 띠는 것도 발견할 수 있었다. 이 현상을 이용한 것이 지금의 밤거리를 휘황찬란하게 해주는 네온사인이다. 유리관내 압력이 더 낮아지면(0.01~0.0001mmHg) 빛이 나는 부분이 없어지고 (+)극 쪽에 빛이 나는 형광 현상이 나타난다. 이 현상은 영국의 물리학자 크룩스(William Crookes, 1832~1919)가 발견했기 때문에 이와 같이 낮은 압력을 가진 유리관을 크룩스관이라 한다. 이러한 현상이 나타나는 이유는 (-)극에서 어떤 선이 나와 (+)극 쪽의 유리관에 충돌하였기 때문이라 생각했고, 이 선을 음극선(cathode rays)*이라 불렀다. 그러나 음극선의 본질에 대해서는 알지 못했다. 후에 음극선은 톰슨에 의해 (-)전하를 띤 입자, 즉 전자의 흐름임이 밝혀졌다.

1895년 독일 물리학자 론트겐(Wilhelm K. Röntgen, 1845~1923)도 음극선을 여러 가지 물질에 입사시켰을 때 나타나는 현상을 연구하고 있었다. 어느 날 그는 검은 종이에 싸여 있는 진공방전관(크룩스관) 안에서 음극선을 금속박편에 입사시키는 실험을 하고 있었다. 우연히 책상 위에는 빛을 쪼이면 감광 현상을 보이는 백금시안화바륨 종이가 있었다. 그 때까지의 상식으로는 검은 종이로 싸여진 진공방전관 내에서는 빛이 나올 수가 없었다. 물론 음극선도 유리관을 뚫고 나올 수 없으며, 뚫는다 하더라도 공기 중에서 갈 수 있는 거리는

---

*   음극선을 이용하여 만든 것이 브라운관이다. 즉 전기장과 자기장에 의해 음극선(전자의 흐름)이 적절히 휘어지도록 하여, 전자가 형광물질이 발라진 화면과 충돌하는 곳에 빛이 나도록 한 것이 텔레비전, 오실로스코프, 레이더 등의 영상이다.

매우 짧다고 알려져 있었다. 그런데 책상 위의 백금시안화바륨 종이가 진공방전관 안에서 음극선이 금속과 충돌했을 때 발생하는 미지의 빛에 의해 감광되는 현상을 관찰한 것이다.

방전관 내 (-)극에서 방출된 전자가 유리관에 가해진 고전압에 의해 높은 운동에너지를 갖게 되고, 이 전자가 (+)극에 있는 텅스텐이나 몰리브덴과 같은 금속과 충돌할 때 속도가 0이 되면서 앞에서 언급한 빛, 즉 X선이 발생한다. 이 때 전자가 갖고 있는 운동 에너지가 X선 광자가 최대로 가질 수 있는 에너지가 된다.

뢴트겐은 같은 해 12월 22일 자신의 실험실에서 그 때까지 알려지지 않았던 투과성이 강한 이 새로운 광선을 자신의 부인 손에 입사시켜 살아있는 사람 뼈를 최초로 사진으로 찍었다. 그는 사람의 뼈를 찍을 수 있는 이 미지의 광선을 X선이라 부르고, 자신이 수행한 실험을 정리하여 「새로운 종류의 광선에 대하여」란 제목의 논문으로 발표했다. 그리하여 그는 1901년 첫번째 노벨물리학상 수상자가 되었다.

이 새로운 광선은 사람들의 호기심을 불러일으키기에 충분했다. X선에 의해 사람의 내부를 찍어 의학에 이용한다는 생각은 누구라도 할 수 있었으며, 1896년 골절 환자의 진료에 X선이 처음으로 사용되었다. 여러 가지 형광물질을 바른 투시용구 제작도 시도되었다. 시간이 흐르면서 X선 사용의 부작용으로 화상이나 암에 걸릴 수 있다는 것도 알게 되었다. 또한 의료용으로 사용되었던 것과 별도로 과학에서는 X선을 결정체에 입사시킬 때 나타나는 회절ㆍ간섭 무늬 등을 이용해 물질 내부의 결정구조를 알아내는 수단으로도 사용되었다. 그리하여 DNA 구조를 밝혀낼 때도 X선에 의한 회절상이 이용되었다.

방사능 발견

_____ 베크렐 | 1896년

보통 우리는 방사능(radioactivity)이라는 말을 들으면 두려움을 느낀다. 방사능이 암을 발생시키고 유전자를 변환시킨다는 이야기를 여기저기서 많이 들어 알고 있기 때문이다. 그러나 정작 우리가 살고 있는 모든 곳에 자연방사선이 넘쳐나게 존재한다는 사실에 대해서는 별로 생각하지 않고 지낸다.

우리가 생활하면서 받는 방사선은 대부분 우주와 지구 내부에서 오는 것이다. 실제로 지구로 입사하는 우주 방사선*의 양은 매우 많지만, 양성자나 헬륨원자핵은 지구 자기에 잡혀 지구 표면에 도달하지는 못한다. 지구 표면에서 높이 올라갈수록 방사선의 양은 많아진다. 따라서 비행기를 타는 승무원들에게 피폭되는 방사선의 양은 지상에서 일하는 사람보다 많다.

그러나 우리가 받는 대부분의 자연방사선은 해가 적은 중성미자

---

* 우주선(cosmic ray)이란 지구 외부로부터 지구에 도달하는 높은 에너지를 갖는 각종의 방사선을 말한다. 우주선은 지구 외부에서 직접 지구로 들어오는 1차 우주선이 있고, 대기권 상층부에 있는 원자들과의 상호작용으로 만들어지는 2차 우주선이 있다. 1차 우주선은 높은 에너지를 갖는 원자핵들과 소립자들로 구성되어 있으며, 양성자(H^+)가 대부분이고 헬륨원자핵(He^{2+})도 약간 있다. 2차 우주선은 우주선과 지구 대기의 원자들과의 핵반응으로부터 만들어지는 전자, 양전자, 중성자, 뮤온, 중성미자 등이 있다.

(neutrino)이다.*

중성미자는 입자들 중 질량이 제일 가볍고 수가 많으며, 매 초당 수십억개가 우리 몸을 관통하며 지구도 뚫고 지나간다고 한다. 이런 중성미자가 해를 입힌다면 우리는 지구상에 살아있지 못했을 것이다.

원자는 질량수가 커지게 되면, 즉 원자번호가 커지게 되면 핵 속에 너무 많은 수의 양성자를 가지므로 그 반발력으로 불안정하다. 따라서 방사선을 방출하여 안정적인 원소로 변해간다. 이때 방출하는 방사선은 그 종류가 매우 다양하다. 원자번호가 큰, 즉 질량수가 큰 원자핵들은 질량수를 줄이기 위해 두 종류의 원자핵으로 쪼개지거나, 헬륨원자핵을 방출하거나(α선), 전자를 내보낸다(β선). 전자를 내보내는 과정에서 반중성미자를 함께 내보내기도 하며, 또 원자핵 속의 양성자가 핵 주위를 돌고 있는 전자를 포획하여 중성자로 변하면서 중성미자를 내보내기도 한다. 또 이러한 과정에서 비게 된 낮은

* 원자가 물질을 이루는 기본입자가 아니라는 사실이 밝혀진 이후 원자를 구성하는 입자들에 대한 연구가 20세기 중반까지 활발하게 진행되었다. 원자는 전자와 핵으로 구성되었고, 핵은 다시 양성자, 중성자, 중간자로 이루어졌다는 것이 발견되었다. 디랙에 의해 수학적으로 예언되었던 전자와 질량이 같고 (+)전하를 가진 양전자, 핵력을 설명해준 중간자 등이 발견되었고, 이후 과학자들의 표현대로 '입자동물원'을 차릴 정도로 100여개의 입자들이 놀랍게도 원자핵 속에서 발견되었다. 원자핵 속에서 발견된 입자들은 강입자(hadron)라 불리는 강한 상호작용을 하는 소립자들이었다. 그러나 과학자들이 누구인가? 과학자들은 복잡한 자연 현상을 정리하여 표와 그래프와 식으로 만드는 것을 업으로 삼는 사람들이다. 이 입자들을 정리하고자 겔만(Murray Gell-mann, 1929~)이 나섰다.(독일의 츠바이크[George Zweig]도 독립적으로 쿼크를 제안했다) 1964년 그는 분수전하를 가진 쿼크 입자들을 가정하여 강입자들을 완벽하게 설명했다. 1969년 쿼크의 존재가 발견되었고, 그래서 현재는 6개의 쿼크들이 조합하여 강입자들을 만들어낸다고 받아들여지고 있다. 이제 자연계는 전자와 뮤온, 중성미자들을 말하는 '경입자(lepton)'들과 '쿼크'들과 힘을 전달하는 입자들인 '게이지 보존(guage boson)'들로 이루어져 있다고 생각하고 있다.

인류사를 바꾼 100대 과학사건

에너지 준위로 외각전자가 떨어지면서 그 차이의 에너지를 X선으로 내보내기도 한다. 또한 이러한 원자핵 변환 결과 불안정해진 원자핵이 안정적인 원자핵으로 가기 위해 전자기파를 방출하기도 한다(γ선). 결국 방사선이란 불안정한 원자핵이 안정적인 원자핵으로 변하면서 복사하는 입자선(α선, β선, 음극선, 양성자, 중성미자, 반중성미자 등)이나 전자기파(γ선, X선) 등을 모두 포괄한다. 이런 종류의 방사선을 내보내는 불안정한 원소를 방사성원소라 부른다.

이와 같은 방사능과 관련된 지식의 대부분은 1896년 프랑스의 과학자 베크렐(Henri Becquerel, 1852~1908)에 의한 자연방사선의 발견으로 시작되었다. 당시의 과학자들과 마찬가지로 진공방전에 대해 연구하던 베크렐은 암실에 둔 두꺼운 종이로 포장한 우라늄염으로부터 투과력이 강하고 공기를 이온화시킬 수 있는 미지의 복사선이 방출되는 현상을 발견하였다. 이 방사선은 기체를 이온화시킬 뿐 아니라 전기장이나 자기장에서 휘어지고, 압력과 온도의 영향을 받지 않고 필름을 감광시키며, 또한 형광작용을 가진다는 것을 발견했다. 또한 방사능이 나타나는 원인은 방사성원소 내부의 자발적인 붕괴(spontaneous decay) 때문이라는 것도 알았다.

1898년 퀴리 부부(Marie Curie, 1867~1934와 Pierre Curie, 1859~1906)는 폴로늄(Po)과 우라늄보다도 강한 방사선을 방출하는 라듐(Ra)을 발견했다. 베크렐이 방사선을 발견했을 때는 과학자들의 주목을 받지 못했으나 퀴리 부부의 발견으로 커다란 관심을 끌게 되었고, 여러 과학자들이 이 분야를 연구하게 되었다.

방사능의 발견은 원자핵변환에 대한 과학자들의 꿈을 실현할 수 있다는 생각을 하게 했다. 바꾸어 말하면 기원전부터 연금술이 시도된 이래 그 꿈을 이룰 수 있는 가능성이 발견된 것이다. 실제로 1919년 최초로 러더퍼드는 질소 기체에 α입자를 충돌시켜 산소의 동위원소 (똑같은 산소나 질량이 다른 것. 양성자의 수와 전자의 수가 보통 산소와 같아 화학적 성질은 같으나 중성자의 수가 달라 질량차가 생기며 방사성 붕괴를 일으킨다)와 양성자로의 변환을 만들어냈다.

$$\,^{14}_{7}N + \,^{4}_{2}He \rightarrow \,^{17}_{8}O + \,^{1}_{1}H$$

러더퍼드 이후 원소의 인공 변환은 다양하게 이루어졌고, 그 결과 자연계에서 볼 수 없었던 새로운 원소들도 만들어졌다.

방사선은 현재 여러 분야에서 다양하게 사용되고 있다. 방사성 동위원소를 이용하여 질병 진단을 하거나, 생물학에서 생물대사의 추적자로 사용하기도 한다. 즉 탄소의 동위원소를 식물의 잎에서 흡수하게 하여, 이 탄소동위원소의 경로를 추적하여 광합성 과정을 연구하는 것이다.

또한 β선이나 γ선이 물체의 두께에 따라 흡수되는 정도가 다르다는 것을 이용하여 금속의 두께를 정밀하게 측정하는데 사용되기도 한다. 식물 종자에 방사선을 쪼임으로서 돌연변이를 일으켜 더 나은 품종을 만들기도 하며, 방사성 원소의 붕괴 정도를 보고 고미술품이나 지층의 연대를 알아내기도 한다.

우리는 알게 모르게 방사능 연구의 혜택을 많이 받으면서도 인공적으로 사용하는 방사능의 안전성에 대한 의구심을 끊임없이 갖는다. 이것은 광범위한 분야에서 나타나는 과학기술의 발달이 인류에게 편리함을 가져다줄 때 느끼는 것과 같은 종류의 회의를 불러일으킨다. 이러한 편리함이 정말로 인간을 이롭게 하는 걸까?

무선통신의 등장

___ 마르코니 | 1897년

세상에는 굴러다니는 돈이 보이는 사람이 있나 보다. 그런 사람들은 남들이 보지 못하는 것을 보고, 남들이 하지 않는 새로운 일을 한다. 퍼스널컴퓨터(PC)의 운영체제인 DOS와 Window를 만들어 세계컴퓨터 시장을 평정하며 재벌이 된 사람은 누구나 다 아는 게이츠(Bill Gates, 1955~)이다. 어느 월간지에서 그가 짓고 있는 저택을 보여 준 적이 있었는데 그야말로 꿈으로도 꿀 수 없는 그런 집을 그리고 있었다. 최첨단이란 단어가 붙은 시설은 다 그 집안에 들어 있었다.

마르코니

20세기 초에 빌 게이츠같이 사업적 안목이 뛰어난 사람이 있었으니, 바로 이탈리아의 사업가 마르코니(Guglielmo Marconi, 1874~1937)이다.

1864년 맥스웰이 전자기파의 존재를 이론적으로 밝혔고, 헤르츠는 1888년 실험실에서 전자기파를 발생시켰다. 이후 마르코니는 헤르츠가 발생한 전자기파를 무선통신에 이용할 생각을 했다.

바야흐로 통신의 혁명이 일어나고 있었다. 알다시피 1866년에 대서양에 해저전선이 부설되어, 유선이기는 하나 통신이 획기적으로 발전한 상태였다. 당시 영국을 위시한 제국주의 열강들은 세계로 세력을 확장시키고 있었다. 따라서 이들에게 꼭 필요한 것은 통신이었다. 그런데 문제는 선을 설치하는데 많은 돈이 든다는 것과 여객선, 군함, 무역선 등에는 선을 깔 수가 없어 통신을 할 수가 없다는 것이었다. 따라서 선이 없어도 멀리 떨어진 사람들끼리 통화가 가능하다는 사실은 또 다른 통신세계가 열리는 것을 의미했다.

마르코니가 1897년 23살에 무선전신사란 회사를 차리고 무선통신사업을 시작했을 때, 자신들의 사업에 대한 심각한 도전이라고 생각했던 해저전신사업계로부터 많은 저항을 받았다고 한다. 그런데 마르코니에게는 행운이 따랐다. 도버 해협을 사이에 둔 영국과 프랑스의 교신에 성공한 마르코니가 1901년 대서양횡단 무선통신에 성공한 것이다. 당시까지의 이론으로는 대서양을 사이에 둔 영국과 캐나다 사이의 직접적인 무선통신은 어렵다고 알려져 있었다. 왜냐하면 지구는 둥글고, 영국과 캐나다 사이는 지구의 둥근 효과가 나타날 만큼 거리가 떨어져 있기 때문이다.

파장이 긴 전자기파가 상대적으로 멀리 가지만, 당시의 과학자들은 대서양만큼 떨어진 거리에서의 무선통신은 불가능하다고 생각했다. 나중에 밝혀졌지만, 성공했던 이유는 지구 밖 대기층에 전파를 반사시키는 전리층이 있기 때문이었다.*

또 하나의 행운은 1906년에 3극 진공관이 발명된 것이다. 공기를 통과한 전파신호는 미약하다. 이렇게 약한 신호를 증폭시킬 수 있는 진공관이 없었다면 무선전신사업은 어려웠을 것이다.

* 전리층의 존재와 기능은 20여년이 지난 1924년에 영국의 물리학자 애플턴(Edward V. Appleton, 1892~1965)에 의해 밝혀졌고, 이 발견으로 애플턴은 1947년 노벨물리학상을 받았다.

어쨌든 마르코니의 사업적인 안목과 당시 과학의 적당한 뒷받침 덕에 통신은 새로운 단계에 들어섰고, 사람들은 많은 도움을 받았다.

1912년 빙산과 충돌해 수많은 생명을 앗아갔던 타이타닉호의 침몰 사건에서 무선전신에 의한 구조요청으로 700여명이 목숨을 구한 일은 무선통신의 가치를 증명한 사건이 되었다.

공중으로 퍼져나가는 전자기파를 이용한 무선통신은 선이 없어도 통신을 가능하게 함으로써 통신의 새로운 세계를 열게 했을 뿐 아니라, 훗날 라디오 방송의 기본적인 원리이자 수단이 되었다.

074

인류사를 바꾼
100대 과학사건

전자 발견

_____ 톰슨 | 1897년

톰슨

장난감을 작동시킬 때, 또한 자동차의 시동을 켤 때, 가스렌지를 점화할 때, 시계의 초침이 움직이는데, 하다못해 우주공간에서 떠돌고 있는 인공위성까지도 제 임무를 수행하려면 전지가 필요하다. 한 순간에 반짝하고 섬광처럼 사라져 버리는 것이 아닌 지속적인 전류를 사용할 수 있는 전지의 발명이 볼타에 의한 것임은 이미 앞에서 이야기하였다.

신기하게도 사람들은 전류가 흐르는 구체적인 과정과 원인을 알지 못했지만 전류를 만들어 내는 방법은 알았고, 이렇게 만든 전류를 이용하여 불을 켜고, 전동기를 돌리고, 더 많은 전류를 사용하기 위해 발전기를 만들었다.

이러한 전류는 전하의 흐름으로 정의된다. 도선 내에서 전류가 흐른다고 할 때 전자가 이동하기 때문에 전하의 흐름이 생긴다는 것이 현재 우리가 알고 있는 사실이다. 전지가 1800년에 발명되고 전자가 1897년에 발견되었으니, 거의 100년의 세월을 전자의 존재를 모르고 전자를 이용하며 살았던 것이다.

이런 이유로 전류의 방향은 전자 발견 이전에 이미 약속에 의해 (+)→(−)극으로 정해져 있었다. 그러나 실제 전류를 만드는 전자의 이동 방향은 (−)극에서 (+)극 방향이고, 이 사실은 중학교 시험문제에 가끔 등장한다.

전자는 1897년 톰슨(J. J. Thomsom, 1856~1940)에 의해 발견되었다. 크룩스가 음극선을 발견한 후 음극선의 본질은 전하를 띤 입자(대전입자)라는 주장과, 빛과 같은 전자기파라는 주장이 대립되고 있었다. 케임브리지 대학의 실험물리학 교수인 톰슨은 X선이 발견되기 몇 년 전부터 진공관 내에서의 전기 방전을 연구하고 있었다.

당시 과학자들은 다양한 연구를 통하여 가열된 음극에서 방출하는 음극선이 (−)전하를 가졌음을 알았다. 즉 진공관 내에서 발생한 음극선을 일직선으로 흐르게 한 후 전압이 걸린 판 사이를 통과하게 하여 (+)극으로 휘어지는 효과를 발견한 것이다. 진공도가 나쁜 진공관에서 음극선은 기체와 상호작용을 하고, 그 결과 기체를 이온화시켜 이러한 효과를 관측하기가 어렵다.

또한 유리관 밖에 자기장을 만들어 음극선이 자기장 속에서 대전입자와 같이 행동하는 것을 확실히 입증하였고, 음극선이 가는 경로에 바람개비를 넣어 음극선을 이루는 입자들이 그것을 회전시키는 것을 관찰하였다.

이런 상황에서 톰슨은 전자의 비전하(e/m)를 측정하는 실험에 성공함으로써 전자의 존재를 확실히 증명할 수 있었다. 즉 자기장과 전기장이 수직으로 걸려 있는 공간에 음극선(전자)을 입사시켜 전기장에 의해 받는 힘과 자기장에 의해 받는 힘이 같아지게 하여 등속직선운동을 하도록 하였다. 이후 자기장을 끄고 전기장 속에서 일정한 거리를 통과하게 하여 전자를 휘게 하였다. 이 결과 톰슨은 전자의 휘는 각도와 전자가 전기장 속에서 통과한 거리를 측정하여 전자가 가진 전하와 질량의 비 e/m을 구할 수 있었다.[*]

톰슨은 이러한 실험과정을 통한 전자의 발견으로 1906년 노벨물리학상을 받았다.

이어 밀리컨(Robert A. Millikan, 1868~1953)은 대전된 기름방울에 전압을 걸어 전기력을 받도록 하되, 중력과 반대 방향으로 받도록 하여 공기 중에 정지하도록 만든 후 이 때의 전압의 크기를 측정했다. 이후 기름방울을 자유낙하시켜 종단 속도를 측정하여 기름방울의 질량을 측정한 후 기름방울이 띤 전하를 계산하였다.[**]

밀리컨은 이 실험을 수천번 반복하여 전하량의 최소의 양, 즉 기본적으로 양자화된 전하, 전자가 가진 전하량 e = 1.602×10^{-19}C을 측정할 수 있었다. 이로써 거의 대부분의 전기현상의 원인이자 핵을 이루는 기본입자인 전자의 질량, 전자가 가진 전하량이 비로소 구해졌다.

---

* $\dfrac{e}{m} = \dfrac{E \tan\theta}{B^2 \cdot \ell}$

(E : 전기장의 세기, B : 자기장의 세기, θ : 전자가 휘어진 각도, ℓ : 전기장이 걸린 판의 길이)

** $F = qE = q\,V/d = mg$ ∴ $q = mgd/V$

(q : 기름방울이 띤 전하량, m : 기름방울의 질량, g : 중력가속도, d : 전압 V가 걸린 판이 떨어진 거리)

인류사를 바꾼 100대 과학사건

양자가설

_____ 플랑크 | 1900년

양자(量子, quantum)라는 용어를 처음 제안한 사람은 플랑크(Max Planck, 1858~1947)이다. 그는 빛을 전자기 에너지가 집중된 덩어리라고 생각했다. 그는 이러한 덩어리의 최소량을 나타내는 기본단위를 양자라고 불렀다. 우리 주변의 많은 양들도 어떤 기본단위의 배수로 되어 있다. 예를 들면 모든 전하량은 전자가 가진 전하의 배수이다. 또한 구리로 만들어진 동전의 질량은 구리 원자량의 배수이다. 물론 전자의 전하량이나 구리 원자량은 매우 작아 거시적인 세계에서는 전하량과 질량 모두 연속적인 물리량이라 생각할 수 있다.

양자설은 달구어진 고체에서 방출되는 빛에 대한 연구로부터 시작되었다. 1792년 웨지우드라는 영국의 도자기 굽는 사람이 처음으로 열을 받는 물체들이 보여주는 공통적인 성질을 발견했다. 그는 모든 물질이 화학적인 조성이나 크기, 모양에 관계없이 같은 온도에서 붉은 색을 띠는 것을 발견했다. 그의 발견 이후 1800년 중반에 고온의 기체가 방출하는 빛은 특정한 선이나 띠 모양의 스펙트럼을 보여주는데 반해, 가열된 고체에서 나오는 빛은 연속적인 스펙트럼을 방출한다는 것이 밝혀졌다.

이어서 1859년에는 회로의 법칙을 발견했던 키르히호프(Gustav

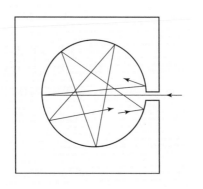

흑체의 실질적인 모형인
공동복사체

Robert Kirchhoff, 1824~ 87)가 열평형상태*에 놓여 있는 물체가 방출하는 에너지는 단지 빛의 진동수 ν와 물체의 절대온도 T에만 관계된다는 정리를 발표했다.

열복사의 일반적인 경우 복사하는 빛의 스펙트럼은 물질마다 다르다. 이러한 불편함을 피하기 위하여 키르히호프는 물질의 종류나 모양과 상관없이 받은 에너지를 모두 복사하는 물체로서 흑체를 가정하였다.

그는 흑체의 실질적인 모형으로 내부는 비어 있고 작은 구멍이 있는 공동복사체(cavity radiator)를 생각했다. 이 공동복사체가 그 작은 구멍을 통해 들어오는 모든 빛을 흡수함으로써 지속적으로 가열되어 열평형에 도달하면 그 온도에 해당하는 복사선이 구멍으로부터 방출될 것이라고 생각한 것이다.

이 흑체 복사에 대한 과학자들의 지속적인 연구가 양자역학이 성립하는 중요한 과정이 되었다.

이러한 과정에서 1893년 빈(Wilhelm Wien, 1864~1928)에 의해 공동복사체 안의 에너지 밀도 $u(\nu)$가 유도되었다. 이 유도식은 짧은 파장 영역에서는 실제 실험값과 일치했으나 긴 파장 영역에서는 오

---

*　뜨거운 물과 차가운 물을 섞으면 미지근해지면서 온도가 같아지는 상태를 보통 열평형상태라 한다. 여기에서는 흑체를 계속 가열하면 흑체가 흡수하는 에너지와 복사하는 에너지의 양이 같아지게 되는데, 이 때의 상태를 말한다.

차가 심했다.

$u(\nu) = C\,\nu^3\,e^{-\beta\nu/T}$ (C, β : 상수, ν : 진동수, T : 온도)

이어 영국의 레일리(Lord Rayleigh, 1842~1919)와 진즈(Sir James Hopwood Jeans, 1877~1946)에 의해 1900년에 에너지 밀도가 유도되었다.

$u(\nu) = AT\nu^2$ (A : 상수, T : 온도, ν : 진동수)

이 식은 빈과는 반대로 긴 파장 영역에서는 실험값과 일치했으나 짧은 파장의 영역에서는 실험과 일치하지 않았다.

이에 플랑크는 모든 파장의 영역에서 실험 결과와 일치하는 새로운 법칙을 유도하려 했고, 이러한 과정에서 1900년 복사하는 빛에 대한 양자의 개념이 정립되었다.*

플랑크는 흑체복사가 미시적인 전자기 진동자(공동 안에 있는 전자기파, 공명자, resonator)에 의해 나온다고 생각했다. 공동 안에는 서로 다른 진동수를 가진 공명자들이 있으며, 이들은 각각 자신의 진동수에 따른 복사파(전자기파인 빛)를 방출한다. 고전이론에 따르면 각각의 공명자들은 양자화된 에너지만 가질 수 있는 것이 아니라, 어

---

* 19세기 초반부터 20세기 초반까지 독일 대학교육의 비약적인 성장과 함께 국가 협력을 바탕으로 독일 과학기술은 놀랄만한 발달을 보인다. 양자물리학의 시작이 되었던 플랑크의 흑체복사이론도 이러한 분위기의 직접적인 영향 하에 나타났을 뿐 아니라 여러 독일내 연구소들의 활발한 활동으로 인해 제1차 세계대전이 일어나기 이전 독일은 세계과학의 중심지였다. 특히 19세기 말 독일은 조명산업의 요구로 스펙트럼에 대해 보다 많은 지식을 원했고, 이러한 분위기 속에서 유능한 실험물리학자들이 복사실험을 다양하게 행하고 있어 양자이론의 발전에 맞는 실험결과들이 계속 나오고 있었다.

떤 에너지나 가질 수 있고, 또한 자신의 에너지의 일부를 연속적인 양으로 복사할 수 있었다. 그러나 플랑크는 단지 실험 결과를 만족시키기 위한 방법으로서 공명자의 에너지 E는 단지 $h\nu$의 정수배만을 가진다는 가정을 하였다. 즉,

$$E_{\text{resonator}} = nh\nu$$

(n : 1, 2, 3, $\cdots$, h : 플랑크 상수 6.626×10^{-34} J·s, ν : 진동수)

뿐만 아니라 진동수 ν를 가진 공명자는 더 낮은 허용된 에너지만 가질수 있고, 복사란 그 차이의 에너지가 나오는 것이라고 하였다. 따라서 공명자는 $\varDelta E = h\nu$의 정수배를 만족하는 양만큼의 에너지만 방출할 수 있다고 하였다. 이와 같이 플랑크는 양자화된 에너지 준위와 이에 기초한 허용된 전이를 말하였다. 그 결과 나온 식*은 모든 실험적 사실과 일치하였다.

흑체에서 복사하는 빛이 가진 에너지가 불연속적이라는 그의 혁명적인 가정으로 당시의 실험결과를 만족시킨 사실은 고전물리학의 한계를 보여줌과 동시에 20세기 양자물리학의 출발점이 되었다. 플랑크가 발표할 당시 이 이론은 과학자들의 주목을 받지 못했을 뿐 아니라 플랑크 자신도 양자의 의미가 갖는 중요성을 이해하지 못했다. 그러나 1905년 아인슈타인에 의해 광양자설이 발표되면서 그의 이론은 빛을 보게 되고, 결국 플랑크는 아인슈타인에 앞서 1918년 노벨물리학상을 받게 된다.

---

*   진동수 ν에서 흑체 안에서의 에너지 밀도 $u(\nu)$는 다음과 같이 표현된다.

$$u(\nu) = \frac{8\pi h\nu^3}{c^3} \frac{1}{e^{h\nu/k_B T}-1}$$

(h : 플랑크 상수, c : 빛의 속도, k_B : 볼츠만 상수, T : 온도)

인류사를 바꾼 100대 과학사건

아인슈타인에 게 1921년 노벨물 리학상을 안겨준 광양자설은 다음 과 같은 광전효과 라 불리는 실험을 설명하는 과정에 서 제안되었다. 빛

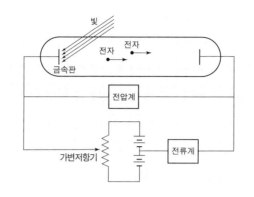

광전효과

을 금속판에 비추면 전자가 튀어 나온다. 빛이 파동이라는 고전적인 해석에 의하면 전자가 빛을 받을 때 빛을 오래 비추면 많은 에너지가 축적되어 높은 에너지의 전자가 튀어나와야 한다.

즉 빛의 세기가 약할지라도 시간만 있으면 전자는 튀어나올 수 있어야 하며, 쪼인 빛의 세기가 셀수록 방출되는 광전자의 에너지가 커져야 한다. 그러나 실험 결과 금속판에 쪼인 빛의 진동수가 어떤 특정한 값, 즉 한계진동수보다 작으면 아무리 센 빛을 오래 비춰도 전자는 튀어나오지 않았다. 아무리 세기가 약한 빛이라도 그 진동수 가 한계진동수보다 크면 빛을 쪼이는 즉시 광전자는 튀어나왔다. 금 속의 표면에서 튀어나오는 광전자의 운동 에너지는 빛의 세기에는 관계없이 진동수에만 상관이 있었고, 빛이 세면 광전자의 수만 늘어 날 뿐이었다.

아인슈타인은 이에 대해 빛을 에너지 덩어리, 즉 양자로 보아 광 량자 또는 광자로 부르고, 이 광자가 가지는 에너지 E는 플랑크 상수 h와 빛의 진동수 ν의 곱으로 표시된다고 하였다($E = h\nu$). 금속판에 빛을 쪼일 때 하나의 광자가 하나의 전자와 충돌하여 그 에너지를 전 달함으로써 전자가 금속 표면에서 튀어나온다고 설명하였고, 이때의

에너지는 적어도 전자가 원자핵의 속박을 벗어날 수 있는 양이어야 한다고 하였다. 따라서 쪼인 빛의 세기가 세다는 것은 많은 광자가 많은 전자와 충돌할 가능성을 말하며, 빛의 진동수가 커야만 개개의 전자가 큰 에너지를 받을 수 있음을 설명해 준다.

이 설명으로 광전효과의 실험결과는 쉽게 이해되었다. 그리하여 이 실험은 플랑크의 양자설을 뒷받침했을 뿐 아니라 빛의 입자성을 증명하는 현상이 되었다.

아인슈타인은 이와 같이 양자설의 기본을 제공했으나, 양자역학이 확률함수로 표현된다는 것에 대한 개인적인 편견(신은 주사위 놀이를 하지 않는다) 때문에 이후의 양자론이 학문으로 발달하는 과정을 받아들이지 못했다. 그러나 그가 양자론에 제안한 여러가지 질문들은 양자론의 발전에 도움을 주었다고 한다.

무의식의 심리학

___ 프로이트 | 1900년

우리는 지그문트 프로이트(Sigmund Freud, 1856~1939)가 처음으로 주장했던 생각들—그것이 진실이든 거짓이든—에 깊은 영향을 받고 있다. 인간의 의식은 빙산의 일각이며, 그 저변에 거대한 무의식의 세계가 있어서 사람들의 행동을 규정한다든가, 어린 시절의 경험이 그 사람의 성격을 결정하며, 인간의 많은 행동들은 동기를 위장한다든가, 또한 꿈은 상징적인 의미를 갖고 있다는 등의 생각들은 은연중 우리가 가진 인간에 대한 이해에 큰 영향을 미치고 있다.

인류는 인간의 무의식 세계에 대해 오래 전부터 주술이나 종교적인 차원에서 관심을 보여왔다. 19세기 말에 이르러서야 처음으로 샤르코(J. Charcot, 1825~93) 등 프랑스 심리요법 학자들에 의해 무의식의 개념들이 이론적으로 체계화되고, 또 정신치료에 활용되기도 하였다. 프로이트는 이들의 무의식 이론과 다윈의 진화론, 영국의 철학자 벤담의 '인간은 쾌락 지향의 존재'이기 때문에 공리를 위하여 적절히 제약되고 조절받아야 한다는 등의 공리주의자들의 이론, 독일의 물리학자 헬름홀츠의 에너지 보존의 법칙 등의 영향을 받아 인간의 정신적 기능과 발달에 관한 가설의 체계, 즉 정신분석학의 체계를 세웠다.

프로이트 이론의 가장 근본적인 생각은 인간 행동의 주요한 원인이 무의식적인 정신 속에 깊게 잠재되어 있고, 이 무의식적인 정신은 개인의 의식적인 사고와 행동에 영향을 미치기는 하지만 결코 의식에 의해 인지될 수는 없다는 것이다. 인간의 모든 행동, 느낌, 생각은 우연이나 실수인 것처럼 보이더라도 그것은 의식하지 못한 무의식 속의 어떤 원인 때문에 일어난다고 본 것이다.

프로이트는 덜 논리적인 사고와 행동의 요소들이 무의식을 살펴볼 수 있는 단서로 가장 적절하다고 생각했다. 그리고 그 단서로 '자유연상, 꿈, 실수'를 들었는데, 이것들을 분석하면 무의식의 세계를 짐작할 수 있다고 생각했다.

프로이트는 처음에는 최면술을 이용하여 환자의 정신상태를 확인하고 치료하는 방법을 이용하였으나, 곧 이 방법이 불명확하게 작용하여 모든 사람에게 효과적으로 적용될 수 없다고 판단하고, 자유연상(free association) 기법을 개발하였다. 이 방법은 환자를 소파에 편안하게 드러눕게 하고 마음속에 떠오르는 모든 생각과 이미지를 말하도록 하여, 그 동안 억압된 기억이나 욕망들을 간접적으로 드러나게 하는 것이다.

그는 또한 꿈에 대해 이야기함으로써 같은 효과를 얻을 수 있다고 하였다. 꿈은 자유연상의 가장 순수한 활동으로 잠자는 동안에는 관습적인 논리는 사라지고, 무의식적인 생각을 억누르던 힘은 약해진다. 이와 같이 프로이트는 꿈을 '억압된 소망을 위장하여 충족시키는 과정'으로 보고, 이를 『꿈의 해석』(1900)의 출간을 통해 발표하였다.

무의식의 형태를 알아보는 또 다른 방법은 실수, 특히 모든 사람에게 일상적으로 나타나는 실언을 분석하는 것이다. 그는 실수란 결코 우연히 일어난 사건이 아니라 무의식적 소망의 표현으로 보았고,

『일상생활의 정신병리』(1904)에서 이러한 실수의 무수한 예들을 해석해 놓았다.

프로이트는 위와 같은 여러 가지 임상적 관찰을 토대로 인간의 마음을 바다 위에 떠 있는 빙산의 그림에 비유하여 설명하였다. 즉 우리가 경험하는 부분은 의식으로 물 위에 나와 있는 빙산의 일부분이고, 물 속에 잠겨 있는 거대한 부분은 충분히 지각하지 못하는 무의식의 부분이라는 것이다. 또한 보일락 말락하는 빙산 부위는 전의식이라고 하였다. 결국 대부분의 마음, 즉 생각, 희망, 기억, 느낌을 포함하는 '무의식'은 감추어져 있다는 것이다.

이에 따라 우리의 마음은 원초아(id), 자아(ego), 초자아(superego)의 세 가지 힘으로 나뉘어지고, 그 세 가지 힘들 사이의 상호작용으로 우리의 행동이 결정된다고 하였다.

'원초아'는 인간 마음의 가장 밑바닥에 있는 무의식적이고 생물학적인 욕망으로, 프로이트의 이론에 따르면 기본적인 에너지의 원천이다. 이는 태어나면서부터 가지고 있는 충동의 집합이며, 충동을 충족시키는 것만이 유일한 목적이다. 따라서 철저하게 쾌락을 추구하고 고통을 회피하는 원칙에 따라 움직인다.

원초아 안에는 두 가지 유기적 본능인 성적 본능과 공격적 본능들이 작용하고 있다. 성적 본능은 생존본능의 힘을 일컫는 것으로, 여기에 내재하는 에너지를 리비도(libido)라고 한다. 이는 삶, 종족 번식을 책임지는 각종의 힘을 포함한다. 따라서 프로이트는 리비도가 성격 발달에 가장 큰 영향력을 주는 삶의 본능이라고 하였다.

'자아'는 감각을 통해 실제 세계와 상호작용을 하기도 하는데, 유아기 때 원초아의 부산물로 발달한다. 자아는 현실원칙에 따라 움직이는 것으로 환경에 합리적으로 기능하게 하는 정신의 한 부분이다. 현실원칙이란 소망을 이루기 위한 수단이 주어진 환경에서 가능한가를 판단하는 것을 말한다.

한편 '초자아'는 아동 초기에 원초아의 또 다른 부산물로 발달하는데, 사회 도덕규칙의 내면화된 표상으로 주로 부모와의 상호작용을 통해 획득한다. 이때 부모에 대한 애정과 갈등, 분노가 뒤섞여 오이디푸스 콤플렉스*와 엘렉트라 콤플렉스** 등의 정신적인 혼란을 겪게 되는 것이다.

초자아의 목적은 충족수단이 도덕적으로 문제가 있을 때 충동의 충족을 억누르는 것이다. 이를 위해 초자아는 죄책감을 만들어 쾌락

*　오이디푸스 콤플렉스(Oedipus complex)란 남성이 부친을 증오하고 모친에 대해서 품는 무의식적인 성적 애착을 말한다. 그리스 신화 오이디푸스에서 딴 말로서 프로이트가 정신분석학에서 쓴 용어이다. 오이디푸스는 테베의 왕 라이오스와 이오카스테의 아들인데, 숙명적으로 아버지인 줄 모르고 라이오스를 살해하고, 어머니인 이오카스테와 결혼하며 테베의 왕이 된다. 이 사실을 알자 이오카스테는 자살하고 오이디푸스는 자기 눈을 뺀다. 프로이트는 이러한 경향은 남근기(男根期 : 3~5세)에서 분명하게 나타나며, 잠재기(潛在期)에는 억압된다고 보았다. '아버지처럼 자유롭게 어머니를 사랑하고 싶다'는 마음은 '아버지와 같이 되고 싶다'로 변하여 부친과의 동일시가 이루어지며, 여기에서 초자아가 형성된다. 유아는 오이디푸스 콤플렉스를 극복하고서야 비로소 정상적인 성애를 가지는 것으로 발전하게 되지만, 이를 이상적으로 극복한다는 것은 매우 힘든 일이며, 일반적으로 신경증 환자는 이 극복에 실패한 사람이라고 프로이트는 주장하였다.

**　엘렉트라 콤플렉스(Electra complex)란 딸이 아버지에게 애정을 품고 어머니에게 반감을 갖는 무의식적인 마음을 말한다. 미케네의 왕 아가멤논은 트로이를 공략한 후 10년 만에 궁전으로 개선하였으나, 그날 밤 그의 아내 클리타임네스트라와 그녀의 정부 아이기스토스 손에 살해된다. 아버지를 암살한 자로부터 모진 학대를 받아 온 딸 엘렉트라는 사랑하는 아버지의 원수를 갚기 위해 어머니를 죽인다는 그리스 신화에서 만들어진 용어이다.

을 좇는 원초아나 평화를 바라는 자아 모두 물러서도록 하는 능력을 가지고 있다.*

초자아는 원초아를 부분적으로 억압하고 있으며, 이 둘의 갈등은 전의식적 자아에 의해 해소된다.

결국 가장 건전한 성격은 원초아, 자아, 초자아가 적당한 비율로 균형을 이루는 것이라 할 수 있겠다.

프로이트는 개인의 심리적 갈등이 대개 유아기 경험에서 비롯되고, 성인의 성격은 유아기 중 특히 6세 이전에 결정된다는 것을 밝혀냈다. 또한 프로이트는 인간의 성격 발달에 가장 큰 영향을 미치는 것을 특히 유아기의 성적 충동으로 보았고, 『성욕에 관한 세 가지 기고』(1905)라는 책 속에서 이에 대한 구체적인 설명을 하였다. 즉 성격에 미치는 매우 중요한 영향은 어린 시절의 기억에 남겨져 있는 '무의식'으로부터 온다는 것이다.

그는 이 책에서 사회적 제한과 부모의 수유와 양육방식 등과 더불어 구체적인 심리와 성적 발달단계를 구강기(생후 1년 동안), 항문기(2~3세), 남근기(4~6세), 잠재기(7~13세), 생식기(14세~청년기)의 5단계로 나누어 설명하였다.

---

*　이들의 작용에 대한 이해를 돕기 위해 예를 한 가지 들어보면, 우선 어떤 사람이 중요한 시험을 보고 있는데, 이때 더 나은 성적을 받기 위해 컨닝을 하고 싶은 생각이 들었다고 가정하자. 그 사람의 원초아는 그것을 당연히 승낙할 것이며, 자아는 시험 감독관에게 걸리지만 않는다면 그렇게 하도록 내버려 둘 것이며, 초자아는 이러한 것을 생각한 것만으로도 강한 죄책감을 만들려고 할 것이다. 또한 항상 평온을 위해 노력하는 자아는 초자아가 움직이기 전에 이러한 마음을 없애려 할 것이다.

프로이트는 오늘날의 우리에게는 너무나 익숙해져 버린 많은 신조어들을 만들어냈다. 그러나 그의 이론에 등장하는 대부분의 개념들은 원래 오래 전부터 사용되어 왔고 잘 정의된 것들이었다. 그러나 프로이트는 그 개념들을 새롭고 독창적인 방식으로 연결하였다. 프로이트의 이론은 인간의 본성을 밝혀내고, 인간행동의 역동적인 면을 끄집어내고, 인간을 해부하는 도구의 역할을 한다. 정신분석학의 등장은 인간의 표면적인 고상함을 벗겨낸 것으로 사상사(思想史)에서 혁명적인 발전으로 평가받는다.

프로이트의 이론은 당시의 학계로부터 크게 환영을 받지 못하였다. 이는 그의 이론이 성격발달의 핵심을 생물학적으로 보아, 성격 발달이 선천적이고 무의식적 본능에 의해 이루어진다는 점을 지나치게 강조하였을 뿐만 아니라, 인간이 사회적 산물이라는 점을 무시하는 듯이 보였기 때문이다. 또한 그가 주장한 유아기의 성적 경험의 중요성에 대해서 많은 비판과 논쟁도 있었다.

그러나 프로이트의 이론에 대한 수용 여부와 관계없이 모든 사람이 인정할 수밖에 없는 사실은 그가 인간의 무의식의 세계에 근본적인 문제를 제기했다는 것이다. 또한 그는 평생 동안 놀라울 정도의 왕성한 의욕과 열정으로 자기의 초기 이론들을 수정하면서 자신의 이론을 구축하여, 인간의 정신을 과학적이고 체계적인 방법으로 탐구하는 길을 인류에게 처음으로 열어 보여 주었다.

인간 혈액형 발견

_____ 란트슈타이너 | 1901년

17세기 유럽의 의사들은 수술시 발생하는 혈액 과다출혈에 의한 사망을 줄이기 위해 양의 피를 사람에게 수혈하는 실험을 하였다. 당시로서는 매우 획기적인 생각이었으나 수혈받은 사람은 곧 죽었다. 그후 동물과 사람 사이의 수혈은 금지되었고, 거의 150년 동안이나 이 분야는 발전하지 못했다.

그러다가 1875년 독일의 란도이스는 사람과 동물간의 수혈실험을 통해 적혈구가 파괴되거나 덩어리를 이루는 것을 관찰했다. 빈의 의사였던 란트슈타이너(Karl Landsteiner, 1868~1943)는 이러한 응집현상에 주목하여 인간의 혈액에 대한 연구를 본격적으로 시작하였다.

란트슈타이너는 의학과 화학을 공부했고, 이를 바탕으로 혈액의 구성에 대해 중점적으로 연구했다. 그는 사람의 혈액은 서로 다른 형태를 가지며, 이중 일부는 서로 섞일 수 없음을 알았다. 즉 한 사람의 혈액을 다른 사람의 혈청(혈장에서 적혈구와 혈소판을 제거한 나머지 혈액)과 섞으면 혈액의 적혈구가 응집했던 것이다. 만약 수혈을 하는 도중에 적혈구가 응집한다면 이는 혈관의 혈액 순환을 막고 결국 환자는 죽게 되는 것이다. 그러나 사람의 어떤 혈액끼리는 서로 응집하지 않고 섞일 수 있다는 사실도 알 수 있었다.

드디어 1901년 인간의 혈액은 A, B, C(C는 그 뒤 O로 바뀌었다)라고 불리는 특정한 응집요인을 함유하고 있는 세 개의 혈액형으로 나뉠 수 있다는 사실을 발견했다. 또한 혈액의 응집은 질병 때문이 아니라 정상적인 화학반응이라는 것도 증명하였다. 1년 뒤에는 AB형도 밝혀졌고, 사람은 누구나 이 네 가지 혈액형 중 한가지 혈액형을 갖는다는 것이 발표되었다. 그 결과 사람들 사이에 생명의 위험없이 수혈이 가능한 관계가 법칙으로 정리되었다.

란트슈타이너의 발견은 의학계에 엄청난 호응을 받았다. 이에 1907년 최초의 수혈이 있었는데, 이것은 마취법과 무균법에 이어서 외과수술을 보다 안전한 것으로 뒷받침해 주는 또 하나의 핵심적인 발전이었던 것이다.

그러나 그뿐만이 아니었다. 처음 혈액형이 발견되었을 때는 이것이 유전에 깊은 관련이 있다는 사실을 몰랐다. 그러나 그 무렵 재발견된 멘델의 법칙이 혈액형의 결정에 적용될 수 있다는 것이 밝혀졌다. 이는 궁극적으로 혈청 유전학으로 발전하였고, 친자 여부를 확인하는 결정적인 수단을 제공하였다.

란트슈타이너는 여기에서 더 나아가 인간 혈액의 개별성을 인식하여 혈청학에 '지문'이라는 개념을 도입해 법의학 연구에도 큰 기여를 하였다. 이후 그는 의학에 화학적 지식을 적용해 면역학 분야에서 소아마비를 일으키는 바이러스와 매독, 항원-항체 반응, 알레르기 반응 등등을 연구하였고, 다방면에 걸쳐 많은 일을 해냈다.

이러한 공로로 그는 1930년 노벨 생리의학상을 받았다. 또한 은퇴한 후에도 계속 연구를 계속해서 1940년 혈액에서 Rh인자의 존재를 입증하였다. 이로써 임신하였을 때 어머니와 태아의 Rh형이 틀릴 경우 항체를 형성하여 태아가 죽게 되는 원인과 이를 수혈로써 처치할 수 있음을 밝혀냈다.

혈액형의 발견 이후 지금까지 인간의 혈액형으로 수십 가지가 발견되어 왔으나, 여전히 란트슈타이너의 A·B·O식과 Rh식이 가장 일반적인 혈액형 분류방법으로 받아들여지고 있다.

비행기의 발명

_____ 라이트 형제 | 1903년

인간이 하늘을 날고 싶다고 생각하기 시작한 것은 아주 오래 전부터일 것이다. 물 속을 헤엄치는 물고기를 보고 헤엄치는 법을 알았듯이, 새를 보고 하늘을 날고 싶다는 생각을 했을 것이다. 그리스 신화에 나오는 명장(名匠) 다이달로스는 새의 날개를 달고 하늘을 날아 자신을 미로 속에 가둔 미노스왕으로부터 도망칠 수 있었다. 그러나 이러한 신화와는 달리 실제로 인간은 자신의 근육을 이용해서 새처럼 쉽게 하늘을 날 수 없었다. 아주 오래 전부터 배를 이용해 바다를 항해했던 것과는 달리 하늘을 날 수 있게 된 것은 20세기가 되어서야 가능해졌다.

인간의 비행에 대해 처음으로 체계적인 연구나 실험을 한 사람은 레오나르도 다빈치이다. 그는 오랜 동안 새를 관찰하여 비행에 관한 연구 결과를 「새의 비행에 관하여」(1505)에 나름대로 정리하였다. 당시의 과학기술 수준에서 본다면 매우 놀랄만한 통찰을 보여준 것으로, 항공기 역사상 최초의 과학적 연구라고 평가받는다. 다빈치는 과학자로서 뿐만이 아니라 회화와 조각 등에서도 뛰어난 솜씨를 가졌는데, 그가 남긴 여러 스케치들을 살펴보면 실제 실험했는지는 알 수 없지만, 비행기나 비행기의 날개 등을 오랫동안 설계하였다는 것을 알 수 있다.

그후로도 인간이 새처럼 날개를 달고 날아보려고 하거나 새의 비행원리를 기계에 적용하려는 시도가 여러 번 있었으나 성공한 예는 없었다.

라이트 형제

1783년에 이르러서야 몽골피에 형제(Joseph M. Montgolfier, 1740~1810, Jacques Montgolfier, 1745~99)가 뜨거운 공기를 넣은 기구를 타고 하늘을 나는 비행에 처음으로 성공할 수 있었다.

그 이후 기구에 의한 비행은 큰 발전을 이루었으나 새로운 문제가 대두되었다. 조종이 마음대로 되지 않고 수송에 전혀 도움이 되지 않았던 것이다. 이러한 문제의 해결을 위해 다양한 연구와 실험을 거듭하였으며, 19세기 중반 이후 과학자들은 동력기관을 갖춘 항공기가 아니면 효과적이고 실용적인 운송수단으로 사용할 수 없다는 사실을 알게 되었다. 이는 1903년 라이트 형제에 의해 이루어졌다.

미국의 오하이오주에서 자전거 공장을 함께 경영하던 라이트 형제(Wilbur Wright, 1867~1912, Orville Wright, 1871~1948)는 어릴 때부터 비행에 대해 깊은 관심을 가지고 있었다. 당시에는 글라이더 비행이 인기가 있었으나 매우 위험하였다. 그외에 많은 발명가들이 동력 비행기를 만들었으나 여전히 조종하는데 장애를 가지고 있었다.

라이트 형제는 독수리가 비행할 때 날개 끝부분을 비틀면서 균형을 유지한다는 사실을 알게 되었다. 이것을 흉내내어 도르래와 줄로 이루어진 장치를 만들고, 이 도르래를 양쪽 날개에 연결하여 줄들을 잡아당김으로써 방향을 자유롭게 바꿀 수 있었고, 공중에서 균형을 유지할 수 있게 되었다.

1903년 12월 17일 노스캐롤라이나에서 라이트 형제는 4번의 비행을 하였다. 첫 번째 기록은 12초 동안 36m를, 마지막에는 59초 동안 290m를 비행했다. '플라이어호(Flyer)'로 명명된 이 최초의 비행기는 방향키로 자유롭게 비행을 조종할 수 있었다. 그후 매년 플라이어호를 개량하였고, 1908년 대중 앞에 처음으로 선을 보였다. 이로써 투자자들로부터 적극적인 후원을 받게 되었고, 더욱 발전된 형태의 비행기들이 개발되었다.

경쟁심에 불타는 발명가와 모험가들은 비행기 개발에 맞추어 끊임없이 새로운 기록에 도전함으로써 사람들의 관심을 집중시켰다. 1909년 7월 프랑스의 블레리오(Louis Blériot, 1872~1936)는 도버 해협(34km)을 37분만에 횡단하여 항공사상 최초로 바다를 건너는 위대한 기록을 세웠다.

비행기의 개발은 처음에는 단순히 하늘을 날고 싶다는 바람에서 시작되었으나 곧 군사적인 목적으로 이용되기 시작하였다. 1914년 1차 세계대전이 일어나자 비행기는 전투수단으로 이용되기 시작하였고, 정찰기, 폭격기, 전투기 등이 차례로 등장하였다. 이 전쟁을 계기로 비행기는 기능면에서 눈부신 발전을 이루었다.

1927년에는 미국의 린드버그(Charles A. Lindbergh, 1902~74)가 뉴욕에서 파리까지의 5,760km를 33시간 30분의 기록으로 무착륙 단독비행에 성공하였다. 이것은 대륙간 비행에 있어서 새로운 가능성을 보인 첫 기록이었다.

제1차 세계대전에서 요긴하게 쓰였던 비행기는 제2차 세계대전이 일어나자 전쟁에서 필수적인 것이 되었다. 제2차 세계대전은 바로 '공중전'이 중심이 되었고, 그 우열에 의해 승패가 좌우되었다. 그러던 와중에 기관에서 연소시킨 고온의 가스를 분출시켜 그 반동력을

인류사를 바꾼 100대 과학사건

추진력으로 하는, 이전에 비해 속력이 빠른 제트기가 처음으로 출현하였다.

1939년 독일에서 제트 엔진을 장착한 하이켈 He-178이 최초의 비행에 성공하였고, 연이어 영국과 이탈리아에서도 개발에 성공하였다.

제2차 세계대전이 끝나자 선진국들은 본격적으로 상업용 민간항공기의 개발에 박차를 가했는데, 물론 대륙간을 빠르게 연결할 수 있는 제트 비행기들이었다. 이어 초음속 제트 전투기와 음속보다 2배가 빠른 콩코드 비행기 등 불과 몇 십년 전에는 상상할 수도 없을 만큼 빠르고 안전한 대형 비행기들이 등장하여 오늘에 이르고 있다.

결국 인간은 자신이 밟고 있는 땅에만 만족하지 않고 바다를 누비고 다녔고 마침내 하늘도 비행기를 통해 날아 올랐다. 이는 단순히 돈이나 명예를 위한 마음에서 비롯되었다기보다는 알려지지 않은 미지의 세계에 대한 무한한 호기심과 탐구정신의 발현으로 이루어졌다고 할 수 있을 것이다.

진공관 발명

_____ 플레밍 | 1904년

제목은 기억나지 않지만, 미국 물리학자 파인만(Richard P. Feynman, 1918~88)이 쓴 수필 형식의 책을 읽은 적이 있다.

그의 어린 시절부터 어른이 되기까지의 일상을 적은 글인데, 이 책을 읽는 동안 '어려서나 어른이 되어서나 정말 장난꾸러기의 대가군'이라는 생각이 들었었다. 그는 어렸을 때 동네의 고장난 라디오를 다 고쳤다고 한다. 그래서인지 파인만이라는 이름과 함께 내 머리 속에 그려지는 그는 뒷주머니에 드라이버 하나를 꽂고 온 동네를 돌아다니는 소년의 모습이다. 유난히 고장이 잘 나던 그때의 라디오를 고치는 방법은 라디오 부품을 잘 살펴 시커멓게 타버린 진공관을 찾아내 교환하기만 하면 되었다고 한다.

당시 라디오같이 소리가 나는 전기제품의 기본 부품 중 하나는 진공관이었고, 최초의 컴퓨터 애니악도 진공관으로 이루어져 크기가 엄청나고 고장이 잘 나 사용하기에 불편했었다고 한다.

그때와 달리 지금은 라디오 속의 진공관이 반도체 소자로 바뀌었다. 그 결과 라디오는 대단히 가벼워졌고, 고장도 잘 안날 뿐 아니라 기능도 다양해졌다. 뿐만 아니라 현재의 라디오의 모습에서 시커멓게 탄 진공관의 모습은 상상하기가 힘들다.

공기중에서는 웬만한 고전압이 걸리지 않고는 음극에서 전자가 튀어나와 양극으로 가지 못한다. 음극에서 전자가 튀어나오더라도 공기중으로 사라져 버린다. 그러나 진공관을 만들고, 그 안에 두 극을 만들어 전지에 연결하고 진공관 안의 음극을 가열해주거나 빛을 쪼여주면 전자를 방출해 전류가 흐른다. 이러한 진공관에 교류 전압을 걸어주면 교류 전류가 흐르는 대신 한쪽 방향으로만 전류가 흐르게 하는 정류작용을 한다. 이것을 2극진공관(*diode*)이라 부른다.

여기에 그리드라는 것을 진공관 내 두 극 사이에 장치하여 전류의 흐름을 제어하게 하면 3극진공관이 된다. 3극진공관은 약한 전류를 더 강하게 해주는 증폭작용, 동조회로와 더불어 직류를 교류로 만들어주는 발진작용, 변조된 전파 속에서 신호파를 검출하는 검파작용을 한다.

2극진공관은 1904년 영국의 전기공학자 플레밍(John A. Fleming, 1849~1945)에 의해 발명되었고, 3극진공관은 1906년 미국의 포리스트(Lee de Forest, 1873~1961)가 발명하였다.

진공관은 1950년대 말까지 라디오나 무선통신같은 기기의 기본적인 부품이었다. 그러나 유리관으로 만들어져 크기가 크고 전력를 상대적으로 많이 소모하며 고장이 잘 나, 반도체가 발명된 후에는 그 역할을 반도체에게 넘기게 되었다.

반도체는 말 그대로 도체와 절연체의 중간 성질을 지닌 것으로서, 도체보다는 전류가 흐르기 어렵고 절연체보다는 전류가 흐르기 쉬운 물체이다.

반도체는 체외각 전자가 4개인 원자들이 안정적으로 결합되어 있는 게르마늄이나 실리콘을 사용한다. 규소 즉 실리콘은 땅을 구성하는 물질 중 두번째로 많은 물질이라 구하기 쉬워 최근에는 실리콘이 주로 이용되고 있다.

이러한 실리콘 원자들로만 결합을 시키면(단결정을 만들면) 모두 체외각 전자가 4개씩이라 매우 안정적인 상태가 된다.* 따라서 자유롭게 움직일 수 있는 전자들이 없으므로 전압을 걸어주어도 전류가 흐르지 않는다.

그러나 빛을 비춘다거나 열을 조금만 가하면 서로 묶여 있는 전자들이 열을 받아 자유롭게 움직인다. 그래서 반도체는 온도가 올라가면 전기저항이 작아져 전류가 잘 흐르는 특이한 현상을 보인다. 보통의 금속은 온도가 올라가면 저항이 커져 전류가 흐르기 어려워진다.

이런 성질을 가지는 실리콘이나 게르마늄을 이용해 다이오드나 3극진공관의 역할을 하게 하려면 먼저 순도높은, 즉 단결정인 실리콘을 얻어야 한다. 이 단결정의 실리콘에 체외각 전자가 5개인 안티몬(Sb)이나 비소(As), 또는 인(P)을 소량 넣어주면 체외각 전자가 4개인 실리콘에 체외각 전자가 5개인 원자의 결합으로 전자 1개가 남아돌게 되어 자유전자 역할을 한다. 이것을 N(negative)형 반도체라 한다.

또 단결정 실리콘에 체외각 전자가 3개인 인듐(In)이나 갈륨(Ga), 또는 알루미늄(Al)을 소량 넣으면 실리콘의 전자 하나가 짝을 못 이루고 빈자리(hole)가 남아 전류를 흘려주는 역할을 한다. 이것을

---

*   원자핵 주위를 돌고 있는 전자 중 가장 바깥 껍질에 있는 전자 수가 8개일 때 원자가 가장 안정하다는 학설을 옥텟 규칙(octet rule)이라 한다. 원자들은 다른 원자들과 결합할 때 최외각 전자수가 8개가 되려 하고, 체외각 전자수가 4개인 실리콘 한 원자가 둘러싸인 다른 4개의 실리콘 원자와 전자를 하나씩 공유하면 옥텟 규칙을 만족하며 매우 안정한 상태가 된다.

P(positive)형 반도체라 한다.

이 두 개가 결합(PN 접합)하면 다이오드이고, 3개가 접합하여 PNP 또는 NPN 접합을 하면 3극진공관의 역할을 하게 되며, 이것을 트랜지스터라고 부른다. 트랜지스터는 진공관보다 작고 가벼우며, 고장이 덜 나고 전기를 덜 소모하는 장점이 있다.

요즘에는 집적회로(IC회로), 대규모집적회로(LSI), 초대규모집적회로(VLSI)라고 해서 작은 기판 안에 많은 회로를 집적해서 만들고 있다. 그리고 집적하는 기술이 하루가 다르게 변해 엄청난 정보를 담을 수 있는 작은 소자가 계속 새롭게 개발되고 있다. 그래서 컴퓨터를 비롯하여 반도체를 사용하여 만드는 전자기기들은 더욱 더 작아지고, 수행기능은 더 빨라지고, 더 적은 전력을 소모하는 추세에 있다.

최첨단이라는 이름이 붙는 곳에, 생활의 편리함을 주는 곳에 컴퓨터가 있고, 컴퓨터의 성능을 결정하는 곳에 집적회로가 있다. 이 회로의 기본에는 반도체가 자리잡고 있다.

상대성이론 등장

_____ 아인슈타인 | 1905년

잔잔한 호수 위로 돌을 던지면 수면파가 동심원의 무늬를
만들며 퍼져 나간다. 여기에 종이배를 띄우면 종이배는 퍼져나가는
파를 따라서 이동하지 않고 가볍게 위 아래로 진동한다. 즉 호수 안에
있는 물은 수면파를 전달해주는 역할을 하며 파동을 따라서 이동하
지는 않는다.

파동이 전달되기 위해서는 보통 물질이 필요하며, 이것을 매질이
라고 부른다. 예를 들어 우리에게 익숙한 소리(음파)는 공기를 통하
여 전달되며, 따라서 음파의 매질은 공기임을 알 수 있다. 빛의 경우
에는 호이겐스가 "빛은 에테르를 매질로 하여 이동하는 파동이다"라
고 주장한 이래 사람들은 이것을 사실로 믿었다. 따라서 우주에 빛의
매질인 에테르가 가득 차 있을 것이라는 생각은 자연스러웠다.

더구나 헤르츠에 의해 전자기파의 존재가 실증된 후 빛은 에테르
를 매질로 이동하는 전자기파라고 생각하게 되었다. 또한 횡파로만
전파되고 1초에 30만 km를 가는 빠른 속력을 가진 빛을 설명하기 위
해서는 에테르는 매우 큰 밀도를 가져야 한다고 생각하였다.

사람들이 이렇게 밀도가 큰 물질인 에테르를 느낄 수 없는 이유에
대해서 19세기 과학자들은 에테르가 물질을 빠져나가는 성질을 가지
고 있기 때문이라고 설명하였다. 지금의 사고방식으로는 매우 불합

리한 이론임에도 불구하고, 빛은 파동이고 파동은 매질이 있어야 한다는 생각 때문에 당시의 과학자들은 이것을 사실로 믿었다.

19세기 말에 과학자들은 지구가 에테르에 대해 정지해 있는가 움직이고 있는가에 대해 깊은 의문을 가졌다. 이 두 가지 가능성 중 과학자들은 광행차*가 지구에서 관측된다는 사실로 지구가 에테르와 함께 움직이고 있을 것이라는 가정을 버렸다.

따라서 지구는 정지해 있는 에테르 속에서 움직이고 있을 것이라는 결론을 내렸고, 이것을 확인하고자 하는 시도가 시작되었다. 뿐만 아니라 정지하고 있는 에테르는 뉴턴법칙이 요구하는 절대 정지계를 제공하리라 과학자들은 기대했다.

1887년 미국의 물리학자인 마이켈슨(Alert Abraham Michelson, 1852~1931)과 몰리(Edward Williams Morley, 1838~1923)는 에테르 속에서 진행하는 빛의 상대적인 운동을 실험으로 관측하고자 하였다. 같은 광원에서 나오는 광선을 직각으로 둘로 나누어 하나는 지구의 자전 방향으로, 다른 경로의 빛은 이에 수직으로 같은 거리만큼 왕복 이동시킨 후 두 광선을 다시 만나게 하여 간섭현상을 관찰하고자 한 것이다.

우주에 대해 정지해 있는 에테르는 자전하고 있는 지구 속에서

---

*　연직방향으로 내리는 비 속에 서 있을 때는 우산을 똑바로 세우지만, 걸어갈 때는 우산을 앞으로 약간 기울여준다. 마찬가지로 천체망원경으로 별빛을 볼 때는 지구 자전운동 때문에 빛이 기울어져 오기 때문에 자전방향으로 망원경을 약간 기울여 준다. 이렇게 운동하고 있는 지구 위에서 관측되는, 별빛이 약간 기울여져 보이는 현상을 광행차라고 한다. 만약 빛의 매질인 에테르가 지구와 함께 움직인다면 광행차 현상은 보이지 않을 것이다.

보면 자전 방향과 반대방향으로 흐르고 있을 것이다. 따라서 갈라진 두 광선은 서로 속력이 달라지고, 이로 인해서 생긴 위상 차이 때문에 실험장치를 90°돌리면 간섭무늬가 이동할 것이라고 생각했다. 그러나 실험 결과는 예상과 달리 아무런 간섭무늬의 이동도 보여주지 않았다. 결과적으로 에테르에 대한 빛의 상대적인 운동은 관측되지 않았고, 빛의 속도는 관찰자가 어떤 상태에서 관측하든지 항상 일정한 것처럼 보였다.

피츠제럴드(G. F. Fitzgerald, 1851~1901)는 1892년 에테르 속에서 빛의 속도가 항상 일정함을 설명하기 위해 지구와 같은 운동방향으로 움직이는 물체는 그 방향의 길이가 수축된다는 학설을 제시한다. 이어 1895년 로렌츠(H. A. Lorentz, 1853~1928) 역시 마이켈슨과 몰리의 실험결과를 설명하기 위한 시도를 한다. 그는 당시 전자기장에 대한 맥스웰 이론을 보완하는 연구를 하고 있었다. 그는 이 과정에서 전자기력으로 묶여져 있는 대전된 입자들이 운동을 할 경우 서로에게 미치는 힘들이 변하여 수축이 가능하다고 보았다. 이 이론을 운동하고 있는 물체에 적용시켜, 물체를 이루는 분자들간의 인력과 반발력도 전자기력처럼 물체에 가해지는 운동에 의해 다소 수정되고, 이것을 원인으로 길이의 변화가 가능하다고 생각한 것이다.

이러한 설명으로 운동하고 있는 물체가 나타내는 길이의 변화는 '로렌츠-피츠제럴드 수축(Lorentz-Fizgerald contraction)'이라 불리운다. 로렌츠는 정지한 에테르에 대해 자전하는 지구 안에서 마이켈슨과 몰리가 내놓은 실험결과를 합리적으로 설명하는 이론을 만들고자 했다. 그 결과 우주 공간에서 절대적으로 정지해 있는 에테르를 기준으로 한 좌표계와, 그에 비해 상대적으로 운동하고 있는 지구 좌표계 모두에서 빛의 속도가 일정하다는 것을 기초로 변환식을 만들어

인류사를 바꾼 100대 과학사건

낸다. 이 결과 모든 관성계에서 물리 법칙이 같은 형태로 나타나는 상대성원리를 만들게 된다.

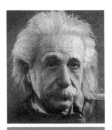
아인슈타인

1905년 아인슈타인(Albert Einstein, 1879~1955)은 드디어 빛의 매질로서 에테르의 존재를 부정하고, 관찰자가 어디에서 측정하든지 빛의 속력이 일정하다는 기본 원리를 포함한 특수상대성이론을 발표한다. 특수상대성이론의 제 1원리는 서로 등속운동하는 좌표계(관성계)에서 물리 법칙은 동일하게 적용된다는 것이고, 제 2원리는 모든 관성계에서 빛의 속도는 항상 일정하다는 것이다.

아인슈타인의 이론은 마이켈슨과 몰리의 실험은 물론 로렌츠의 이론까지도 모두 설명할 수 있었을 뿐 아니라 뉴턴역학의 기본가정인 절대 공간과 절대 시간의 개념을 완전히 바꿔버렸다. 뉴턴에 의하면 공간과 시간은 절대적인 물리량이었다. 절대적으로 정지해 있는 우주 속에 누구에게나 똑같이 흘러가고, 어디에서 측정하든지 동시성(同時性)이 존재하는 절대적인 시간이 그에게는 '신'과 결합되어 존재하고 있었다.

그러나 이러한 생각은 아인슈타인의 특수상대성이론에 의해 완전히 바뀐다. 우주에는 상대적인 운동만 존재할 뿐만 아니라, 어디에서 측정하느냐에 따라 동시(同時)이기도 하고 아니기도 하였다. 또한 시간과 길이, 또는 질량 등이 변하는 물리량이 되어버린다.

그는 1915년 등속운동하는 좌표계에서만 성립하는 특수상대성이론을 가속운동하는 좌표계까지 확장하여 일반상대성이론으로 발표하였다. 일반상대성이론의 기본은 중력에 대한 이론이며, 중력과 관성력이 같다는 의미로 '등가원리'라 한다. 즉 우주공간에서 위 방향으로 중력가속도와 같은 크기의 가속도로 운동하는 방이 있고 그 안에 사람이 있다면, 그 사람은 지구 표면에서와 마찬가지로 걸어다니고 방바닥에 서 있을 수가 있고, 그 차이를 느낄 수 없다는 것이다.

아인슈타인은 일반상대성이론의 실험적 증거로서 중력장 속을 통과하는 빛이 중력의 영향으로 굴절할 것이라 예측했는데, 그 예측은 1919년 천문학자 에딩턴(Arthur S. Eddington, 1882~1944)에 의해 관측되었다. 에딩턴은 아프리카로 찾아가 개기일식 때 태양광선의 세기가 약해진 틈을 타 별빛이 태양 근처를 지나는 경로를 관찰하고, 다시 같은 별빛이 태양의 영향을 받지 않고 오는 경로를 측정해 그 차이를 관찰하였다. 일반상대성이론이 옳다면 태양에 가까이 지나가는 별빛일수록 중력 효과가 커야 한다는 생각이었고, 이것은 사실로 관측되었다.

또한 당시까지 수성의 근일점 이동을 설명할 수 없는 것이 과학자들의 오랜 숙제였다. 수성의 타원궤도는 닫히지 않아 근일점이 1백년마다 43초씩 이동하고 있었고, 과학자들은 그 이유를 수성과 태양 사이에 발견되지 않은 행성(Vulkan)이 있기 때문이라고 생각하고 있었다. 이에 대해 일반상대성이론은 다른 천체를 가정하지 않고도 행성 자체의 중력효과로 인한 세차운동으로 근일점이 이동하는 현상을 설명할 수 있었다. 그리고 아인슈타인에 의해 예언된 중력장 속을 지나는 빛의 적색 편이현상도 관측되었고, 또한 빛도 탈출할 수 없는 블랙홀의 존재도 간접적으로 확인되고 있다.

그리하여 20세기 초에 등장한 상대론은 이전의 고전적 물리개념을 확장시켜 이후 가장 영향력있는 물리학의 분야가 되었고, 완벽하다고 믿어졌던 뉴턴 역학은 약 200년간 과학계뿐 아니라 여러 학문에 영향을 미치다 고전역학이라 불리는 자리로 물러나게 되었다.

플라스틱의 합성

___ 베이클랜드 | 1905년

현대에 와서 플라스틱은 인간의 생활 모든 부분에서 쓰이고 있다. 이러한 플라스틱으로 대표되는 고분자(혹은 거대분자) 물질에 대해 알게 된 것은 20세기 중반에 이르러서였다. 그 동안 고분자화 합물*들은 천연에 널리 존재하고 있었지만, 그 정확한 성질은 알지 못하고 있었다.

인공적으로 만들어진 최초의 플라스틱이 세상에 나온 것은 1862 년 런던 만국대박람회에서였다. 팍스(Alexander Parkes, 1813~90) 에 의해 '파키신'이라고 이름붙여진 질산 셀룰로오스가 그것이다. 이 물질은 당구공의 재료로서 비싸고 귀했던 상아의 대체품으로 소 개되었다. 그러나 생산비가 너무 많이 들었기 때문에 실용화에 성공 하지는 못하였다.

이후 플라스틱 제품의 상업적인 실용화는 1870년 하이어트(John W. Hyatt, 1837~1920)에 의해 특허출원된 셀룰로이드에 의해서였 다. 셀룰로이드는 오늘날까지도 여전히 당구공과 탁구공을 만드는

---

*   분자량이 매우 큰 화합물을 말한다. 천연으로 존재하는 것들은 단백질, 녹말, 섬유소 등이다. 나일론, 테트론같은 합성섬유, 베이클라이트, PVC, 폴리에틸 렌, 스티로폴 등은 합성고분자화합물들이다.

데 사용되고 있다.

이후 19세기 말부터 인공적으로 레이온이나 펄프 등이 만들어졌다. 그러나 이것들은 천연의 섬유를 이용한 것이기 때문에 순수한 합성물이라고 할 수가 없다. 최초의 순수 합성품은 1905년 베이클랜드(Leo H. Baekeland, 1863~1944)가 페놀과 포름알데히드를 합성해서 만들어낸 베크라이트라고 할 수 있다.

인공적인 합성품이 속속 만들어지고 있던 1920년, 독일의 유기화학자 슈타우딩거(Hermann Staudinger, 1881~1965)에 의해 '폴리머' 즉 고분자 물질이라는 개념이 만들어졌다. 그리고 이때부터 고분자화학이라는 새로운 학문분야가 생겨났다.

이 개념에 의해서 여러 실험적 사실들에 대한 논리적 설명이 가능해졌고 산업계에서도 새로운 바람이 일어났다. 천연고무의 부족을 해결하기 위한 합성 고무, 염화비닐, 폴리에틸렌, 폴리에스테르 등 현재 우리가 주위에서 흔히 볼 수 있는 대부분의 합성고분자화합물들이 이때 생겨났다.

그 중에는 1935년 미국 듀퐁사의 연구소에서 월리스 캐로더스(Wallace H. Carothers, 1896~1937)가 만들어낸, 탄소원자가 66개가 결합하였기 때문에 이름이 '폴리마 66'인 폴리아미드도 있었다. 즉 나일론이 발명된 것이다. 나일론의 발명은 당시 가장 놀라운 일이었고, 고분자화합물의 이용범위를 엄청나게 확대시키게 된 결정적인 계기가 되었다. 초기 나일론의 용도는 여자용 양말(스타킹)이었으나, 1941년까지 자기 윤활 베어링, 전선피복, 의료용 봉합사 등 그 사용범위가 계속해서 넓어졌다.

이와 같이 다양한 종류를 가지는 플라스틱은 가공성이 뛰어나 어떤 모양이든지 쉽게 만들 수가 있다. 또 가볍고 강하며, 광택이 풍부하고 착색이 용이하며 부식되지 않아 여러 가지 용도로 쓰이고 있다. 오늘날에 와서 플라스틱의 생산량은 금속보다 많을 뿐아니라 계속해서 엄청난 속도로 그 규모가 증가하고 있다.

플라스틱의 주원료는 쉽게 구할 수 있는 석탄과 물, 공기, 석유 등이다. 싸고 보잘것없으며 열에 약한 초기 제품들과는 달리 오늘날에 와서는 전기가 잘 통하는 것, 자석에 붙는 것, 극한온도와 압력, 강도 등에 잘 견디는 엔지니어링 플라스틱, 그외에도 광학재료용 플라스틱, 광분해 · 생분해 플라스틱 등등 현대인들의 필요성에 따라 이전보다 훨씬 다양해지고 있다.

이렇듯 플라스틱은 처음 개발될 때에는 단지 천연물에 대한 '대체재'로서의 용도에 한정되었으나, 오늘날에 와서는 천연에 없는 물질도 개발되었고, 다른 소재로는 대체할 수 없는 특정한 용도의 첨단 소재로도 다양하게 사용되고 있다.

초전도 현상 발견

_____ 오네스 | 1911년

1999년에서 2000년으로 넘어가며 많은 사람들은 컴퓨터가 새로운 해를 인식하지 못해 발생할 수 있는 재난을 걱정했다. 그렇게 예상된 재난들 중 하나가 전기 공급의 중단이었다. 우리가 일상생활에서 누리는 대부분의 편리함은 주로 전기에 의존하고 있다. 따라서 전기가 필요한 곳에 원활하고 경제적인 방법으로 전력을 공급하는 것은 대단히 중요한 문제다.

간단하게, 꼬마전구와 전지 한 개로 구성된 회로를 가정해보자. 전지가 가진 전압이 꼬마전구에 걸리고, 전구는 불이 켜진다. 문제는 도선이다. 보통 전류가 흐르는 길인 도선은 비저항*이 다른 물질에 비하여 매우 작아, 꼬마전구와 전지로 이루어지는 작은 회로에서는 전력 소모가 거의 없어 별 문제가 되지 않는다. 그러나, 청평에 세워진 발전소에서 생산된 전기가 서울까지 와서 소비된다고 가정하면, 전력을 송전하는 송전선의 길이가 매우 길어져 송전선에서 버려지는 전력량이 많아지게 된다.

자기 부상 열차의 원리는 열차와 선로가 마주보는 부분을 같은 극으로 하여 열차를 공중에 띄워가게 하는 것이다. 공기의 저항은 매우 작으므로 공중에 띄워진 열차는 높은 속도를 쉽게 낼 수 있다. 문제는

---

* 길이 1m, 단면적 1m²인 물질이 가지는 전기저항이 크기. 도체는 작고 부도체는 매우 크다. 도선의 전기 저항은 도선의 길이가 길어질수록 단면적이 작아질수록 커진다.

인류사를 바꾼 100대 과학사건

매우 무거운 열차를 띄우기 위한 자력을 만드는 것이다. 천연 자석으로는 이와 같이 큰 자력을 내기가 힘들고, 조절하기도 힘들므로 전자석을 이용한다. 열차를 띄울 만큼의 전자석을 얻으려면 매우 센 전류가 있어야 하는데. 전류가 셀수록 열이 많이 발생하여 손실되는 에너지가 상당히 많아지므로 경제적인 문제가 발생한다. 그런데 전기 저항이 0이 되는 물질이 발견된다면 그야말로 전력을 공급하는 과정에서 일어나는 어려움을 쉽게 해결할 수 있게 될 것이다.

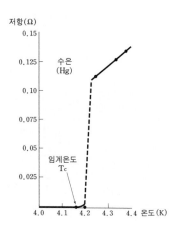

수은의 저항 대
온도 곡선

이에 대한 과학자들의 연구가 초전도물질에 대한 것이다. 초전도성이란 어떤 특정온도(임계온도, critical temperature) 이하에서 전기저항이 0이 되는 성질을 말한다.

네덜란드의 물리학자 오네스(H. K. Onnes, 1853~1926)는 1908년 처음으로 헬륨의 액화에 성공하여 절대영도에 가까운 -269℃의 극저온에 도달하는데 성공했고, 1911년 -268.85℃(4.15K)에서 수은의 전기저항이 갑자기 0이 되는 것을 발견하였다. 그는 이 발견으로 1913년 노벨 물리학상을 받았다.

현재에는 25종의 금속원소들과 수천 종의 합금이 초전도 성질을 나타낸다는 것이 알려져 있다. 초전도체에 전류가 일단 흐르기 시작하면 외부 전압을 걸어주지 않아도 이 전류는 계속 흐른다. 초전도 전류라 부르는 이 전류는 여러 해 동안 지속되는 것이 실험에 의해 발견되었고, 10만년 이상 지속 가능하다고 과학자들에 의해 예측되었다.

정상적인 상태에서 금속이 전기저항을 가지는 이유는 금속 내 자유전자가 이동하면서 금속 이온과 충돌하기 때문이다. 열진동이 없는 상태라 하더라도 전자는 이동할 때 어느 정도 충돌을 할 것이기 때문에 초전도 현상이 일어나는 이유를 설명하기는 어렵다. 초전도 현상은 양자역학적인 모형으로만 설명이 가능하다.*

이러한 초전도 성질을 실생활에 응용하려면 온도를 약 -270℃ (3K)까지 낮추어야 한다는 데 문제가 있다. 이렇게 온도를 낮추려면 비용이 많이 들기 때문에 여러 해 동안 과학자들은 더 높은 온도에서 초전도성을 나타내는 물질을 찾아왔다. 그 결과 여러 금속 산화물, 합금 등에서 상대적으로 온도가 높아도 초전도성이 나타나는 것이 발견되었다.

1988년 초에 비스무스(Bi)−스트론튬(Sr)−칼슘(Ca)−구리(Cu)−산소(O)의 화합물의 초전도성이 약 -153℃ (120K)에서 나타나는 것을 발견했고, 탈륨(Tl)−바륨(Ba)−칼슘(Ca)−구리(Cu)−산소(O)의 화합물은 -148℃ (125K)에서 나타나는 것이 밝혀졌다. 현재에는 이 온도가 -108℃ (165K)까지 올라갔다.

초전도성은 과학계뿐만 아니라 산업계의 주목을 받고 있다. 전류가 흐르는 도선에 열손실이 생기지 않을 뿐만 아니라 한번 전류가 흐르기 시작하면 멈추지 않는다는 사실은 엄청난 경제적 효과가 있음을 의미한다.

이러한 초전도성의 응용은 초전도 모터, 슈퍼 컴퓨터, 전력 손실 없는 송전선, 자기부상열차 등 여러 가지가 있으며, 초전도체가 상온에서 실용화된다면, 인간의 삶을 편리하게 해주는 대부분의 도구들이 전기를 이용하는 만큼 우리의 생활은 큰 변화를 겪게 될 것임에 틀림없다.

---

* 초전도 현상에 대한 이론은 이 현상이 발견된 지 한참 지난 후인 1957년 J. Bardeen과 L. N. Cooper, J. R. Schrieffer에 의해 제시되었고, 그들의 머리글자를 따서 현재 B.C.S 이론으로 불린다. 그들은 이 이론으로 1972년 노벨상을 수상하였다.

대륙이동설 등장

_____ 베게너 | 1912년

오랫동안 지질학에서 당연하게 여겨지던 생각은 '지구는 변하지 않는다'는 것이었다. 이것은 '안정성 이론'이라 불리는 가설로서, 지구의 대륙들은 처음 생겨난 그 상태대로 변함없이 유지된다는 이론이다. 지구는 오랜 세월 동안 변하지 않았고, 성경에서 언급된 산과 바다와 강은 수천 년이 지나더라도 여전히 그 자리에 있을 것이라고 생각했다.

그러나 라이엘(Charles Lyell, 1797~1875)이 『지질학의 원리』(1830)를 통해 '점진주의 가설'을 확고히 했던 19세기 초에는 그 생각들이 눈에 띄게 변화하기 시작했다.

이 가설은 성서에서 말하는 창조론에 위배되는 것으로, 지구의 역사는 끊임없는 물리적 사건의 연속이었으며, 그것을 지배해 온 법칙이 지금도 작용하고 있다는 것을 말한다.

이러한 점진주의 가설을 체계적으로 확립한 사람은 20세기 초 베게너(Alfred Lothar Wegener, 1880~1930)이다. 그는 '대륙이동설'을 창안하여, 지구의 대륙들이 아주 먼 옛날에는 하나로 붙어 있었으나 점차 분리되고 이동하여 현재와 같은 대륙의 분포를 보이게 되었다고 주장하였다.

베게너는 대학에서의 강의뿐 아니라 해양관측소 소장으로 그린랜드를 탐험하던 저명한 독일의 기상학자였다. 처음 이것을 어떻게 생각했는지 확실하지 않지만, 1912년 한 강의에서 베게너는 대륙이동설을 공표하였다. 그리고 3년 뒤『대륙과 대양의 기원』(1915)을 통해 그에 대한 자세한 이야기를 하였다.

2억~3억년 전에 지구는 거대한 하나의 대륙, 그리스어로 '판게아(Pangaea)'라고 불리는 초(初)대륙으로 이루어져 있었다. 그리고 초대륙은 로라시아와 곤드와나의 두 대륙으로 나뉘었고, 다시 중생대 말인 약 6,500만 년 전에 오늘날 역사에 기록되어 있는 대륙으로 분리되었다. 아메리카 대륙은 대서양을 사이에 두고 유럽 대륙으로부터 서쪽으로, 인도와 오스트레일리아는 아프리카 동쪽 해안에서 떨어져 나갔다. 또한 이때 이동하는 대륙들이 서로 부딪쳐서 충돌하여 산맥들이 생성되었고, 그렇기 때문에 산맥들의 위치가 대륙의 가장자리 근처에 존재하고 있다고 추측하였다.

그 논리는 다소 비약적이었고 추론에 불과한 것같았으나, 베게너는 최선을 다해 화석 기록과 지질학적 증거들을 제시하였다. 그는 대륙들의 해안선들이 퍼즐 조각처럼 딱 맞아떨어진다는 점과, 남아메리카와 아프리카 대륙에서 발견된 동식물의 화석이 서로 비슷하고, 발견된 지층의 구조도 비슷하며, 만들어진 시기도 거의 같다는 것을 지적하였다. 또한 석탄 등의 광물들이 유럽과 북아메리카 대륙 모두에 매장되어 있는 것 역시 그러하다.

그리고 그는 해저가 대륙지각보다 부력이 작기 때문에 대륙이 해저보다 위로 올려지는 것을 알고, 이를 이용하여 대륙이동설을 설명하려 하였다. 어떤 지역에 있는 수세기 된 항구의 부두가 위로 상승하여 더 이상 배를 댈 수 없게 되었다는 것으로부터, 대륙이 위로 천천히 이동할 수 있는 것처럼 옆으로도 이동할 수 있다는 논리를 폈다.

발표할 당시 이 이론은 대부분의 학자로부터 받아들여지지 않았고, 심지어는 몽상가로 멸시를 당하기도 하였다. 그것은 베게너 자신도 왜 대륙들이 서서히 이동하면서 새로운 대륙들과 바다를 만들게 되는가에 대해 명확한 설명을 할 수 없었기 때문이다.

그러나 홈스(Arther Holmes, 1890~1965)같은 저명한 학자로부터의 지지도 있었기 때문에 그후로도 오랫동안 논쟁이 그치질 않았다. 이후 2차 세계대전이 끝나고 수중 음파탐지기에 의해 대양의 밑바닥을 탐험하면서 그 동안 평평하다고 짐작되어 왔던 해저에서 융기를 발견하게 되었다.

또한 이 시기에 등장한 암석의 자기를 통해 연대를 추정할 수 있는 고지자기학(古地磁氣學)의 덕택으로 대륙들이 실제 연결되어 있던 시기를 정확히 추정할 수 있게 되어 대륙이동설을 뒷받침할 수 있는 보다 정확한 증거들이 발견되었다. 대륙이동설은 마침내 1960년대 말에 가서야 베게너를 비롯한 여러 학자의 연구를 통합한 '판구조론'으로 발전되어, 정식으로 인정을 받게 되었다.

베게너는 자신이 발표한 대륙이동설이 과학자들의 인정을 받기 훨씬 전인 1930년 북극의 기상상태를 연구하기 위해 그린랜드를 탐험하다가 사망하였다.

초파리 돌연변이 실험

―――― 모건 | 1915년

1900년 멘델의 유전법칙이 재발견된 이후 오래지 않아 생물학자들은 멘델이 말한 유전인자와 현미경으로 관찰된 염색체 사이에 밀접한 관련이 있음을 알게 되었다. 염색체는 1880년쯤에 발견되어 이름이 붙여졌지만, 그 기능이 알려진 것은 20년 가량 지난 뒤 염색체가 유전 정보를 전달한다는 가설이 세워진 다음이었다.

멘델이 추측한 유전인자에 '유전자(gene)'라는 이름을 붙인 것은 1909년으로, '자식을 낳다'라는 의미의 그리스어에서 따왔다. 또한 염색체가 유전 정보를 전달한다는 사실과, 유전자가 염색체에 존재한다는 것은 1910년대 말 토머스 모건(Thomas Hunt Morgan, 1866~1945)에 의해 밝혀졌다. 이로써 모건은 일명 '염색체 유전학'의 창시자라고 알려지게 되었다.

컬럼비아 대학에 있던 모건은 처음에는 멘델이나 다윈의 연구에 대해 비판적이었으나, 노랑 초파리(Drosophila melanogaster)에 관한 연구를 통해 그의 사고는 극적인 변화를 겪게 되었다. 초파리는 유전학의 연구 재료로서 완두나 다른 실험체보다 커다란 장점을 가지고 있다. 우선 채집하기가 쉽고, 크기가 작기 때문에 큰 집단으로 사육하기가 쉽다. 또한 번식력이 매우 강해 한 쌍의 암수에게서 200마리의 새끼를 얻을 수 있고, 이 새끼들도 8~10일만 지나면 벌써 자신들의 새끼를 낳을 수 있다. 또한 초파리는 단 네 쌍의 염색체만을 가지고 있으며, 그 중 일부는 보통의 현미경으로 볼 수 있을 정도로 매우 크다. 따라서 모건은 초파리의 연구를 통해 염색체가 어떻게 작용하는지 많은 정보를 얻을 수 있었던 것이다.

초파리 연구에 착수한 지 2년이 지난 1910년 어느 날 모건은 한 표본이 그 어미와 같이 빨간색 눈이 아니라 하얀색 눈을 가지고 있음에 주목하게 되었다. 그는 이 돌연변이 개체를 따로 분리하여 번식시켰다. 그 다음 세대에서는 모두 붉은 눈을 가진 초파리만이 태어났다. 그러나 그 다음 세대에서는 모건의 예상과 반대로 네 마리 중 한 마리는 비정상적으로 흰 눈을 가진 놈이 태어났다. 이것은 바로 멘델의 유전법칙 중 우열의 법칙에 정확하게 들어맞는 3 대 1의 비율을 보였다.

또한 중요한 사실은 흰 눈을 가진 초파리는 모두 수컷이었다는 점이다. 모건은 흰색 눈의 특징은 성(sex)과 관련된 형질이라고 가정하였다. 그러나 어떤 형질은 멘델이 생각했던 것처럼 반드시 독립적으로 유전되지 않음이 밝혀졌다. 그리고 모건은 서로 다른 형질을 지배하는 유전자가 같은 염색체 상에 위치하고 있음을 발견했다. 이 형질은 일반적으로 함께 유전된다. 반면에 이 유전적 연관은 변화하기도 한다. 염색체의 일부가 때로는 다른 염색체와 서로 꼬인 부분에서 교환될 수 있다. 이를 유전학에서는 '교차'*라고 부른다.

---

* 새로운 유전자가 만들어지는 감수분열 중에 상동염색체 사이에서 일어나는 '교차'는 새로운 조합의 대립유전자를 갖는 생식세포를 만들어낼 수 있다. 교차는 연관유전자들을 재조합하여 어미에게서는 발견할 수 없는 새로운 유전자 쌍을 만들어 낸다. 이는 결국 붉은 눈을 가진 초파리에서 흰눈을 가진 초파리 새끼가 태어날 수 있다는 사실을 확인시켜 주는 것이다. 예를 들면 AB와 ab라는 유전자형의 생식세포를 지닌 어미에게서 교차에 의해 재조합

모건은 더 이상 멘델의 유전법칙을 의심하지 않고 지지하게 되었으며, 1915년『멘델의 유전 메커니즘』을 출간하기에 이르렀다. 그는 실험을 통해 유전자는 염색체 상에 실제로 존재하고 있음을 밝혀냈으며, 성에 따른 유전현상에 대한 실마리를 제공하였다. 그후 지속적인 연구를 통해 염색체 유전이론을 제시했으며, 유전학의 기본용어들을 만들어 냈다. 그는 초파리의 유전구조를 그려냈으며, 돌연변이의 의미를 구체화했다.

모건은 이러한 유전학 연구 공로로 1933년 노벨 생리의학상을 수상하였다. 그러나 그는 정작 유전자에 대해서는 구체적인 관심이 없었고, DNA의 의미와 실체를 예견하지는 못했다.

그렇다면 돌연변이는 왜 일어나는 것일까? 1926년 모건의 동료였던 뮐러(Hermann Joseph Müller)는 초파리에 X선을 쬐어주면 그 다음 세대에서 돌연변이가 일어난다는 것을 알게 되었다. 즉 인위적으로 돌연변이를 일으킬 수 있음을 발견했다. 더 나아가 돌연변이는 외부 요인에 의해 유발된 것이든 자연발생적으로 일어나는 것이든 모두 유전자의 화학반응에서 비롯된다는 사실을 밝혀내었다. 뮐러는 이 연구로 1946년 노벨 생리의학상을 받았다.

이로써 유전적 변화를 더욱 쉽게 연구할 수 있게 되었고, 과학자들은 초파리에서 얻어낸 이러한 사실이 다른 모든 생물체에도 적용될 수 있음을 알게 되었다.

된 Ab와 aB라는 유전자형의 생식세포를 지닌 자식이 태어나고, 어미와 다른 형질을 나타내게 된다. 그러나 모건은 자신의 실험결과가 교차에 의한 것인지는 알지 못하였고, 나중에 이러한 유전현상이 밝혀짐으로써 확인되었다.

라디오 정기 방송의 시작

_____ 웨스팅하우스 KDKA | 1920년

마르코니가 무선전신기를 발명한 것은 그의 나이 20세 때였다. 그러나 그의 고국인 이탈리아에서는 이에 대해 그다지 관심을 보이지 않았고 지원도 거절했다. 이에 마르코니는 어머니의 고향인 영국으로 건너가 1896년 런던의 특허국에 특허출원신청서를 제출했다. 영국 정부는 즉각적인 관심과 후원을 아끼지 않았다. 마르코니는 1901년 대서양을 건너 무선신호를 보내는데 성공했고, 이때에 만들어진 원거리 통신체계가 바로 방송의 주춧돌이 되었다.

이에 앞서 이미 미국에서는 벨에 의해 전화가 발명되어 사용되고 있었고, 이것을 발전시켜 스터블필드나 페센덴 등이 무선전화기를 개발하기 위해 애쓰고 있었다. 이들은 특히 전파를 통해 모스 부호를 송·수신하는 대신에, 인간의 음성과 음악을 전달할 수 있는 송신기와 수신기 장치를 연구하였다.

또한 플레밍이 발명한 진공관을 포리스트가 발전시켜 1906년 3극진공관(audion)을 만들어냈다. 3극진공관은 고주파공학의 기초로서 증폭과 재생이 가능한 매우 획기적인 기구였다.

이와 같은 여러 가지 새로운 기술과 기구의 등장으로부터 1906년 초보적인 라디오가 만들어지게 된 것이다.

처음에 라디오 방송은 무선통신기술과 무선전화기술, 3극진공관 기술 등이 합해져서 방송이라는 정확한 개념없이 몇몇 과학자나 무선통신 애호가들에 의해 실험적인 수준에서 시작되었다. 그러다가 1912년에 타이타닉호의 침몰사건이 일어났고, 이때 뉴욕에 있던 마르코니 무선회사의 무선기사에 의해 조난신호가 포착되었다.

이 사건으로 인해 일반인들은 무선통신, 더 나아가 라디오의 존재에 대해 확실하게 인식하기 시작하였다. 초기의 라디오 방송은 무선전신에서 약간 변형된 것으로, 장거리로부터 음악과 간단한 메시지를 들을 수 있는 수준이었다.

한편 정규 라디오 방송이 시작되기 전에도 영국의 일렉트로폰사와 같이 라디오 방송과 비슷한 서비스를 하는 회사가 있었다. 마르코니가 무선전신기를 들고 세상에 나타나기 전이었던 1894년, 런던에서는 전화선을 통해 연극, 음악회, 설교 등을 가입자에게 제공해주는 서비스가 있었다. 비록 유선에 의한 것이었지만, 영국 왕실에도 여러 대가 설치되었고, 가입자가 수백 명에 이르렀다.

영국뿐만이 아니라 헝가리와 미국 등지에서도 수천 명을 상대로 이와 유사한 서비스가 있었다. 아마도 넓은 지역의 불특정 다수를 대상으로 하는 '방송(broadcasting)'에 대한 개념은 이때부터 싹텄을 것이라고 생각된다.

1914년 제1차 세계대전이 시작되면서 전쟁은 무선전신사업을 급부상시켰으며, 아메리칸 마르코니, 제너럴 일렉트릭, 웨스팅하우스 등의 회사들이 맹활약을 하게 하였다. 특히 이때 라디오는 뉴스 속보뿐만이 아니라 선전을 위해 사용되었다. 이 시기에 세계에서 처음으로 방송전파가 발사되었는데, 1920년 1월 미국 해군에서 있었던 군악

대 연주방송이었다.

그리고 같은 해 11월 웨스팅하우스의 KDKA국이 개국하여 대통령 선거에 대한 속보를 방송한 것이 정규 라디오 방송의 시초가 되었다. 또한 FM방송은 미국의 암스트롱이 깨끗한 음질의 방송을 내걸고 1941년 시작한 것이 처음이다. 그러나 미국이 2차 세계대전에 참여함으로써 잠시 주춤하였다.

우리나라에서는 1927년 경성방송국이 개국함으로써 첫 라디오 방송이 시작되었다.

라디오는 트랜지스터의 개발로 새로운 전기를 맞게 된다. 커다란 진공관이 사라지게 됨으로써 이전과 달리 크기가 매우 작아졌고, 소형 배터리만 있으면 어디든지 가지고 다닐 수 있게 된 것이다. 이후 정보통신기술이 발달해 감에 따라 라디오도 지속적으로 발전을 거듭하였고, 이를 통한 기술축적은 텔레비전의 등장으로 연결되었다.

양자역학의 성립

_____ 하이젠베르크(행렬역학) | 1925년
_____ 슈뢰딩거(파동역학) | 1926년

20세기 초에 등장한 새로운 물리학은 양자론과 상대론이다. 흑체 복사에 대한 실험 결과를 설명하기 위해 빛에너지가 연속적인 물리량이 아니라 띄엄띄엄하게 기본량의 배수의 크기를 가진다는 것을 플랑크가 가정하면서부터 양자역학이 시작되었고, 어느 관성계에서 측정해도 빛의 속도가 항상 일정하다는 것을 기본으로 아인슈타인은 상대론을 만들어냈다. 양자역학의 구체적인 체계화는 원자내 전자의 행동을 설명하면서 시작되었다.

톰슨에 의한 전자의 발견은 과학자들로 하여금 원자가 더 이상 쪼개어지지 않는 기본적인 입자가 아닐지도 모른다는 생각을 하게 했다. 이 혼란스런 상태를 해결하기 위해 과학자들은 원자 안의 새로운 세계에 대해 알고자 하는 의지를 불태웠고, 다양한 실험을 시도했다. 그리하여 원자 안의 세계는 차츰 그 모습을 사람들에게 드러내기 시작했다.

톰슨은 원자가 전기적으로 중성이고, 원자로부터 나온 전자가 (-)전하를 띠고 있다는 사실로부터 원자모형을 처음으로 가정했다. 1906년에 그는 마치 백설기 속에 건포도가 골고루 박혀 있는 것처럼, 원자란 (+)전하를 띤 구 속에 (-)전하를 가진 전자가 고루 분포하고 있는 것이라고 제안했다.

1911년 영국의 물리학자 러더퍼드(Ernest Rutherford, 1871~1937)는 1908년에 가이거(Hans Geiger, 1882~1945)와 매스든(Marsden)이 실시한 실험 결과에 주목했다.

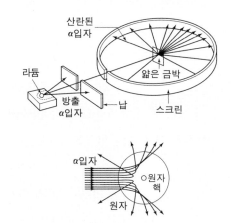

α 입자의 산란

그들은 얇게 만든 금속에 α선(He²⁺, 헬륨원자핵)을 입사시켰다. 그러자 대부분의 α입자는 그대로 통과했으며, 아주 적은 양이 입사한 방향으로 되돌아갔고, 일부는 모든 방향으로 산란되었다. 러더퍼드는 이 실험 결과로부터 톰슨의 원자 모형 대신 새로운 원자 모형을 제안했다. 즉 원자 내부 공간의 대부분은 비어 있으며, 가운데에는 원자의 질량 대부분을 차지하고, 크기는 매우 작고, (+)전하를 가진 핵이 있다고 하였다. 또한 전자는 핵 주위를 떠돌고 있으며 질량이 대단히 작아 α입자의 경로에 영향을 주지 못한다고 하였다.

이 결과 그가 제안한 원자모형은 태양계와 비슷한 모습을 가지게 되었다. 대부분의 질량을 가진 (+)원자핵이 중심에 있고, 주위로 (-)전하를 가진 매우 작은 질량의 전자가 거리의 제곱에 반비례하는 전기력으로 핵 주위를 원운동하고 있는 모습이었다.

그러나 이 모형은 근본적인 모순을 가지고 있었다. 고전 전자기학에 의하면 원운동하는 전자는 가속운동을 하고 있으므로 끊임없이 전자기파를 복사해야 한다. 그 결과 전자는 매우 짧은 시간(지름이

10^{-10}m인 원자인 경우 붕괴시간 10^{-12}초) 안에 에너지를 잃고 핵에 떨어질 수밖에 없는데, 원자에게 그런 일은 일어나지 않았다.

또한 수소 원자에 러더퍼드의 이론을 적용하면, 수소 원자핵 주위를 도는 전자는 그 가속운동으로 계속해서 전자기파를 복사하고, 이 결과 수소는 연속 스펙트럼을 보여주어야 한다. 그러나 실제 수소의 스펙트럼은 선을 나타낸다.

1913년 덴마크의 물리학자 보어(Niels Bohr, 1885~1962)는 새로운 관점을 가지고 이 문제를 해결하고자 했다. 보어는 플랑크가 흑체복사에 적용했던 양자이론을 받아들여 원자 모형을 설명할 새로운 가설을 제안하였다. 원자 내의 전자가 특정한 조건(보어의 양자 조건이라 불린다)을 만족하는 원궤도를 회전하면 전자기파를 방출하지 않고 안정된 운동을 한다는 것이다. 이 양자 조건이란 전자의 질량을 m, 속도를 v, 궤도 반지름을 r, n을 양의 정수라 하면 $2\pi rmv = nh$를 만족하는 것을 말한다. *

---

* 여러 실험 결과 빛이 파동성과 입자성을 동시에 갖는다는 것이 분명해지자, 1923년 프랑스의 과학자 드 브로이(Louis V. de Broglie, 1892~1982)는 입자성을 가지는 물질도 파동성을 가져야 한다고 생각했다. 그는 질량 m인 입자가 속력 v로 운동할 때, 파장 λ는 h/mv가 될 것이라고 제안하였다. 여기서 h는 플랑크 상수이다. 1927년 미국의 과학자 데이비슨(Cliton J. Davisson, 1881~1958)과 거머(Lester H. Germer, 1896~1971)가 전자가 간섭현상을 보인다는 것을 실험으로 확인하여 입자로 알려진 전자의 파동성이 실증되었다.

이것으로 보어의 양자조건은 전자가 운동하는 원궤도의 길이 $2\pi r$ 이 전자 물질파의 파장 λ의 정수배인 상태(정상상태)를 만족하는 것을 말한다. 즉 전자가 $2\pi r = n\lambda$인 상태를 만족하는 궤도에서 전자는 전자기파를 방출하지 않고 안정된 운동을 한다는 것이다.

인류사를 바꾼 100대 과학사건

즉 전자가 특정한 궤도로만 운동
하고, 이 결과 원자 주변의 전자가 가
진 에너지도 띄엄띄엄 양자화된 양
만을 가진다는 것을 의미한다.

또한 전자는 이러한 안정된 궤도
와 궤도 사이를 옮겨갈 때만 그 에너
지 차이만큼 광자를 흡수하거나 방
출한다고 가정하였다. 이 모형으로
수소의 선 스펙트럼은 훌륭하게 설
명되었다.

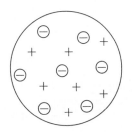

톰슨의 원자 모형

러더퍼드 – 보어의
원자 모형

1921년 보어는 덴마크의 코펜하
겐에 기부금을 모아 이론물리학 연
구소를 세운다. 그는 이제 태동하기
시작한 양자론의 연구를 위해 유능
한 인재를 모아야 할 필요성을 느꼈
다. 당시는 제1차 세계대전이 막 끝
난 후라 각 나라는 사회적으로 혼란

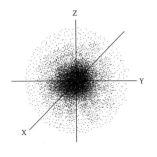

슈뢰딩거의 전자구름 모형

스러웠다. 이런 상황에서 보어가 만든 연구소에 여러 나라의 혈기왕
성한 젊은 과학자들이 모여 '코펜하겐 학파'를 만들며, 보어의 지도
하에 양자역학을 발전시킨 이론들을 속속 발표하게 된다.

여기 모인 과학자들은 파울리(Wolfgang Pauli, 1900~58), 하이젠
베르크(Werner Karl Heisenberg, 1901~76), 디랙(Paul A. M. Dirac,
1902 ~84) 등이었다.

파울리는 1924년 원자내 전자 배열을 결정하는 원리로서 양자수

라는 개념을 도입하여 원소의 주기율적 성질을 완전하게 설명할 수 있었다. 즉 전자는 동일한 양자상태에 있을 수 없다는 배타원리를 주장하고, 이 원리를 바탕으로 원자의 전자 껍질 개념을 구체적으로 확립시킨다.

원자 내 전자의 상태는 보통 주양자수, 방위양자수, 자기양자수, 스핀양자수에 의해 결정된다. 주양자수는 전자가 들어갈 수 있는 껍질을 결정한다. 결정된 껍질 속에서 전자가 어떤 형태를 가지고, 어느 방향으로 분포하는가는 방위양자수가 결정한다. 자기양자수는 자기장 속에서 원소의 스펙트럼 선이 갈라지는 현상(제만효과)을 만들게 하는 전자의 행동을 설명한다. 또한 전자의 자전방향을 결정하는 것이 스핀양자수이다. 파울리의 배타원리에 의하면 전자는 동일한 양자수를 가질 수 없으므로 하나의 양자궤도(orbital)에는 반대의 스핀을 가지는 2개의 전자만 들어갈 수 있다는 것이다. 원자에 전자가 채워질 때 전자는 가장 안정된 상태를 지향한다. 따라서 전자는 에너지 준위 순서가 낮은 것부터 차례로 채워지게 된다. 그리하여 수소는 전자 1개, 헬륨은 전자 2개, 리튬은 전자 3개… 등 전자가 어떻게 각 원자 내 에너지 준위에 채워지는지 모형으로 나타낼 수 있게 되었다.

수소 원자의 양자수

이름	기호	허용된 값	관련된 물리량	허용된 수
주	n	1, 2, 3…	에너지	∞
방위	l	0, 1, 2,…$(n-1)$	궤도 각운동량	n
자기	m_l	0, ± 1, ± 2, …, $\pm l$	궤도 각운동량	$2l+1$
스핀	m_s	$\pm \dfrac{1}{2}$	스핀 각운동량	2

1925년 하이젠베르크는 보어의 고전양자론을 대신할 새로운 행

인류사를 바꾼 100대 과학사건

렬역학의 기본적인 틀을 만들어내 양자역학을 시작한다. 그는 1927년 발표할 불확정성원리, 즉 미소입자의 위치나 운동량을 동시에 정확하게 알 수 없다는 생각을 기초로, 입자의 에너지 E를 운동량 p와 위치 x의 함수로서 표현하기 위해 노력하다가 행렬(matrix)이라는 수학적 방법을 생각해 내게 된다. 행렬이란 가로와 세로로 수나 식을 조합하여 나타낸 것을 말한다. 이러한 표현으로 나타내어진 수식은 양자론적인 실험 결과와 일치했다.

한편 오스트리아의 물리학자 슈뢰딩거(Eirwin Schrödinger, 1887~1961)는 1926년 하이젠베르크와는 독립적으로 행렬역학과 전혀 다른 양자역학체계인 파동역학을 만들어낸다. 그는 드브로이의 물질파에 관한 이론을 발전시켜 원자 내 전자의 밀도를 설명하려는 의도로 파동방정식을 체계화시킨다.

이후 보른(Max Born, 1882~1970)은 슈뢰딩거의 파동함수를 통계적으로 해석하여, 파동함수가 전자의 밀도를 나타내는 것이 아니라 전자의 확률적 분포를 나타낸다는 해석으로 1954년 노벨물리학상을 받았다. 그리하여 슈뢰딩거에 의해 제시된 새로운 원자 모형은 전자의 확률적 분포를 나타내는 오비탈 모형이 되었다. 이를 전자 구름 모형이라 부른다.

양자역학을 이루는 두 체계, 행렬역학과 파동역학은 겉으로는 기본입장이 달라 보였으나, 후에 디랙에 의해 본질적으로 같다는 것이 증명되었다.

양자역학에 대한 철학적 해석은 하이젠베르크에 의해 완성되었다. 하이젠베르크는 1927년 「양자론적 운동학과 운동역학의 직관적인 내용에 관해서」라는 논문에 불확정성원리를 내놓는다. 그는 이론적인 계산에 의해 위치 측정의 불확정도 Δx와 운동량의 x성분의 측정의 불확정도 Δp_x 사이에 $\Delta x \Delta p_x \geq \dfrac{\mathrm{h}}{4\pi}$ (h : 플랑크 상수)의 관계가 있는 것을 알아냈다.

이 식은 위치 측정의 불확정도가 작아지면 운동량 측정의 불확정도가 커진다는 뜻이며, 어떤 입자의 위치와 운동량을 동시에 정확히 측정할 수 없음을 알려준다. 물리량 측정의 정밀도는 측정장치와 방법을 개량하면 얼마든지 높일 수 있다는 것이 고전역학의 태도이다. 그러나 측정장치와 방법이 완전하다 할지라도 측정수단과 대상(예를 들면 전자의 위치를 고려할 때 전자와 광자) 사이의 상호작용에 의해 그 정밀도에는 기본적인 한계가 있다는 것이 하이젠베르크에 의해 제기된 양자역학의 새로운 해석이다.

불확정성원리에서 최소한의 불확정도의 크기를 결정하는 상수 $h/4\pi$는 거시적인 세계에서는 무시할 만큼 작은 양이다. 그러나 전자만큼 작은 세계에서는 무시할 수 없는 양이 되어 불확정성이 나타나는 것이다.

고전역학에 의하면, 공중으로 지표면과 θ의 각도를 가진 방향으로 초속도 v_0로 야구공을 던진다면 우리는 중력가속도를 알 수 있으므로 몇 초 후에 야구공의 속력이 어떻고 위치가 어떻게 되는가를 완벽하게 알 수 있다. 뿐만 아니라 물체의 운동을 파악한다는 것은 그 물체의 위치와 속력을 시간에 따라 정확하게 기술할 수 있다는 것을 의미한다. 이러한 고전역학이론에 익숙한 사람들에게 이 불확정성원리가 미칠 파장이 어떠했는가는 미루어 짐작할 수 있다.

또한 보어는 거시적인 현상에서 발달한 역학체계를 기준으로 원자현상과 같은 미시세계를 볼 때 한계가 있다고 보고, 이러한 관점에서 상보성원리라는 명제를 만든다. 즉 거시세계에서는 파동과 입자라는 두 상반되어 보이는 개념이 미시세계에서는 서로 상보적인 개념으로서 서로를 허용한다는 것이다. 즉 전자는 입자로 행동할 때도 있고, 파동으로 행동할 때도 있으며, 이것은 관측자가 어떤 모습을 보고자 하느냐에 따라 동전의 양면과 같다는 것이다.

우리의 관심을 저 작은 원자 내부의 세계까지 확대하면서, 수없이 많은 실험결과를 이성적으로 이해하려 하면서 발달한 양자역학은 우리가 설명할 수 있는 과학분야를 넓게 했다. 저온에서 나타나는 헬륨의 행동, 초전도 현상, 금속이나 반도체 속의 전자의 행동 등의 이론적 기초를 양자역학이 제공하고 있다.

과학의 발달은 우리의 사고체계가 끊임없이 변화할 것을 요구한다. 이 세상을 천상계와 지상계로 나누어 운동을 설명한 아리스토텔레스의 사고로부터, 뉴턴에 의해 대표되는 기계적이고 인과론적인 철학, 20세기에 등장한 양자론이 말하는 불확정성원리와 상보성원리, 상대적인 시공간의 개념… 앞으로 등장하게 될 과학은 우리에게 어떤 사고체계의 변환을 요구할까?

페니실린 발견

—— 플레밍 | 1928년

위대한 과학자들이 특별한 발견을 한다거나 탁월한 이론을 만들어낼 때 평범한 사람들은 그 과정에서 전설을 만들어내곤 한다. 뉴턴이 만유인력의 법칙을 사과나무에서 떨어지는 사과를 보고 생각했다는 이야기가 그러하고, 갈릴레이가 피사의 사탑에 올라가 서로 다른 두 질량의 물체를 떨어뜨리는 공개적인 실험을 하였다는 것이 그러하다. 영국의 미생물학자 플레밍(Alexander Fleming, 1881~1955)이 발견한 항생제 페니실린에는 전설이 아닌 실제로 일어난, 그러나 전설같은 이야기가 많다.

1942년 미국의 한 병원에 다 죽어가는 어떤 부인이 있었다. 그녀는 아기를 낳은 후 산욕열에 걸려 온몸에 세균이 퍼져 있었다. 그녀의 정맥에 미국에서 처음으로 산업적 규모로 생산된 페니실린이라는 약품이 주사되었다. 죽을 것이라고 예상되었던 그녀는 놀랄만큼 빠른 속도로 회복되었다.

페니실린 생산량이 많이 늘어났지만 아직도 대단히 귀했던 1943년, 미국의 한 내과의사가 페니실린을 생산하고 있던 파이자라는 제약회사의 간부를 찾아와 페니실린을 나누어 달라고 사정한다. 그 병원에 입원해 있는 감염성 심내막염으로 죽어가는 소녀를 살리기 위해서였다. 당시 페니실린은 필요한 만큼의 양을 생산하지 못했으므로 공식적인 할당량이 있었고, 심내막염에는 페니실린이 효과가 있다는 확실한 증거가 없었으므로 할당량이 없었다. 그러나 이 간부는 페니실린을 나누어주고 죽어가는 소녀에게 페니실린이 효과가 있나 없나 직접 확인을 해 보았다. 놀랍게도 페니실린을 투여받은 소녀는 한 달만에 완전히 나아 버렸고, 그 간부는 페니실린을 다른 심내막염 환자에게 쓸 수 있게 했다.

제2차 세계대전에서 연합군측이 승리한 중요한 원인 중의 하나가 페니실린의 발명이라고 말하기도 한다. 페니실린이 발명되기 전에는 많은 사람들이 간단한 상처에 의한 감염으로 죽어갔다. 인류가 평균수명을 연장해 간 중요한 원인으로 의학의 발달을 꼽는데, 이러한 의학의 발달을 이끈 요인중의 하나가 항생제 페니실린의 발명이었다.

페니실린은 많은 사람들의 합작품이다. 그 발견 최초의 자리에 플레밍이 있다. 플레밍은 스코틀랜드의 농장에서 태어나 런던대학 의학부에서 의학을 전공한다. 그는 졸업 후 런던 세인트 메리 병원의 예방접종과에서 연구생활을 시작한다.

당시 의학계는 파스퇴르가 이룬 업적의 눈부신 세례를 받고 있었다. 파스퇴르는 이전의 의학계를 지배하던 자연발생설, 즉 무생물에서 생물이 저절로 생겨난다는 이론의 불합리성을 증명하고 공개적인 실험을 통하여 세균에 의해 병이 발생함을 증명하였다. 또한 제너에 의해 처음 시도된 백신접종에 의한 예방법을 일반화시켰다.

그리하여 19세기 말의 의학자들은 인간에게 치명적인 전염병을 일으키는 미생물을 규명하고 이를 예방할 수 있는 백신을 개발하는 예방요법을 중요시했다. 이러한 그들에게 병을 약으로 다스리는 화학요법은 상대적으로 경시되었다.

이런 의학적 환경에서 연구하던 플레밍은 감기에 걸린 1922년 어느 날 특별한 현상을 발견한다. 마이크로코쿠스 리소데익티쿠스(*Micrococcus lysodeikticus*)라는 세균이 그의 콧물에 의해 분해되어 버리는 것을 발견한 것이다. 콧물뿐 아니라 사람과 동물 몸에서 분비되는 점액 대부분에서 발견된 살균효과가 있는 이 효소를 플레밍은 리소자임(lysozyme)이라 부른다. 리소자임은 사람과 동물의 몸 중 눈이나 코의 점막같이 드러나 있으면서 혈액의 공급이 없어 면역 체계가 작용할 수 없는 곳에서 특히 많이 발견된다.

리소자임은 맹독균에 대해서는 효과가 없었지만, 플레밍은 리소자임을 중요하게 생각하고 연구를 계속한다. 그 후 세인트 메리 병원의 세균학 교수로 임명된 플레밍은 1928년 여름, 주말 휴가가 끝난 월요일 아침 실험실 배양접시에서 맹독성 화농균인 포도상구균이 파괴되어 있는 것을 발견한다. 그 원인은 놀랍게도 어디서 날아들어 왔는지 알 수 없는 푸른 곰팡이였다. 후에 이 푸른 곰팡이는 페니실륨 노타툼(*Penicillium notatum*)인 것으로 규명되었다. 플레밍은 이 곰팡이에 의해 만들어지는 물질이 포도상구균, 연쇄상구균, 임질균, 뇌막염의 원인균, 디프테리아균, 폐렴균 등을 파괴하는 능력이 있음을 실험으로 알았다. 그는 이 물질을 페니실린이라 불렀다. 특이하게도 페니실린은 생체 내에서 적혈구를 파괴하지도 않았고, 인간에 해가 없는 물질이었다.* 이러한 사실은 중요한 의미를 가졌다. 플레밍은 화학요법에 부정적인 견해를 가졌었는데, 그 이유는 세균만을 죽여야 할 약들이 사람에게도 유독했기 때문이었다.

---

* 이러한 이유로 페니실린을 '마법의 탄환'이라고 부른다.

그러나 막상 페니실린을 환자에게 처방하려 했을 때 장애물을 만났다. 곰팡이에서 추출된 물질은 너무 예민하여 보관하기 힘들었고, 병원의 오랜 환자들에게 사용해 보았으나 기적같은 일은 일어나지 않았다. 그는 1929년 푸른 곰팡이에 항생작용이 있다는 것을 논문으로 발표한다. 그러나 이 일은 더 이상 진행되지 않고 10여년 동안 방치된다.

1939년 옥스퍼드 대학의 병리학자 플로리(Howard W. Florey, 1898~1968)와 생화학자 체인(Ernst B. Chain, 1906~79)은 함께 세균길항작용*에 대해 연구하다 플레밍의 리소자임에 이어 푸른 곰팡이의 항생작용에 대한 논문을 읽고 관심을 가진다.

그후 대형 제약회사의 참여와, 제2차 세계대전이 일어나 항생제의 필요성을 절박하게 느낀 영국과 미국의 전폭적인 지원으로 대단히 빠른 속도로 페니실린에 대한 연구가 진척되어 페니실린을 산업적으로 대량 생산하게 된다.

이후 화학요법도 병을 다스리는 데 중요하다는 인식 아래 미생물이 만드는 항생물질을 찾으려는 지속적인 연구가 일어났고, 그 결과 장티푸스를 일으키는 살모넬라균에 유효한 곰팡이 등 많은 것을 찾아낼 수 있었다. 페니실린은 인간의 병을 치유하기 위하여 의식적으로 미생물을 이용한 최초의 예라는 데 그 중요성이 있으며, 당시까지 의학에서 경시되었던 화학요법을 새 차원으로 끌어올려 죽어가는 많은 사람들을 살렸다.

---

*　상반되는 두가지 요인이 동시에 작용하여 그 효과를 서로 상쇄시키는 작용을 길항작용이라 하며, 여기서는 미생물의 존재가 다른 미생물의 성장을 방해하거나 중지시키는 것을 의미한다.

우주의 팽창 발견

_____ 허블 | 1929년

우주는 원래 그냥 그대로 처음부터 있었는가? 무한한 시간과 공간 속에 더 이상 할말도 없이 우주는 신만이 아는 그런 존재로 예전부터 있었는가?

'정상상태우주론'으로 우주를 설명하면 우리는 더 이상 할말이 없다. 원래부터 있었고 변한 적이 없으며, 앞으로도 변하지 않을 우주라면 그에 대한 질문의 답은 신과 연결될 수밖에 없다. 우주에 대해서 사람들은 허블(Edwin Powell Hubble, 1889~1953)의 발견 이전에는 이와 같은 설명의 정상상태우주론을 믿었다.

어둠만 남아 있는 밤, 이슬도 내리는 그 싸한 공기 속으로 별들이 쏟아지는 시골의 하늘을 보면 우주 생성에 대해, 우주의 시작과 끝에 대해, 별들의 거리 측정에 대해 이야기하는 것은 참 허망하게 느껴진다.

주디 포스터가 주연했던 〈접속(Contact)〉이라는 영화를 감명깊게 보았다. 무엇보다도 초지일관 열정을 갖고 하늘만을 바라보는 주인공의 기질과 직업이 마음에 들었고, 영화속 배경으로 처음부터 끝까지 흘러 다녔던 아버지와의 대화 "이 넓은 우주에 지구에만 생명체가 있다는 것은 너무도 큰 공간 낭비야"가 나의 뇌리에 각인되어, 드넓은 우주에 지구에만 생명체가 있다는 것은 지구가 우주의 중심이라는 말과 똑같이 독선적으로 느끼게 한 계기가 되었다.

우주는 무한한가 유한한가? 시작과 끝이 있는가 없는가? 이에 대한 가장 합리적인 설명으로 현재까지 과학자들의 지지를 받고 있는 이론은 '대폭발설(big bang theory)'이다.

대폭발설은 다음과 같다. 탄생 초기에 우주는 모든 물질이 집중되어 있는 수십억 도의 국물(soup)과 같은 상태였다. 우주 탄생 1/100초에서 1/10초 사이에 이 우주국물(cosmic soup)의 온도는 절대온도 1,000억도였고, 우주의 구성입자는 대부분 전자, 양전자, 광자, 중성미자, 반중성미자로 되어 있었다.

이 입자들의 상호작용으로 전자와 양전자가 합쳐져 광자로 바뀌고, 광자는 다시 충돌하여 전자와 양전자로 바뀌기도 했다. 물론 밀도와 온도는 상상할 수 없을 정도로 높았다. 1/10초가 지난 후 우주의 절대온도는 10억도까지 떨어졌다. 양전자들은 소멸하고 전자, 중성미자, 광자들만 남았다. 3분이 지난 후 우주의 온도는 양성자와 중성자가 핵으로 결합할 수 있는 온도까지 떨어졌고, 중수소와 헬륨의 핵이 만들어졌다.

10만년이 지난 후 핵들이 전자와 결합해 원자를 만들었고, 마침내 별과 은하를 만들기 시작했다. 별들은 수소와 헬륨이 모여 핵융합 반응을 일으키며 철과 탄소같은 원소를 만들기 시작했다. 그후 100억년에서 150억년(추정되는 우주의 나이) 동안 우주는 지속적인 변화를 일으키며 현재와 같은 상태를 만들었다.

이러한 대폭발론은 1931년에 르메트르(G. Lemaitre, 1894~1966)가 제안하였고, 49년 가모브(George Anthoy Gamow, 1904~68)에 의해 체계화되었다. 이 이론의 근거는 허블이 1929년에 발견한 은하로부터 오는 빛의 적색 편이현상이었고, 그 증거는 1965년 펜지어스 (Arno Allan Penzias, 1933~)와 윌슨(Robert Woodrow Wilson, 1936 ~)에 의해 발견된 우주 배경 복사이다.

우리가 기찻길에 서 있다고 가정하자. 기차가 우리에게 다가올 때는 그 기적소리가 정지해 있을 때보다 높은 음으로 들리고, 기차가 우리로부터 멀어질 때는 낮은 음으로 들린다. 이러한 현상을 '도플러 효과'라고 한다.

빛도 마찬가지 효과가 나타나는데 관측자에게 가까이 오는 광원은 빛의 스펙트럼이 청색쪽으로 옮겨가는 청색 편이현상, 멀어져 가는 광원은 반대로 적색 편이가 관측된다. 이러한 현상이 우주의 별에도 똑같이 적용된다. 따라서 외부 은하로부터 오는 빛의 스펙트럼에서 적색 편이가 관찰되었다면, 이 외부 은하는 우리로부터 멀어지고 있다는 증거가 되는 것이다. 허블은 또한 멀리 있는 은하일수록 멀어지는 속도가 더 빠르다는 것도 발견하였다.

펜지어스와 윌슨은 지구를 돌고 있는 인공위성과 교신하면서 미지의 전파를 발견하였다. 이 전파는 우주의 모든 방향에서 고루 발견되었고, 이에 대한 설명으로 우주의 초기 대폭발 때 발생한 빛들이 우주가 팽창함에 따라 지속적으로 식어 2.7K에 해당하는 우주 배경 복사로 남았다는 것이다.

우주의 대폭발설은 우주의 탄생 이전의 상태를 명확하게 해명하고 있진 못하나, 우주 탄생 초기를 합리적으로 잘 설명해주고 있다. 허블의 우주의 팽창 발견은 이러한 현대 우주론이 출발하게 했다는 데 그 의미가 있다.

인류사를 바꾼 100대 과학사건

입자가속기 건설

_____ **코크로프트와 월턴** | 1932년

과학의 역사를 가만히 들여다보면 과학이 어떤 곳에서 특별히 발달할 때 보통 원인이 있다.

밀레토스에 생겨난 최초의 자연철학도 상업의 발달로 여유가 있는 상공업계층이 합리적인 생각을 할 수 있었기 때문이고, 헬레니즘 문화와 함께 발달한 고대 과학도 알렉산더에 의해 만들어진 알렉산드리아의 학문적 터전 위에서 번성했다. 20세기 초에 독일은 과학의 전문직업화와 우수한 대학의 연구환경을 기본으로 산업체와 국가의 도움을 받아 세계과학의 중심지가 되었다.

물론 뉴턴같은 사람은 주위의 도움없이도 독자적으로 특출한 이론을 만들어냈고, 프랑스의 수학자 갈루아(Evariste Galois, 1811~32)는 제도교육에 적응하지 못하고 제멋대로 살다 20살에 요절하였으나 '군론'이나 '정수론'을 제시하여 수학의 발달에 큰 기여를 한 경우도 있다.

그러나 20세기 중반으로 접어들며 과학은 과거와는 다른 양상을 띤다. 먼저 개인의 독자적인 연구보다는 여러 명의 관련 분야 전문가가 같이 하는 공동연구가 눈에 띄게 늘어난다. 과학이 날로 전문화되고 세분화되고 양이 많아지면서 라이프니츠같이 다방면에 능력을 발휘하기가 어려워진 탓이다.

또 하나의 특징은 과학이론을 증명하기 위한 실험도구 제작에 돈이 매우 많이 들어간다는 사실이다. 최근의 핵물리학에 대한 연구는 이러한 분위기를 잘 보여준다. 핵물리학을 연구하는 기본적인 도구는 입자가속기이다. 따라서 이러한 입자가속기를 건설할 수 없는 나라에서 핵물리학을 연구한다는 것은 상당히 어려운 일이다. 물론 디랙같이 이론적인 계산에 의해 양전자의 존재를 예언하는 사람도 있지만 말이다.

입자가속기는 방사선 발생장치이다. 또한 전자나 양성자같은 하전입자를 전기장이나 자기장 속에서 가속시켜 높은 운동에너지를 갖게 해, 여러 금속의 원자핵에 충돌시켜 다양한 핵 관련 실험 또는 소립자 연구를 하게 해 주는 장치이다. 가속기는 방사선을 발생시키고 정지시키는 것이 모두 쉽고, 대전된 입자의 속도를 조절하기가 편리하며, 방사성동위원소에서 얻을 수 없는 다양한 하전입자나 X선도 얻을 수 있다.

이러한 입자가속기의 핵변환 실험은 1932년 영국의 코크로프트(John D. Cockcroft, 1897~1967)와 월턴(Ernest T. S. Walton, 1903~95)이 변압기와 여러개의 축전기와 정류기를 조합하여 고전압 발생장치를 만들고, 여기에 양성자를 600keV로 가속시켜 리튬 원자핵을 두 개의 헬륨 원자핵으로 변환시킨 것이 시초가 되었다.

일반적으로 입자가속기는 그 가속하는 방법에 따라 반데그라프 가속기와 같은 정전가속기, 사이클로트론이나 베타트론같은 원형가속기, 선형가속기, 보다 큰 에너지를 얻을 수 있는 신크로사이클로트론과 같은 개량가속기로 나뉜다.

또 가속기에 에너지를 공급하는 방식에 따라 반데그라프 가속기나 사이클로트론같은 고전압 인가형, 베타트론같은 자기장 변화형, 선형가속기나 신크로트론같은 고주파 인가형으로 나뉘어진다.

여기서는 기본구조를 이해하기 쉬우며 가장 많이 알려진 정전가속기와 원형가속기인 사이클로트론을 소개하겠다.

정전가속기는 반데그라프(Robert J. Van de Graaff, 1901~67)에 의해 개발된 것으로 직류 정전 발생장치를 통해 수백만 볼트의 전위차를 얻을 수 있는 가속기이다.

절연성 물질로 만들어진 벨트가 위 아래에 놓인 두 개의 도르래 사이를 회전하는데, 아래쪽 도르래는 접지되어 있고, 위쪽 도르래는 속이 비고 절연된 금속구에 연결되어 있다. 도르래가 움직여 벨트를 위쪽으로 올라가게 하는데, 이 올라가는 벨트에 수십 keV*의 직류전원이 방전을 통해 전하를 실어주고, 이 실린 전하는 움직이는 벨트를 통해 위로 가 금속 구에 쌓인다. 이 회전이 반복되면서 높은 전위차를 만들고 이 전위차를 이용하여 이온을 가속시키는 것이다.

사이클로트론은 로렌스(Ernest O. Lawrence, 1901~58)에 의해 개발되었다.

사이클로트론의 기본구조는 D자형의 금속상자 2개를 가운데에 공간을 약간 두고 원형으로 마주보게 한 것이다. 그리고 가운데의 공간에 대전입자를 발생시킬 수 있는 장치를 둔다. 그리고 이 금속상자 2개가 놓인 면에 수직으로 자기장을 걸어준다. 가운데의 대전입자 발생장치에서 대전입자를 발생시켜 한 금속상자의 옆면에 입

---

* $1eV=1.6\times10^{-19}J$, $1keV=10^3eV$, $1MeV=10^6eV$, $1GeV=10^9eV$

사시킨다.

이 대전입자는 수직으로 걸려있는 자기장에 의해 로렌츠의 힘(자기장 속에서 대전된 입자가 운동할 때 받는 힘)을 받아 원운동을 하게 된다. 하나의 상자에서 반원을 돌고 나오면 양 상자 사이에 걸어준 고전압에 의해 가속되고, 가속된 입자는 다시 다른 상자 속으로 더 큰 에너지를 갖고 더 큰 원운동을 하게 된다. 이러한 과정이 되풀이되면서 입자의 운동에너지가 증가된다.

가속기들의 개발 덕분에 핵반응 연구가 실험실 안에서 가능하게 되었고, 현재에도 원자핵물리학, 입자물리학의 분야에서 다양하게 사용되어 자연의 기본적인 힘을 이해하기 위한 물리학자들의 깊이있는 연구를 도와주고 있다.

텔레비전 정기 방송의 시작

_____ 괴벨스 | 1935년

현대인의 사고와 언어행위는 대개 대중매체, 그 중에서도 텔레비전을 통해 이루어지고 있다. 현대인들은 여가의 상당 시간을 텔레비전 시청으로 보내고 있다. 단순히 수치적으로 하루에 얼마나 많은 시간 텔레비전을 시청하느냐의 문제만이 아니라, 우리 사회의 수많은 담론들이 텔레비전을 통하여 전개되고 있다는 점에서, 텔레비전이라는 매체는 현대인의 삶에서 중요한 위치를 차지하고 있다.

텔레비전에서 방송되는 뉴스나 각종 토론회는 정치·경제적인 담론의 흐름에 결정적인 영향을 주고 있으며, 텔레비전 광고는 소비자의 상품 구매동기를 자극하는 것을 넘어서서 이 시대가 지향하는 전형화된 삶의 모습들에 대한 이미지를 제시해 주고 있다. 또한 텔레비전 드라마와 오락 프로그램들은 최신판의 삶의 방식과 놀이방식을 제시하며 현대인들의 삶을 이끌어 가고 있다.

이와 같이 현대인의 삶과 뗄레야 뗄 수 없는 텔레비전은 19세기부터 인류가 개발한 발명품들을 모두 합쳐놓은 작품이라고 할 수 있다. 텔레비전은 오랜 세월 동안 전화기, 사진, 라디오 등의 기술들이 결합되어 만들어져 현재에 이르고 있으며, 지금도 끊임없이 개량되어 가고 있다.

텔레비전의 개발은 빛이 닿으면 전류가 흐르고, 빛의 세기에 따라 전류의 세기를 변화시키는, 즉 빛의 민감한 차이로 저항이 변화하는 성질을 가진 셀레늄원소의 발견으로 시작된다. 1817년 이 특이한 원소가 발견되자 과학자들은 이 원소를 이용하여 상을 먼곳까지 보내는 시도를 하게 되고, 결국 1875년에 이 시도가 성공한다.

먼저 셀레늄판을 상을 받아들이는 곳에 서로 이웃하게 여러 개를 놓아둔다. 각각의 셀레늄판에서 받아들여진 상의 조각들이 각기 다른 선으로 수상기까지 전달되어, 수상기에서는 이 서로 다른 정보를 각각 보여준다. 이것이 합쳐지면 상이 되는 것이다. 즉 영상을 전송시키기 위해 이를 전기신호로 바꾸어 전송하면 수신기에서 받아 다시 영상으로 복원시키는 것이다. 그러나 이러한 과정을 통하여 정지된 상을 먼곳까지 보내는 것은 가능했으나, 움직이는 상을 보내는 것은 셀레늄이 빛에 반응하는 시간이 오래 걸려 불가능하였다.

1897년 독일의 과학자 브라운(Karl F. Braun, 1850~1918)은 진공 유리구(球)의 안쪽에 형광물질을 발라 전기신호를 영상으로 나타내는 '브라운관'을 개발하였다. 브라운관은 음극선관의 일종으로 이 표면에 화소(畵素)라고 부르는 수많은 점들이 있어서 전자와 충돌하면 빛을 발하게 된다. 따라서 영상을 보려면 브라운관에 상을 전송시키는 방법이 필요했는데, 기본적으로 영상을 구성하는 많은 신호를 동시에 송신하는 것은 불가능하기 때문에 이를 여러 조각으로 분해하여 수신기로 보내는 방법이 사용되었다.

19세기 말부터 이에 대한 연구가 활발히 이루어지다 1884년 독일의 니프코브(Paul G. Nipkow, 1860~1940)가 모자이크 영상을 재현하는 주사방식을 개발하였다. 그리고 1925년 영국의 존 베어드(John L. Baird, 1888~1946)는 브라운관과 니프코브의 주사방식을 이용해 십자가의 모습을 촬영하여 3m 떨어진 곳에 유선으로 전송하는 데 성공하였다.

텔레비전(television)은 '멀리'라는 뜻의 그리스어인 'tele'와 '보다'라는 뜻의 라틴어 'videre'를 연결한 용어이다. 베어드가 텔레비전을 개발해내기 전부터 이미 텔레비전은 과학자들의 머릿속에 존재하였고, 따라서 그 이름은 TV가 실험실 밖으로 나오기 훨씬 전인 1900년 프랑스에서 열린 만국전기기술자총회에서 지어졌다.

영국에서 베어드의 성공이 있은 후, 1927년 미국의 벨 연구소, 1928년 일본, 1931년 소련 등에서 모두 성공적인 TV방송을 하였고, 곧이어 실제 방송이 시작되었다.

세계 최초의 텔레비전 정기 방송의 시작은 1935년 독일에서였다. 1주일에 3일간 하루 1시간 30분씩 방송하였다. 독일이 다른 나라들보다 빨리 TV방송을 시작한 것은 히틀러의 선전상 괴벨스(Paul J. Goebbels, 1897~1945)에 의해서였다. 괴벨스는 텔레비전의 선전효과를 재빨리 간파하고, 히틀러의 얼굴을 독일 전역에 선전하기 위해 TV방송을 서둘러 시작했던 것이다. 또한 같은 맥락에서 그 다음 해에 열린 베를린 올림픽 경기를 생중계하였다.

그 뒤를 이어 영국의 BBC가 1937년에 정기방송을 시작하였다. 미국에서는 1939년 NBC가 뉴욕 세계박람회 개회식에서 루즈벨트 대통령의 개막연설을 중계하면서 본격적인 TV시대가 열렸다. 우리나라에서는 1956년 미국 RCA사와 합작으로 HLKZ-TV가 개국하였다.

엘리자베스 공주가 1953년 웨스트민스터 대성당에서 대관식을 올리는 장면이 영국 전역에 생중계되면서, 그리고 1963년 케네디 대통령의 암살 장면이 우연히 생중계되었던 일로 인해 텔레비전은 신문이나 라디오를 압도하는 대중매체가 되기 시작하였다.

이와 같이 텔레비전은 여러 가지 기술 발달의 흐름에 힘입어 인류 앞에 등장하게 되었고, 라디오보다 한 단계 진일보한 의미로 다가왔다. 곧 바로 인간이 커뮤니케이션에 사용하는 모든 것, 즉 말이나 의성어뿐만이 아니라 봄으로써 느끼고 알 수 있는 표정의 변화, 몸의 움직임 등 시각적인 커뮤니케이션 요소가 포함됨으로써 보다 진보된 의미를 내포한 첨단매체가 되었던 것이다.

오늘날에는 여기에 덧붙여져 일방적으로 받기만 하였던 방식에서 벗어나 쌍방향의 커뮤니케이션이 가능한 단계로 발전하고 있다.

인류사를 바꾼 100대 과학사건

원자로 건설

_____ 페르미 | 1942년

발명품들 중 처음에는 군사적 무기개발을 목적으로 만들어지지 않았으나 전쟁에서 매우 중요하게 사용된 것들이 있다. 다이너마이트(화약)와 비행기가 그러했다. 그러나 처음부터 전쟁수행의 필요성으로 만들어진 것이 오늘날에는 일상생활에서 널리 사용되고 있는 것도 있다. 그 대표적인 것이 원자로이고, 앞으로 살펴볼 컴퓨터와 인터넷 또한 그러하다.

제2차 세계대전이 한창 벌어지고 있던 1942년, 미국 시카고 대학교의 운동경기장 관중석 지하의 비밀 실험실에서는, 이 대학의 교수 페르미(Enrico Fermi, 1901~54)가 이끄는 물리학팀에 의해 세계 최초의 원자로 '시카고 파일(Chicago Pile)'이 제작되고 있었다. 이것은 미국에서 극비리에 진행중이던 '맨해튼 계획'의 하나였다. 맨해튼 계획은 미국을 주축으로 하여 유럽 각국으로부터 최고의 과학자들이 모여 진행하고 있던 원자폭탄 제조계획이다.

이러한 '맨해튼 계획'은 독일의 한(Otto Hahn, 1879~1968)과 슈트라스만(Friz Strassmann, 1902~1980)의 발견에 기초하고 있었다. 1938년에 한과 슈트라스만은 질량수 235인 우라늄원자핵(^{235}U)이 느린 중성자를 흡수하면 불안정해져 질량이 거의 같은 2개의 원자핵으로 분열되어 막대한 에너지를 방출하는 것을 발견했다. 이 에너지를 이용한 것이 원자폭탄과 원자로이다.

당시에는 원자로라는 용어가 없었기 때문에 페르미는 흑연 덩어리에 우라늄 봉을 꽂아 만든 것을 파일이라고 불렀다. 연료는 안정적인 우라늄인 ^{238}U과 그것의 동위원소인 불안정한 ^{235}U를 14 : 1의 비율로 섞은 혼합물이었다.

즉 느린 중성자 1개가 이 혼합물 중에 있는 ^{235}U를 때리게 되면 그 우라늄의 원자핵이 분열되면서 빠른 속력을 가진 여러 개의 중성자가 튀어나오고, 이 중성자의 속도를 느리게 하여 이웃한 우라늄원자핵을 때리게 해 동일한 연쇄반응을 일으키는 것이다. 이렇게 계속적으로 핵분열이 일어나면 엄청난 양의 에너지가 방출되게 된다. 이 거대한 힘을 그대로 파괴의 목적으로 사용하기 위해 원자로 내의 핵분열 반응의 속도를 제어하지 않은 것이 바로 '원자폭탄'이고, 반응 속도가 천천히 일어나도록 하여 발생하는 열에너지를 전기를 생산하는데 사용한 것이 '동력생산용 원자로'이다.

페르미가 처음 만들었던 원자로는 핵분열 반응의 속도를 지속시키기 위해 중성자의 속도를 느리게 하는, 감속재(減速材)인 흑연을 사용한 일명 '감속 원자로'(오늘날에는 재래식 원자로라고도 부른다)이다. 연쇄반응을 효과적으로 제어하기 위해 부가적으로 사용되는 것이 제어봉이다. 보통 카드뮴이나 붕소로 만든 것으로 중성자를 흡수하여 반응 속도를 조절한다. 그리하여 원자로 속으로 물을 순환시키면, 이 물이 발생하는 열을 흡수하여 고압수증기가 되어 발전기에 연결된 터빈을 돌려 전기를 생산한다. 따라서 동력 생산용 원자로는 연료(우라늄 등), 감속재(흑연 등), 제어봉(카드뮴, 붕소, 플루오르 등), 냉각제(물, 가스, 액체 금속 등) 등의 네 가지로 이루어진다.

그러나 페르미가 만든 원자로는 실용화되지 못하였다. 연료인 ^{235}U이

너무 비쌌기 때문이다. 그래서 그 후에는 ^{238}U을 가공하여 만든 인공 방사성원소 플루토늄을 대신 사용하였다.

최근에는 핵공학의 발달로 고속원자로를 사용하고 있다. 고속원자로는 감속재를 사용하여 속도를 감속시키지 않고 그대로 두는 원자로이다. 다시 말해서 핵폭발만을 일으키지 않게 정교하게 안정장치를 마련해 둔 원자폭탄형 원자로라고 할 수 있다. 따라서 훨씬 더 많은 에너지를 한꺼번에 얻을 수 있다. 또한 이 원자로는 플루토늄이나 토륨을 농축 연료로 사용하고, 특히 감속재를 사용하지 않으므로 저속원자로보다 훨씬 작고 견고하게 만들 수 있다. 따라서 선박용 원자로로 적합하다.

1945년 일본에 원자핵폭탄이 사용된 이후, 미국의 아이젠하워 (Dwight D. Eisenhower, 1890~69) 대통령의 제안에 의해 1957년 원자력의 평화적 이용을 목적으로 국제원자력기구가 설립되었다. 이 기구의 합의가 있는 후부터 미국은 1954년 펜실베니아주 오하이오 강에 웨스팅하우스사가 건설 책임을 맡아 세계 최초의 원자력발전소를 세웠고 전기를 생산하기 시작하였다.

또한 미국 해군에서는 원자력을 동력으로 이용한 원자력 잠수함을 개발하는 등 직접적인 전쟁무기 이외에도 대체 에너지로서의 용도를 찾기 위해 많은 노력을 기울였다. 리코버(Hyman G. Rickover, 1900~86)에 의해 주도된 원자력 잠수함 생산에는 경수(輕水)*를 감속재로 사용하는 경수 원자로가 쓰였고, 이것은 이후에 제작되는 원자력발전소의 주된 모델이 되었다.

---

* 경수(輕水, light water)란 주위에서 흔히 볼 수 있는 보통의 물로 원자량이 1인 수소와 산소로 이루어져 있다. 중소(重水, heavy water)는 원자량이 2인 수소와 산소로 이루어져 있다.

그러나 이러한 원자력 개발 노력들은 에너지 부족의 필요성에서 비롯된 것은 아니다. 군사적 목적의 원자력 에너지가 없는 국가들로부터 가해지는 국제적 압력에서 벗어나고, 또 기존 핵무기 보유국 외에 다른 국가들에서 이를 만들지 못하게 하기 위한 계획된 노력이었을 뿐이다.

당시 미국을 비롯한 선진국들은 석탄을 원료로 하는 화력발전소가 일반화되어 있었고, 높은 신뢰도를 가지고 있었다. 또한 그 연료인 석탄의 매장량이 많았기 때문에 가까운 장래에 연료 부족을 염려하지 않아도 되었다. 결론적으로 원자력발전소를 비롯한 원자력 산업은 재래식 에너지원을 대체할 새로운 것을 찾아야 한다는 절실한 요구에서 출발한 것은 아니었다.

이러한 과정들을 통해 오늘날 전 세계적으로 널리 퍼지게 된 원자력발전소는 에너지의 효율성 면에서는 유용하다는 것이 입증되었다. 그러나 안전성 문제에서는 항상 불안함을 내포하고 있었다. 그 불안함이 현실로 드러난 것이 바로 1986년 4월에 있었던 소련 우크라이나 공화국의 체르노빌 원자력발전소 사건이다. 원자로가 파손된 이 사건은 원자력 발전 사상 최악의 방사능 누출사고를 일으켜, 총 사망자 수가 2천에서 4천 명 정도로 추정되었다. 또한 주민 60만 명이 평생 동안 정기적인 의료검진을 받아야 하고, 이들의 후손들도 일생 동안 검진을 받아야 한다고 한다.

사건 발생 후 방사능 제거 작업과 오염방지, 순찰, 건설작업 등에 종사했던 50만 명 정도의 사람들도 방사능 오염으로 인해 고통받고 있다. 농토는 최소한 40년에서 50년 이상이 지나야 정상으로 돌아올 수 있게 되었다.

이 사건으로 소련에서는 중앙통제적 공산주의를 포기하는 페레스트로이카 운동이 전개되었고, 전세계적으로 벌어지고 있던 반핵운동을 더욱 촉진하는 계기가 되었다.

최초의 원자탄 폭발

_____ 오펜하이머 | 1945년

1938년 독일의 물리학자인 한(Otto Hahn, 1879~1968)과 슈트라스만(Fritz Strassmann, 1902~80)은 원자핵 속에 있는 중성자가 우라늄 원자의 핵을 쪼갤 수 있다는 사실을 알아냈다. 이것은 다른 많은 위대한 발명들이 그러했듯이 조금은 우연한 발견이었다. 그러나 이를 통해서 알게 된 더욱 중요한 사실은, 중성자 1개가 우라늄 핵을 쪼개면 여기에서 2~3개의 중성자가 튀어나와 다른 우라늄 원자들을 분열시키는 매우 빠른 속도의 '연쇄반응'을 일으킨다는 것이었다.

이 연쇄반응으로 분열되는 우라늄 원자들은 모두 에너지를 방출하기 때문에 매우 짧은 시간에 엄청난 에너지를 방출하게 된다. 이 연쇄반응의 산물이 바로 바륨이다. 이러한 우라늄 핵분열 소식은 발표되자마자 전세계로 빠르게 퍼져나갔고, 사람들은 엄청난 위력과 가능성을 가진 새로운 에너지의 발견임을 알게 되었다.

1939년 제2차 세계대전이 발발하였다. 당시 영국과 프랑스, 미국 등에서도 방사능에 대한 연구가 활발히 진행되고 있었기 때문에 과학자들은 독일의 우라늄 에너지 기술이 얼마나 위협적인지를 충분히 알고 있었다.

독일의 유태인 박해를 피해 많은 사람들이 미국으로 망명을 했고, 그들 중에는 아인슈타인과 같은 저명한 과학자들도 있었다. 이들은 미국 대통령 루스벨트에게 독일이 원자폭탄을 개발하는 것이 얼마나 위험한 일인지를 알리는 편지를 보냈고, 일본의 진주만 공격 후 미국 정부도 이를 진지하게 받아들였다.

사실 독일은 1942년부터 우라늄 에너지를 이용한 핵무기를 개발하기 시작하였다. 이에 미국도 극비리에 '맨해튼 계획(Manhattan Project)'이라는 이름으로 원자탄 개발계획을 구체화시켰다. 당시 미국에서는 ^{238}U을 핵변환시켜 만들 수 있는 플루토늄도 원자폭탄 제조에 이용할 수 있다는 것이 확인되어 핵무기 실현에 한 발짝 더 가까이가 있었다.

유럽에서 망명한 과학자들이나 이미 미국 내에서 이 분야를 연구하고 있던 세계 최고의 과학자들이 모두 '맨해튼 계획'에 투입되었다. 그 중에는 연구분야가 물리학이 아니지만, 자신의 분야에서 최고로 인정받고 있는 노벨상 수상 경력의 인물도 상당수 있었고, 화학회사인 듀퐁사, 건설회사인 켈로그 등과 같은 미국 굴지의 기업들도 적극적으로 개입하고 있었다.

그리하여 핵무기 개발을 목적으로 처리된 ^{235}U와 플루토늄은 폭탄 제조를 위해 뉴멕시코주 로스앨러모스로 모아졌다. 여기에서 오펜하이머(Robert Oppenheimer, 1904~67)의 책임 하에 3천 명의 과학자들이 모여 원자폭탄의 설계와 조립이 이루어졌다. 그러나 대부분의 과학자들은 자신들이 만들고 있는 것이 대량살상 무기인 원자탄이라는 사실을 모르고 있었다고 한다.

우여곡절과 시행착오를 통해 1945년 7월 원자폭탄 세 개가 완성

인류사를 바꾼 100대 과학사건

되었다. 한 개는 ^{235}U로 만든 'Little Boy'이고, 두 개는 플루토늄으로 만든 'Fat Man'이었다. 1945년 7월 16일 마침내 인류 최초로 뉴멕시코주 사막에서 플루토늄 폭탄으로 핵실험이 행해졌고, 그 결과는 대성공이었다. 이 최초의 원자폭탄은 다이너마이트 2만톤의 위력을 지녔고, 태양보다 더 밝은 빛으로 주위를 불태웠다. 3년이라는, 믿을 수 없을 정도로 짧은 기간 동안 인류 역사상 최고의, 최대의 힘을 가진 무서운 무기가 개발된 것이다.

그 위력을 실제로 확인한 '맨해튼 계획'의 과학자들은, 그때 이미 독일이 항복한 뒤였고, 독일의 핵무기 개발이 실패로 돌아간 상태였기 때문에 이 무기가 사용될 일은 없을 것이라 생각했다. 그러나 핵무기 개발의 성공이 트루먼 대통령에게 보고되자마자, 이 무시무시한 폭탄은 그때까지 항복을 거부하고 있던 일본에 사용되었다.

1945년 8월 6일 히로시마에 원자폭탄 'Little Boy'가, 3일 뒤 나가사키에 'Fat Man'이 투하되었다. 이에 놀라 8월 15일 일본이 항복하였고, 이로써 제2차 세계대전은 종결되었다. 히로시마는 원폭의 영향으로 도시의 80%가 파괴되었고, 엄청나게 많은 사람이 사망하였다. 그 통계수치는 직접적인 결과와 간접적인 결과, 그리고 시점별로 9만 명에서 26만 명까지 차이를 보이고 있다. 지금까지도 히로시마와 나가사키의 많은 사람들이 후유증으로 고통받아 죽어가고 있으며, 이 피해는 후손들에게까지 이어지고 있다.

핵무기 개발에 참여했던 오펜하이머를 비롯한 많은 과학자들은 이러한 참상에 경악을 느꼈고, 평생 죄책감에 시달리며 적극적으로 원자폭탄 반대운동에 참여했다.

그러나 이는 뒤늦은 후회였고, 미국 정부에서는 더 이상 이들의 주장을 받아들이지 않았다. 원자폭탄 개발은 과학자들이 했으나 사

핵폭탄 '리틀 보이'

히로시마에 생겼던 버섯구름

후 관리와 사용 권한은 정치인들과 군부에게 있었기 때문이다. 당시 미국 정부는 강력한 적으로 새롭게 등장한 소련과의 군비경쟁에 엄청난 힘을 쏟고 있었다.

1949년 8월에는 소련의 원자폭탄 개발이 성공한 후, 2차 세계대전 때 사용된 원자폭탄보다도 훨씬 더 큰 위력을 지닌 수소폭탄이 개발된다. 그 중심에 있던 인물이 바로 '수소폭탄의 아버지'로 알려진 에드워드 텔러(Edward Teller)이다.

그리고 1954년 3월 실전에 활용 가능한 최초의 수소폭탄 실험인 '브라보' 실험이 남태평양의 한 섬에서 행해졌다. 이는 15메가톤급 정도로, 히로시마에 투입된 원자폭탄의 1천배가 넘는 위력을 가진 것이었다. 결국 이 실험으로 인해 국제적인 핵실험 반대운동이 일어나게 되었다.

1955년 소련도 수소폭탄 개발에 성공함으로써 전 세계는 핵전쟁의 위험으로 이전에 느끼지 못했던 멸망의 두려움에 떨게 되었다.

비록 원자폭탄의 개발과 사용은 미국 내의 정치적 상황과 전쟁의 위험을 억제하자는 목적으로 이루어진 것이지만, 물리학 분야의 연구가 뒷받침되지 않았다면 생겨나지 못했을 것이다.

인류사를 바꾼 100대 과학사건

컴퓨터 ENIAC 발명

___ 모클리와 에커트 | 1946년

인류는 고대로부터 상업의 발달과 더불어 계산을 하는 데
도움이 되는 도구나, 계산을 할 수 있는 기계(계산기)를 만들려는 시
도를 끊임없이 해왔다. 그 결과 오랜 기간 동안 개량되어 만들어진
것이 주판이었고, 1622년에는 계산기의 시초라 할 수 있는 곱셈, 나
눗셈, 삼각함수 등의 계산을 쉽게 할 수 있는 '계산자'가 발명되기도
했다.

1644년에는 프랑스의 파스칼에 의해 톱니바퀴가 돌아가며 십진
수의 셈을 할 수 있는 최초의 기계식 계산기가 만들어지기도 했다.

1833년에는 영국의 천문학자이자 수학자였던 배비지(Charles
Babbage, 1792~1871)가 연산처리 프로그램에 의해 명령과 제어과
정으로 복잡한 수리연산 작업을 할 수 있는 기계식 연산기를 고안하
기도 하였다. 그러나 이 연산기는 당시 기술의 한계로 현실화되지는
못했다.

인류의 문명사의 많은 경우 전쟁과 기술의 발전은 필연적인 관계
이다. 오늘날 우리가 사용하고 있는 컴퓨터, 즉 '전자회로를 이용하
여 자동으로 계산이나 데이터를 처리하는 전자계산기'는 상업적인
목적에서가 아니라 구체적인 군사목적을 가지고 제2차 세계대전 중
에 개발이 시작되었다.

19세기 말부터 시작된 미국의 탄도학*은 2차 세계대전을 맞아 더욱 활발히 연구되었으나, 연산해야 하는 것이 너무나 복잡하고 많았다.

이러한 필요성에서 개발을 시작하였으나 전쟁이 끝난 1946년에 이르러서야 완성되었던 최초의 컴퓨터가 바로 '에니악(ENIAC, Electronic Numerical Integrater and Computer)'이다. 즉 제2차 세계대전이 한창 진행중이던 1940년대 초기에 맨하튼 계획의 일환으로써 원자폭탄의 탄도계산에 사용되기 위해 사상 처음으로 컴퓨터가 개발되었던 것이다.

컴퓨터 시대의 막을 열었던 에니악은 모클리(John W. Mauchly)와 에커트(John Presper Eckert, 1919~95)에 의해 만들어졌고, 그 크기는 어마어마했다. 진공관이 19,000개가 넘었고, 무게는 30톤, 가로 30m, 높이 3m, 폭이 1m로 50평 규모의 공간을 가득 채우는 덩치를 가졌다. 전력 소비도 엄청나서 컴퓨터를 켜면 펜실베니아주 동부 전체의 불빛이 깜박거릴 정도였다고 한다.

에니악은 성능에 있어서는 당시 사용되던 기계식 전산기에 비한다면 약 1천 배가 넘는 계산능력과 빠른 속도를 가진 획기적인 발명품이었다. 1초에 5천번의 계산을 수행하였고, 인간의 능력으로 7시간이 걸리는 탄도계산을 단 3초만에 처리해 내어 사람들을 놀라게 하였

---

* 탄도학이란 포탄에 점화가 되었을 때부터 목표에 명중하여 포탄이 터질 때까지의 운동상황에 대한 것을 연구하는 분야이다. 따라서 탄도학은 사용하고자 하는 폭탄이나 미사일의 개발에 맞추어 더욱 정확하고 정밀해져야만 하는 분야이어서 매우 복잡한 연산이 뒤따르게 된다.

인류사를 바꾼 100대 과학사건

다. 그러나 정작 이 기계를 작동하는 데에는 비용과 시간이 너무나 많이 들었고, 다목적으로 사용할 수 없었기 때문에 실용화되지 못하였다.

이후 1949년 헝가리 출신의 저명한 수학자이자 양자물리학자인 노이만(John von Neumann, 1903~57)의 참여로 현재 컴퓨터의 기본구조를 갖춘 전자식 컴퓨터인 에드박(EDVAC)이 개발되었다.

노이만은 미국 국방부 탄도학연구소의 자문위원이었으며, 맨하튼 계획의 핵심 멤버 중 한 사람이었다.

그는 컴퓨터의 정보처리 방식으로 10진법 대신에 2진법을 도입함으로써 명령을 보다 효율적으로 수행할 수 있었고, 이를 컴퓨터에 제어용 프로그램으로 내장하도록 하였다. 그가 고안한 컴퓨터의 중앙처리 장치의 프로그램 내장 방식은 오늘날까지 거의 모든 컴퓨터 설계의 기본이 되고 있다.*

이때부터 컴퓨터는 1과 0이라는 숫자만으로 모든 정보를 인식하고 처리하게 되어 속도와 기능면에서 커다란 발전을 하게 되었다. 노이만이 자신의 컴퓨터를 활용해서 처음 한 일은 기상예측이었다. 이 프로젝트는 군사전략상 매우 중요한 일이었고, 컴퓨터의 놀라운 능력을 다시 한번 입증하게 된 중요한 사례가 되었다.

이후 최초의 상업용 컴퓨터인 유니박(UNIVAC)의 등장을 시작으

---

* 당시까지의 프로그램은 외장 방식이었고, 이것은 연산 명령을 수행하는 회로를 직접 만들어 돌려주는 것이었기 때문에 데이타만 바꿔서 같은 연산만 할 수 있다. 따라서 다른 종류의 계산을 할 때에는 회로를 바꿔야 했다. 노이만에 의해 내장방식으로 바뀌면서 프로그램은 더 이상 하드웨어가 아닌 완전한 소프트웨어가 될 수 있었다.

로 매니악(MANIAC), 조니악(JOHNIAC), IBM701 등등 수많은 컴퓨터가 속속 선을 보였다. 시대에 따라 급속한 발전을 해 온 컴퓨터는 그 발달 단계에 따라 6단계로 보통 나누어진다.

1950년에서 50년대 중반까지를 컴퓨터 발전단계의 제1세대라고 말한다. 컴퓨터의 '도입기'라고 분류할 수 있는 이 시기의 컴퓨터는 진공관으로 만들어졌고, 용도는 연구용이나 군사용으로 복잡한 계산에만 사용되고 있었다.

그 다음 1950년대 후반부터 1960년대 중반까지를 제2세대라고 한다. 이 때에는 진공관 대신에 트랜지스터가 사용되어 부피가 작아지고 전력소모가 적으며, 성능도 크게 향상된 보다 실용화된 컴퓨터가 등장하였다. 이 시기에는 일반 사무에도 컴퓨터가 도입됨으로써 코볼(COBOL)과 같은 사무계산용 고급언어들이 등장하였다.

1960년대 중반부터 1970년대 후반까지로 구분되는 제3세대에는 드디어 반도체 집적회로(IC)를 사용하게 되어 보다 일반화되고 다양화된 컴퓨터가 개발되었다. 연산속도는 나노초(10^9초) 단위로 빨라졌고, 컴퓨터 운영체계(OS)가 발달하여 다수의 프로그램을 동시에 처리할 수 있는 온라인 시스템 등이 가능해졌다.

컴퓨터는 제4세대인 1970년대 후반부터 집적회로의 최소형화, 밀집화(LSI, VLSI)로 더욱 급진적인 발전을 하게 되었다. 1976년 컴퓨터에 미쳤다는 두 젊은 대학생 스티브 잡스와 스티브 워즈니악에 의해 개인용 컴퓨터(PC)가 개발되었다. 이를 계기로 컴퓨터는 일반인들에게도 널리 보급되기 시작하였으며, 인터넷과 같은 정보통신망들과 연결되어 새로운 커뮤니케이션 매체로도 사용되게 되었다. 이때부터 인공지능형 컴퓨터가 등장하기 시작하였다.

그 다음 시기인 제5세대에는, 노이만의 방식으로는 한계에 다다

인류사를 바꾼 100대 과학사건

르게 되어 일명 '논노이만(Non Neumann)' 방식을 채택해 인간의 두 뇌를 모방하여 추론 처리와 지식 중심, 지적 인터베이스 등 그 이전까지는 가능하지 않았던 기능들이 개발되었고 개발중에 있다.

장래의 제6세대에는 인간의 오감을 갖고 있으며, 스스로 생각하고 학습, 판단, 처리하는 능력 등을 갖춘 컴퓨터가 만들어질 것으로 예상되고 있다.

인간 지능의 새로운 확장 도구로써 개발된 컴퓨터는 처음 등장한 이후 50여 년이 지나는 동안 이전의 그 어떤 발명품들보다도 빠른 성장을 거듭해 왔으며, 인간의 거의 모든 생활분야에서 이용되는 엄청난 활용능력을 보여왔다.

결국 다니엘 벨이나 앨빈 토플러와 같은 미래학자들이 말하는 정보사회, 탈산업사회, 후기산업사회 등에서 정보가 바로 돈이 되고, 권력이 되며, 미래가 되는 새로운 사회로의 전환을 일으키는데 컴퓨터는 결정적인 역할을 하였다.

탄소14 연대측정법

———— 리비 | 1952년

제2차 세계대전을 치루는 동안 과학자들은 이전보다 훨씬 더 방사성 원소와 방사능에 대해 잘 알게 되었고, 능숙하게 다룰 수 있게 되었다. 따라서 방사능을 생물학과 의학, 그리고 화학의 기초 연구에 적용하여 이전에는 불가능하던 실험을 할 수 있게 되었다.

이와 같이 전쟁 수행을 통해 급속히 발달한 핵물리학 분야의 신기술은 고고학과 인류학, 그리고 지질학 등에도 획기적인 전기를 마련하는 계기를 가져왔는데, 그것이 바로 '탄소14 연대측정법(^{14}C dating)'이다.

나무, 석탄, 뼈, 조개껍질, 동식물의 조직 등 한번 살아 있었던 물질이라면 무엇이든지 이 방법에 의해 그 연대를 알 수 있게 되었다. 정확한 연대가 결정됨에 따라 이제까지 수많은 논란이 있었던 인간의 역사, 특히 문화의 기원과 전파, 인간 집단의 이주방향, 문화의 변동속도 등이 명쾌하게 해결되었다. 또한 이 방법은 성서를 문자 그대로 해석하던 사람들에게도 비상한 관심을 끌었다.

1988년 바티칸은 스위스와 영국, 미국에 있는 세 실험실에서 '탄소14 연대측정법'을 이용해 중요한 종교적 유물로 여겨졌던 '토리노(Torino)의 수의'를 실험해 보도록 허락하였다. 이 수의는 1578년 이후 이탈리아의 토리노에서 보관해 오던 것으로, 예수 그리스도의 수

의로 알려져 있었다. 매우 놀랍게도 세 실험실 모두 이 수의는 1260
년에서 1390년 사이의 어느 시기에 만들어졌을 것이라는 일치된 실
험 결과를 제시하였다. 가톨릭 교회는 이 결과를 받아들였으며, 결국
이 수의는 예수와 관련이 없다는 것이 밝혀졌다.

'탄소14 연대측정법'은 미국 물리학자 리비(Willard Frank Libby,
1908~80)에 의해 개발되었다. 그는 제2차 세계대전 중에 미국의 원
자폭탄 개발계획에 참여하여 폭탄 제조에 필요한 우라늄 동위원소를
분리하는 방법을 개발했다. 이 방법은 그 뒤에 리비가 방사성 연대측
정에 관한 연구에서 이끌어낸 원리와 관련이 있다.

물론 방사성이 지구의 나이와 관계있다는 것을 처음 밝혀낸 사람
은 리비가 아니다. 1904년 러더퍼드는 불안정한 방사능 물질의 핵이
측정 가능한 시간 동안 자연붕괴를 하여 안정된 물질로 변화한다는
사실을 인식하고 이로써 지구의 나이를 알 수 있다고 보았다.

그 다음해에는 미국 화학자 볼트우드(Bertram B. Boltwood, 1870
~1927)가 이 과정을 측정할 수 있는 방법을 연구하기 시작하였다.
리비는 이러한 가설과 실험 결과들을 발전시켰고, 거기에 1939년 발
견된 우주선(宇宙線)의 중요성을 결합시킨 것이다. 그는 외부 우주
로부터 지속적으로 지구에 도달하는 원자핵의 구성 입자인 중성자를
포함하고 있는 우주선은 대기의 4/5를 구성하고 있는 질소와 충돌하
여 방사성 탄소인 ^{14}C(일반적으로 대기 중의 탄소는 대부분 ^{12}C이다)
로 변화시킬 것이라고 가정하였다.

그것의 반응식은 다음과 같다.

$$^{14}_{7}N + ^{1}_{0}n \rightarrow ^{14}_{6}C + ^{1}_{1}H$$

이 탄소 동위원소는 공기 중에서 보통의 탄소와 마찬가지로 산소와 결합하여 이산화탄소를 만든다. 그 결과 대기의 이산화탄소 안의 ^{14}C와 ^{12}C는 일정한 비율을 이루며 유지된다. 이산화탄소는 광합성 작용에 의해 포도당이 되어 식물의 몸 안으로 흡수된다. 따라서 먹이사슬에 의해 동물들은 식물을 먹거나, 혹은 식물을 먹는 동물을 먹고 살기 때문에 지구상에 존재하는 모든 생물들의 몸 안에는 어느 정도의 ^{14}C가 존재하게 된다.

그러나 생물체가 죽었을 때 더 이상 그 생물은 대기 중의 이산화탄소를 흡수하지 못한다. 이때 죽은 생물체 몸 안에 존재하는 ^{12}C는 안정한 비방사성이므로 아무런 변화가 없지만, ^{14}C는 방사성 물질로 불안정하므로 붕괴되어 질소로 바뀌며 점차 그 양이 줄어들게 된다.

결국 생물체 안에서 일정한 비율을 유지하던 $^{14}C : ^{12}C$ 의 비율은 시간이 지날수록 감소하게 된다. ^{14}C의 양이 반으로 줄어드는 시간은 5730년*이다.

이를 '반감기'라고 부르는데, 우라늄의 반감기가 약 45억 년인 데에 반해 상대적으로 매우 짧다. 따라서 5730년이 지나면 $^{14}C : ^{12}C$의 비율이 그 생물체가 죽었을 때보다 반으로 내려가게 되는 것이다. 그러므로 탄소14 연대측정법은 $^{14}C : ^{12}C$의 비율을 측정함으로써 그 생물이 죽은 연도를 추정할 수 있는 방법이다.

이러한 근거에 의해 탄소14 연대측정법은 대략 500년에서 7만 년

---

* ^{14}C의 반감기는 1951년 리비에 의해 5568±30년으로 처음 사용되었으나, 1962년 제5회 방사성 탄소 연대측정법 국제회의에서 5730±40년이 발표된 이후 일반적으로 이것을 사용하고 있다.

인류사를 바꾼 100대 과학사건

된 대상까지 적용할 수 있게 되었다. 리비는 1952년 『방사성 탄소 연대측정법』을 출간했고, 그 공로로 1960년 노벨 화학상을 받았다. 리비의 탄소14 연대측정법이 발표된 이후 방사능을 이용한 분석실험 분야가 비약적으로 확대되었고, 더욱 정밀하고 정확한 방법들이 차례로 개발되었다. ^{40}K를 이용한 K-Ar 방법과 Rb-Sr 방법 등이 그것이다.

DNA 구조 규명

_____ 왓슨과 크릭 | 1953년

모건은 초파리의 돌연변이를 관찰함으로써 염색체 유전학의 새로운 장을 열었다. 이후 20세기 중반까지 과학자들은 염색체에 대하여 많은 것을 알아냈다. 그러나 충분하지는 않았다. 인간의 유전물질은 모건을 비롯한 대부분의 유전학자들이 생각한 것보다 훨씬 복잡하고 어려웠다. 초기의 유전학자들은 유전정보를 가진 분자라면, 그 분자량이 아주 클 것이라 생각하여 유전물질을 단백질로 여겼다.

그러나 분자에 관해 잘 알고 있던 화학자들에 의해 디옥시리보핵산(DNA)이 발견되었다. 그리고 DNA가 유전물질이라는 것이 처음으로 증명된 것은 1944년 미국의 세균학자 에버리(Oswald Theodor Avery 1877~1955)가 행한 폐렴균을 이용한 실험을 통해서였다.

하지만 당시 학계에서는 DNA가 유전물질이라는 데에 심한 거부감을 갖고 있었기 때문에 에브리의 논문은 매우 모호하게 발표되었고, 결국 그의 주장은 받아들여지지 않았다.

시간이 흘러 미국에서 '박테리오파지'*로 알려진 단순 유기체의 유전학을 연구하던 생물학자 허시(Alfred Day Hershey) 등이 1952년

---

*   세균의 살아 있는 세포 내에서만 증식하는 바이러스를 말하며 '세균바이러스'라고도 한다. 세균여과기를 통과하며, 광학현미경으로 볼 수 없을 만큼 작다.

바이러스를 이용한 실험을 통해 DNA가 유전현상을 지배하는 핵심 물질임을 밝혔을 때에야 비로소 인정되었다.

그리고 당시 유전물질에 대한 연구는 여러 학문분야인 물리학, 화학, 생화학, 생물학, 유전학 등에서 함께 이루어지고 있었고, 그 연구결과에 힘입어 DNA의 구조를 밝히는 연구도 활발히 진행되고 있었다.

1952년 영국의 여성 과학자인 프랭클린(Rosalind Franklin, 1920~58)이 최초로 DNA분자를 X선 사진으로 찍었고, 이 유명한 X선 사진 '노출 51번'은 DNA의 구조를 알아내는 결정적인 계기를 제공하였다. 하지만 띠 모양의 긴 필름에 찍힌 DNA 분자의 그림자는 너무나 혼란스러운 모습이어서 본래의 모습을 알아내기가 매우 어려웠다. 이것을 해독해낸 사람들이 바로 왓슨(James Watson, 1928~)과 크릭(Francis Harry Compton Crick, 1916~)이다.

왓슨은 시카고에서 태어나 시카고 대학에서 동물학을 전공하였다. 그후 그는 스스로 "찰스 황태자가 왕이 되는 훈련을 받은 것처럼 나는 DNA의 구조를 발견하도록 훈련받았다"라고 말했듯이, 자연과학의 다방면에 걸쳐 저명한 학자들을 만나 학문적으로 발전해 나아갔다. 그는 학부를 마친 후 인디애나 대학에서 X선 돌연변이로 노벨상을 받은 뮐러와 함께 연구하였다. 이때 지도교수는 박테리오파지 그룹의 창설자인 루리아(Salvador Luria)였다.

이후 X선 결정학을 통해 DNA에 관한 연구를 하던 모리스 윌킨스(Maurice Wilkins, 1916~2004)의 강연에 영향을 받아 유럽으로 건너가

---

* DNA 분자 구조의 발견으로 왓슨, 크릭, 윌킨스는 노벨상을 수상한다. DNA 분자 구조 발견에 프랭클린의 X선 회절 사진이 결정적이었으므로, 프랭클린의 노벨상 대상 제외는 과학계가 가지는 여성 차별의 대표적인 사례로 이야기된다.

분자생물학 연구를 하였다. 그리고 DNA의 구조를 밝히는데 있어서 진정한 동반자였던 영국의 물리학자 크릭을 만나게 된다. 이들은 윌킨스의 동료인 프랭클린이 찍은 DNA의 X선 결정구조 사진으로부터 DNA가 나선의 구조를 가지고 있음을 알게 되었고, 이를 바탕으로 매우 단순한 방법을 이용해 DNA 모델을 만들었다. 그들은 마분지 조각들과 금속을 이용해 이를 작은 분자들로 표현하고, 여러 방법으로 결합해 X선 사진의 그림자상과 비교하였다. 이를 '분자모형'*이라고 하는데, 오늘날 화학에서 많이 사용하고 있다.

그들이 처음부터 올바른 모델을 만들었던 것은 아니다. 그들은 만들어놓은 분자의 모형이 다른 화학지식과 부합하는지 충분히 고려했고, 또한 다른 연구자들에게 조언을 구하기도 하였다.

왓슨과 크릭은 DNA가 네 개의 염기와 당 분자, 그리고 인산염 분자로 이루어졌음을 알고 있었고, 그것으로부터 함께 연구를 시작한지 2년 뒤인 1953년 DNA가 마치 꼬인 사다리와 같은 이중 나선구조를 하고 있음을 깨닫게 되었다.

이때 이들이 만든 분자 모델은 X선 사진의 그림자 상의 모습과 화학적 결과 등 모든 것이 일치하는 모델이었다. 이것은 수소 결합으로 연결되어 있으며, 당과 인산염, 염기로 둘러싸인 두 개의 분자 사슬이었다. 이 모형을 통해서 유전 정보가 어떻게 전달되는지, 어떻게 복제되는지 정확하게 알 수 있었다. DNA를 구성하고 있는 네 가지 염기의 특별한 결합방법을 알아

＊   '분자모형'은 상상이나 그림만으로는 이해하기 어려운, 분자의 3차원적인 실제 모습을 잘 표현해준다. 오늘날 분자모형은 보통 원자를 나타내는 작은 플라스틱 구슬과 원자들의 결합을 표시하는 짧은 막대로 만들어서 사용하고 있다.

인류사를 바꾼 100대 과학사건

냈고, 이로 인해 DNA 복제의 수수께끼를 푼 것이다.

DNA를 구성하는 각각의 염기는 가장 적절한 수소 결합을 할 수 있는 화학기를 가지고 있는 상대 염기하고만 결합을 한다. 티민(T)은 아데닌(A)하고만, 시토신(C)은 구아닌(G)하고만 수소결합을 하는 것이다.

DNA가닥의 풀림과 복제

이때 A는 T에, G는 C에 '상보적'이라고 한다. 복제가 일어날 때 수소결합으로 꼬여 있던 두 가닥의 DNA는 각각으로 나뉘고, 외줄이 된 DNA 분자는 각각에 상보적인 새로운 외줄 가닥이 생겨 결합된다. 이 새로운 DNA 가닥은 세포 속을 떠돌아다니던 작은 분자들로 구성된다. 물론 결합되는 부위에는 각각의 염기에 상보적인 새로운 염기가 자리하게 된다.

DNA 분자모형

이들은 이러한 연구결과를 1953년 『네이처』지에 발표하였고, 이로써 1962년 왓슨과 크릭은 윌킨스와 공동으로 노벨상을 수상하였다. 이 발견은 엄청난 반응을 불러일으켰다. 모든 생명의 구조를 밝혔을 뿐만 아니라 과학적 사고의 구조도 변화시켰기 때문이다. 이 발견은 20세기의 가장 중요한 발견 중 하나로 평가받고 있으며, 왓슨과 크릭은 아인슈타인과 더불어 20세기를 대표하는 가장 중요한 과학자로 꼽히고 있다.

이들의 연구는 자신들만의 독자적인 연구가 아닌 동시대에 다른 과학자들에 의해 연구되었던 다양한 사실들과 자신들의 실험결과를 결합시키고, 다른 분야 전문가들의 조언을 구해가며 얻었다는 데서 또 다른 중대한 의미를 지닌다. 이후 왓슨은 분자생물학의 세계적인 권위자로서 인체의 유전자 지도를 규명하려는 시도인 '인체 게놈(genome)* 프로젝트'의 책임자로 재직해 왔다.

---

* 생물이 생존하는데 꼭 필요한 염색체 1조를 게놈이라고 한다.

인류사를 바꾼
100대 과학사건

096

최초의 인공위성
스푸트니크 발사

_____ 1957년

인류 역사에서 시시때때로 등장하는 전쟁은 인류의 삶과
불가분의 관계에 있는 듯이 보인다. 대부분 전쟁은 말할 수 없는 비참
함과 인류의 근본적인 악함을 보여주나, 전쟁의 결과 어떤 특정한 분
야가 발전을 보이는 경우도 있다. 알렉산더의 대정복 이후 세운 도시
알렉산드리아에서 문명의 꽃이 핀다거나, 십자군 전쟁의 결과 아랍
의 문화가 서구에 전달되어 서구에서 중세가 끝나고 근대가 시작되
는 기초가 마련된 경우가 그러하다.

제1차 세계대전과 제2차 세계대전은 어떠했을까?

비약적인 무기의 발달을 초래했다. 제1차 세계대전 때는 탱크, 비
행선, 잠수함 정도가 가장 강력한 무기였는데, 제2차 세계대전에는
레이더, 소나같은 전자무기, 원자폭탄 등 새로운 전쟁도구가 많이 발
명되어 처칠은 제2차 세계대전을 '마술전쟁'이라 부르기도 했다. 이
때 영국을 공포에 떨게 했던 독일의 무기가 V-2로켓이었다. 이 V-2로
켓을 만든 기술이 최초의 인공위성을 만들 수 있는 기초가 되었다.

독일의 로켓 기술이 뛰어났던 이유는 1927년 설립된 아마추어 로
켓 클럽의 축적된 기술 때문이었다. 1933년에 집권한 히틀러는 로켓
클럽을 해체했으나, 이 클럽의 주요 인물인 폰 브라운(Wernher von
Braun 1912~77)이 육군 로켓연구반에 들어가 고도 2.5km의 로켓을

개발해 내자, 그 즉시 세계 최초의 우주센터를 건설하고 비밀무기를 만들게 한다. 여기서 개발된 것이 V-2로켓이었다. 2차 세계대전이 끝난 후 독일을 점령한 러시아와 미국이 각각 이 성과를 나누어 가졌다.

여기서 폰 브라운 등 우수한 과학자들과 완성된 V-2로켓들은 대부분 미국으로 갔고, 소련은 나머지 보잘것없는 V-2로켓 부품과 몇몇 과학자들을 가졌다. 그러나 소련은 스탈린의 전폭적인 지원 아래 열악한 물자 조달의 어려움을 극복하고 1947년 러시아산 V-2로켓을 발사했다. 뿐만 아니라 스탈린은 V-2로켓을 발전시켜 대륙간 탄도미사일로 만들고 싶어했다.

소련은 드디어 1957년 1메가톤의 탄두를 실어 나를 수 있는 중거리 탄도미사일(SS4)을 개발하였다. 그 결과 미국이 핵폭탄을 배치한 서유럽, 아프리카, 극동지역 모두가 이 미사일의 사정거리 안에 들어오게 된다. 또한 1957년에는 5메가톤의 수소폭탄을 6천 5백km 떨어진 곳에 나를 수 있는 대륙간 탄도미사일을 개발하는데 성공했다. 뿐만 아니라 그보다 약간 전인 1955년부터 탄도미사일 성공에 따른 자신감으로 인공위성 개발을 시작하여, 1957년 10월 4일 결국 세계 최초의 인공위성 스푸트니크 1호를 발사하게 된다. 드디어 우주를 향한 인류의 발걸음이 시작된 것이다.

한편 패전 독일의 우수한 로켓 과학자와 대부분의 V-2로켓들을 흡수한 미국은 누가 보아도 먼저 인공위성을 쏘아 올릴 기초가 되어 있었다. 더구나 미국의 육군, 해군, 공군 모두 로켓 개발을 하고 있었다. 미국이 쏘아 올리고자 했던 밴가드 로켓을 개발한 해군, 독일로부터 온 폰 브라운이 주축이었던 육군, 대륙간 탄도미사일 개발을 꾀

하던 공군이 미국의 자존심을 한껏 부풀려 줄만 했다.

1955년 아이젠하워가 대통령으로 있던 미국은 '국제지구물리의 해'를 기념해 과학위성을 쏘아 올리기로 결정했다. 이 과정에서 미국은 육군, 해군, 공군 중 인공위성을 쏘아 올릴 주체를 결정해야 했고, 독일과학자들이 주축으로 있던 육군을 택하는 대신 자국의 과학자들이 주축으로 있는 해군을 선택했다.

해군은 인공위성을 쏘아 올리기 위해 밴가드(선봉) 계획을 수립하였으나, 밴가드 로켓을 완성하기도 전에 러시아가 스푸트니크 1호를 발사해버린 것이다. 더군다나 완성된 밴가드 로켓은 스푸트니크호가 발사된 때로부터 약 두 달 후 발사되었으나 2초만에 주저앉아버리고 만다.

그로부터 50일 후인 1958년 1월 25일 두번째 밴가드 로켓의 발사를 시도했으나 이것도 점화 후 14초만에 폭발해 버린다. 결국 미국은 독일 과학자들이 개발한 로켓을 기반으로 한 익스플로러 1호를 쏘아 올릴 수밖에 없었다.

이후 미국과 소련은 자국의 이데올로기가 우월하다는 것의 증명을 우주개발 기선을 잡기 위한 경쟁과 무기개발 경쟁으로 대치해 버린다.

모든 이들에게 꿈을 주던 우주를 향한 발걸음의 시작이 당시 정치 지도자들의 자존심과 제2차 세계대전의 결과라는 것은 과학이 정치의 입김에 휘둘리며 발전할 수 있음을 보여주는 대표적인 사례라고 할 수 있다.

인류사를 바꾼 100대 과학사건

인류의 달 착륙

____ 암스트롱과 올드린 | 1969년

꿈과 환상을 가졌던 어린 시절에는 누구라도 '우주'라는 말
이 주는 상상력의 세계로 한 번쯤 빠져 본 적이 있었을 것이다. 지리
산이나 설악산 꼭대기, 또는 도시의 불빛이 별빛을 압도하는 곳이 아
닌 장소에서 밤하늘을 볼 때 느끼는 그 경이와 신비함은 단지 과학의
대상으로서의 우주와는 전혀 다른 또 다른 우주인 것이다. 인류의 달
착륙은 인간의 달에 대한 마음을 계수나무 아래서 방아 찧는 토끼를
생각하던 정서에서 개발과 개척의 대상으로 바꾸어 주는데 결정적인
역할을 하는 사건이었다.

미국과 소련 사이의 우주 전쟁은 소련이 1957년 10월 4일 최초로
인공위성 스푸트니크(sputnik 동반자)1호를 발사함으로써 본격적으
로 시작되었다. 소련의 스푸트니크 발사로 충격을 받은 미국은 소련
보다 뒤진 1차적 원인을 교육의 실패로 보고 전반적인 교육체계를
지식 위주의 교육과정으로 개편시키는 한편 우주 개발에 더 많은 예
산을 쏟아붓는다.

과학의 발달은 권력과 어떤 상관관계가 있을까? 수없이 많은 과
학자들이 그들의 연구실 또는 실험실에서 자신의 직관을 매혹시켰던
주제에 매달려 연구하고 설계하고 실험하고 실험 결과를 분석한다.
그러나, 이러한 결과가 사회에 발표된 후에는 과학자의 의지와는 다

른 방향으로 진행되는 경우가 많다.

인류의 달 착륙이라는 역사적인 사건 뒤에 미국과 소련의 무분별한 우주 개발 경쟁이 자리잡고 있다는 사실은 과학자들의 사회적 역할을 다시 한 번 생각하게 한다. 제2차 세계대전 후 미국과 소련은 본격적인 냉전체제에 접어들었고 자신들의 체제가 우월하다는 것을 증명하기 위하여, 특히 과학의 발달과 무기 개발에 엄청난 경쟁을 하게 된다. 그 와중에 소련의 앞선 우주 개발, 즉 최초의 인공위성 발사에 미국의 정치가와 국민은 경악하고 이에 당시 미국 대통령 케네디는 '달에 우리가 먼저 사람을 보내겠다'라는 대중적인 공약을 하게 된다. 물론 그 자신의 정치적인 인기도 고려했음이 당연하다. 어쨌든 미국의 이러한 노력이 성공하여 소련보다 먼저 달에 우주선 아폴로 11호를 착륙시키고 두 우주비행사, 암스트롱(Neil Armstrong, 1930~)과 올드린(Buzz Aldrin, 1930~)을 달 표면에 내려보낸다.

아폴로 11호의 암스트롱과 올드린은 1969년 7월 20일 공기가 없는 달에 휘날릴 성조기를 보기 위해 깃대에 가로봉을 대고 깃발을 달았다.* 당시 실시간으로 중계되던 텔레비전 앞에 앉은 전 세계인 앞에서. 1967년 1월 27일 국제연합(UN)이 '외계우주조약'을 통해 달을 포함한 외계 우주 공간은 어떤 국가의 전유물이 될 수 없다는 것을 정했음에도 말이다. 나사의 돈줄을 쥐고 있는 미 의회의 요구로 케네디의 연설 '.....우리는 정복의 깃발이 아닌 자유와 평화의 깃발을 세울 것이다....' 아래 달에 펄럭이는 성조기를 꽂는다.

---

* 아폴로 11호가 달에 착륙한 때로부터 42년이 지난 지금까지도 '미국이 가지도 않은 달에 다녀왔다고 조작했다'란 음모론은 식지 않고 있다.

인류사를 바꾼 100대 과학사건

아폴로 11호는 인류의 오랜 꿈을 이룬 것으로 평가받는다. 그러나 그 꿈은 냉전시대를 대변하는 두 강대국 미국과 소련의 우주 전쟁의 결과였다. 미국은 달에 사람을 보낸다는 아폴로 계획에 24억 달러를, 소련은 같은 목적의 루나 계획에 4억 5천만 달러를 쏟아 부었다. 산소 탱크 폭발로 다시 되돌아온 아폴로 13호를 제외하고, 미국은 1972년 12월까지 마지막으로 달에 사람을 내려 보냈던 17호까지,

아폴로 17호에서
촬영한 지구

우주비행사 18명으로 하여금 달 궤도를 돌게 했고 이 중 12명은 달에 발을 디뎠다. 그들은 달에서 골프도 치고 드라이브도 했다. 많은 수의 인원과 돈이 동원되었던 20세기 최대의 기술 개발 프로젝트였다. 그러나 더 이상 미국 국민들의 호기심을 일으키지 못하자 아폴로 계획은 조용히 막을 내렸다. 그러나 미국과 소련의 우주 개발 경쟁은 우주과학의 진보에 커다란 영향을 미쳤다. 달에 첫 발을 내디딘 암스트롱이 남긴 "이것은 한 사람에게는 작은 한 걸음에 지나지 않지만, 인류에게 있어서는 위대한 도약이다.(That's one small step for a man, one giant leap for mankind.)"라는 말은 우주 개발사에 있어서 가장 유명한 대사가 됐다.

시험관 아기 탄생

_____ 스텝토와 에드워즈 | 1978년

아기의 탄생에 대한 새로운 사고는 1978년 영국의 스텝토
(Patrick Steptoe, 1913~1988)와 에드워즈(Robert Edwards, 1925~)에
의한 시험관 아기의 출생으로 시작되었다. 즉 시험관에서 수정된 아
기 루이스 브라운(test-tube baby, Louis Brown, 1978~)이 태어난 것
이다.*

인간은 자신의 자손을 남기고 싶은 욕망을 기본적으로 가지고 있
다고 한다. 체내 인공수정은 오래 전부터 실시되고 있었다. 1875년
영국에서 요도파열증으로 생식능력을 잃은 남자와 그 부인 사이에서
처음 시행되었고, 시간이 흐르면서 여러 나라로 퍼져 나갔다.

체내 인공수정은 남편의 정자에 이상이 있는 경우에 많이 시행된
다. 남성의 정액을 그 아내의 자궁 내에 주입해주는 배우자 인공수정
(AIH : artificial insemination by husband)과 남편이 아닌 타인의
정액을 여성에게 주입해주는 비배우자 인공수정(AID : artificial
insemination by donor)이 있다. 처음에는 신선한 정자가 이용되었

---

* 물론 그 이전에 가축의 경우 우량종의 대량 번식을 위해 시험관 속에서의 체
외수정은 오래 전부터 실행되어 왔다.

고, 1985년 이후부터 -196℃의 액체 질소 용기에 냉동 보관된 정자를 이용한 인공 수정이 가능하게 되었다.

체외 인공수정인 시험관 아기는 보통 남성의 생식 능력은 이상이 없는데, 여성의 생식 기능에 문제가 있어 임신이 불가능한 경우 즉, 나팔관 이상, 자궁경부이상, 면역학적 원인에 의한 불임, 자궁 내막증 등의 문제가 있을 때, 또는 남성의 정자수 감소증이 있거나 정자의 활동성이 부족할 경우에 적용된다.

시술 과정은 먼저 여성의 몸에서 성숙한 난자를 채취한 후 남성의 정액을 받아 활동성이 좋은 정자만을 고르는 것으로 시작한다. 이후 배양액 속에 채취한 난자와 정자를 섞고 24시간이 지나면 수정이 된다. 수정이 된 후 약 12시간 후부터 세포분열이 시작되며 세포의 수가 4~8개가 될 때 여성의 자궁 내로 이식하는 것이다.

그러나 성적인 관계가 없이 체외에서도 수정이 가능하게 된 상황은 윤리적인 문제와 친자의 모호한 관계를 만들어냈다.

예를 들면 수정란을 생명으로 취급할 것인가 하는 문제이다. 어머니의 체내에서 자라고 있는 태아는 분명 생명체이며, 이 생명체의 초기 모습인 수정체도 살아있는 생명이라 할 수 있다. 그런데 이를 함부로 다루거나 폐기할 때 문제가 생길 수 있다. 실제로 미국에서 의사가 자신의 마음대로 남의 수정란을 폐기하여 수정란의 어머니, 즉 난자 제공자가 소송을 제기한 경우도 있다. 또한 수정란을 실험용으로 사용하는 경우이다. 이는 어떤 형태의 실험이라도 수정란을 생명이라고 간주한다면 심각한 윤리문제를 일으킬 수 있다.

그리고 남의 수정란을 자신의 자궁에서 280일간 키워 아이를 낳은 대리모와 유전자를 제공한 친모와의 갈등 문제이다. 실제로 계약을 통해 다른 사람의 수정란을 받아 아이를 낳은 여자가 아이를 내줄 수 없다고 하여 문제가 생긴 경우가 있다.

더 나아가 수정란이 있는 상황에서 어머니가 교통사고로 사망하자 아버지의 누이가 수정란을 받아 아이를 낳거나, 60세 이상의 여자가 자궁이 없는 딸을 위해 딸과 사위의 수정란을 제공받아 아이를 낳았다면 누가 이 아이들의 어머니일까?

최초로 시험관 아기, 루이스 브라운이 태어나자, 그때까지 태어난 인류와 다른 방식으로 인간이 태어난 것에 대해 전 세계는 매우 놀라워하였다. 의학계에서는 일반적으로 환영의 뜻을 밝혔으나 종교계에서는 시험관 아기를 반대하였다. 이 사건은 윤리적·종교적 관점에서 대단한 논쟁을 불러 일으켰으며, 인간 생명의 인위적 생산이라는 점에서 신의 영역을 인간이 넘보는 것이 아니냐는 비판을 받았다. 그러나 지금은 시험관 아기에 대한 인식은 처음의 부정적인 이미지로부터 많이 개선되었을 뿐 아니라 일상적인 일로 자리 잡았다. 현재 불임클리닉을 운영하는 의사들은 아이를 너무나 원하는데 아이가 없는 사람들, 자신의 유전자를 가진 아이를 가지고 싶은 욕망을 가졌으나 '사소한 문제' 가 있는 사람들에게 아이를 낳게 해주는 삼신할머니가 기꺼이 되고 있다.

인류사를 바꾼 100대 과학사건

인터넷의 등장

___ ARPA | 1983년

오늘날 전세계를 연결하고 있는 글로벌 네트워크는 수많은 소규모 네트워크의 상호연계 체제이다. 대표적인 글로벌 네트워크에는 인터넷, 비트넷, 유즈넷, 파이도넷* 등이 있다.

이 네 가지 네트워크는 라틴어에서 '어머니'를 의미하는 '연계망(matrix)'을 형성하고 있다. 다시 말하면 인터넷은 전세계를 눈에 보이지 않게 하나로 연결하고 있는 매트릭스의 일부분일 뿐이다.

그럼에도 불구하고 인터넷은 가장 거대하고 가장 보편적인 네트워크이며, 수 천 개의 소규모 네트워크를 연결하고 있는 메가네트워크(mega-network)이다. 그렇기 때문에 인터넷을 '네트워크 중의 네트워크(Network of Networks)'라고 말한다.

처음 인터넷은 군사적인 목적에서 개발되었다. 1960년대에는

---

*   비트넷(BITNET)은 30여 개 국가에 있는 학술연구기관들을 연결하여 전자우편과 다양한 주제에 대한 토론 그룹, 짧은 시간 동안의 실시간 상호작용 등을 제공한다. 유즈넷(USENET)은 전세계에 퍼져 있는 자발적인 회원으로 구성된 일종의 뉴스 그룹 혹은 토론집단으로서, 대학이나 정부, 기업체, 군사기지 등으로 연결되어 있다. 파이도넷(FidoNet)은 시작 시기부터 모든 사람에게 개방되어 있고 무료이기 때문에 '시민 네트워크'라고 부르기도 한다. 그 외에도 AT&T 메일은 전세계적인 상업적 전자우편 서비스이다.

미·소간의 냉전이 절정에 이르렀고, 핵전쟁에 대한 극도의 불안감으로 인해 '생존가능성'이라는 개념이 생겨나게 되었다. 당시 미군이 사용하고 있던 회선 교환방식의 통신망은 일부분이 파손되면 모든 통신이 끊기게 되었기 때문에, 제3차 세계대전이 일어나게 된다면 이와 같은 통신의 두절은 바로 생존불가능으로 여겨졌다.

이에 등장한 것이 미국 국방부의 첨단연구프로제트국(ARPA)에서 개발한 아르파넷(ARPAnet)이다. 이는 패킷 교환방식을 사용하고 있어서 통신망이 부분적으로 끊기게 되어도 서로 거미줄처럼 연결되어 있기 때문에 다른 회선을 찾아 통신을 계속할 수 있는 방법이다.

초기의 아르파넷은 단지 몇 대의 컴퓨터만을 동시에 연결할 수 있었지만, 이후 전화선을 통해서 멀리 떨어져 있는 여러 지역에 있는 연구소들간에 파일 교환뿐만이 아니라 전자우편(E-mail)도 가능하게 되었다.

시간이 흐르면서 연결되는 컴퓨터가 많아지고 사용자가 급증하게 되자 미국 국방부에서는 아르파넷의 사용을 제한하기 시작하였다.

1981년부터 연구소와 대학을 중심으로 그와 비슷한 방식의 CSNET, 비트넷, 유즈넷 등이 등장하였고, 유럽 등의 선진국에서도 나름대로의 통신망들이 생겨났다.

그러나 이렇게 많은 정보통신망들이 생겨나기 시작하자 서로 다른 통신망간의 호환성이 새로운 문제로 등장하기 시작하였다. 그리하여 ARPA에서는 위성과 무선 네트워크를 연결할 수 있는 일종의 네트워킹 프로토콜인 TCP/IP를 개발하게 되었다.

이것은 오늘날 전세계 표준 프로토콜이 되었다. 그러나 정작 미국 국방부는 아르파넷의 TCP/IP 사용을 꺼려 하였다. 그렇지만 결국 이것이 1983년 1월 1일부터 공식적인 기본 프로토콜로 정해졌다. 따라서 거의 모든 정보통신망들은 TCP/IP에 의해 연결되었고, 이것을 사용하는 정보통신망을 '인터넷(internet)'이라고 부르게 된 것이다.

1987년 미국 국립과학재단(NSF)에서 NSFnet을 만들었고, 이 새로운 민간용 정보망에 의해 국방부에서 주도하던 정보통신망의 흐름이 바뀌게 되었다.

NSFnet은 당시 미국 내에 있던 5개의 슈퍼컴퓨터를 중심으로 전국의 대학과 연구소를 연결하는 학술전용 통신망이었다. 이것은 TCP/IP를 사용하고, 고속회선으로 연결되어 있으면서 슈퍼컴퓨터를 사용하기 때문에 아르파넷보다 그 사용이 훨씬 더 용이했다. 결국 더 많은 이용자들로 붐비게 되었고, 이때부터 인터넷의 주도권이 NSFnet으로 넘어가게 되었다.

그 무렵 한 대학생에 의해 인터넷을 통해 널리 퍼진 '인터넷 웜(Worm)'이라는 컴퓨터 바이러스가 수 천대의 컴퓨터를 감염시켰고, 결국 작동을 멈추게 하는 일이 일어났다. 이 사건으로 인터넷은 처음으로 대중매체에 소개되어 그 이름을 널리 알리게 되었다. 미국 국방부는 점점 컴퓨터 바이러스 문제와 해커의 침입 등으로 골치를 썩게 되었고, 결국 1990년 아르파넷을 인터넷에서 분리시켰다.

이는 인터넷을 확실하게 일반인들의 손에 넘기는 계기를 만들었다. 속속 민간 인터넷 서비스 제공업자들이 등장하였으며, 새로운 프로그램과 서비스들이 생겨나게 되었다. 인터넷에는 사용자와 사이트의 수가 폭발적으로 늘어나게 되었고, 또한 많은 양의 정보로 혼잡하게 되었다.

따라서 이를 해결하는 데 필요한 프로그램들이 등장하게 되었다. 아취, 고퍼, 베로니카, FTP 등의 초창기 인터넷 프로그램들이 그 것이다.

그러던 중 1992년 스위스의 몇몇 과학자들이 WWW(World Wide Web)라는 획기적인 인터넷 프로그램을 만들어내었다. WWW는 인 터넷에 무질서하게 떠다니던 정보들을 거미줄처럼 연결시켜 놓을 수 있었다. 또한 http라는 새로운 응용 프로토콜을 사용해 간단한 마우 스 조작만으로도 수많은 정보를 쉽게 찾을 수 있게 되었다.

이로써 인터넷은 전세계 어디에서나 누구나 이용할 수 있고 참여 할 수 있는 진정한 커뮤니케이션 매체가 되었다.

이후 인터넷은 지구촌에서 수억 명의 이용자를 가지고 있으며, 눈 부시게 많은 변화와 발전을 거듭하고 있다. 그리고 커뮤니케이션의 패러다임을 바꾸었다는 평가 속에서 20세기의 정보통신 혁명을 가져 왔다.

복제양 돌리 탄생

_____ 윌머트와 캠벨 | 1996년

과학사에는 인간의 사고체계를 바뀌게 한, 소위 패러다임의 변화를 일으킨 사건이 많다. 천동설에서 지동설로, 창조론에서 진화론으로, 절대적인 시공간 개념에서 상대적인 시공간 개념으로 옮겨갈 때마다 수많은 논쟁을 일으키면서 인류는 새로운 사상을 받아들여 그 사고의 영역을 넓혀 왔다.

여기에 20세기 말 패러다임의 변화를 상징하는 사건이 또 하나 등장한다. 인간에 의해 복제양 돌리가 탄생한 것이다. 인간이 신의 영역이었던 생명창조에 노골적으로 간섭하기 시작한 것이다. 하기사 돌리의 탄생 전에 이미 신은 생명창조의 영역에서 인간에게 자리를 조금씩 내주고 있었다. 오랜 세월 동안 과학자들은 복제양 돌리를 탄생시킬 수 있는 지식을 쌓아왔던 것이다.

독일의 과학자 슈페만(Hans Spemann, 1869~1941)이 20세기 초에 이미 초기 배세포로부터 핵을 추출하여 다른 난자에 주입하는 핵이식이라고 불리는 기술을 제시하였고, 이 기술은 현재까지도 동물복제에 이용되는 꼭 필요한 과정이 되었다.

최초의 핵이식 기술은 1934년에 단세포생물인 아세타불라리아(Asetabularia), 1939년 아메바에 적용해 성공했다. 1952년 미국 필라

델피아의 암연구소 연구원인 브릭스와 토머스 킹이 양서류인 표범개구리로, 동물로서는 처음으로 핵이식에 성공하였다.

이후 끊임없는 생물학자들의 연구에 의해 1981년에는 최초로 생쥐를 이용한 포유동물의 핵이식에 성공했고, 1986년에는 양의 핵이식 실험도 성공한다. 시간이 흐를수록 핵이식하는 동물들도 다양해졌다. 돼지, 소, 토끼, 염소. 그러나 이러한 핵이식은 수정란이 분열하는 초기 배들에서 뽑아낸 핵을, 핵을 제거한 난자와 결합시켜 복제된 동물을 얻는 방법이었다. 즉 인위적으로 일란성쌍둥이를 만들어내는 기술이었다.

이러한 가축 복제기술은 우수한 품종을 얻으려는 농가에 널리 보급되었다. 그러나 이 모든 기술은 성체가 아니라 초기 배에서 핵을 얻는 것이었다. 초기 배를 지나 성체에 가까워진 세포의 핵을 추출해 다른 난자에 넣으면 핵과 세포질 사이에 적응이 어려워져 문제가 생긴다. 핵은 이미 시간의 작용을 받아 자신의 모든 유전자를 가지고 있지만, 자신이 수행할 조직세포로 성장하고 있기 때문이다. 즉 성체에서 얻은 핵을, 핵을 제거한 다른 난자에 넣으면, 난자와 핵의 상호 정보가 맞지 않아 발생이 멈추어 버리거나 기형적으로 자라게 된다.

문제는 배 발생의 신비로부터 시작된다. 몸의 모든 세포는 하나의 수정란에서 분열하므로 동일한 유전자를 가진다. 그러나 수정이 된 이후 시작된 분화과정을 통해 모든 세포는 서로 다른 조직세포로 성장하게 되며, 일단 최종단계에 도달한 세포는 결코 다른 세포로 바뀌지 않는다.

예를 들면 표피세포는 개체가 살아있는 한 표피세포로 있지 뇌세포로 변하는 일은 없다. 모든 세포 내에는 동일한 유전자가 있지만 모든 세포가 동일한 조직을 만들지는 않는다. 따라서 이미 분화되어 자

인류사를 바꾼 100대 과학사건

기 역할을 가진 세포들은 핵과 핵을 둘러싼 단백질과의 상호작용에 의해 특정 기능만을 수행한다.

이러한 특정기능을 가진 세포 속의 핵을 단백질로부터 분리하여, 새로운 난자의 단백질 속으로 넣어 발생을 다시 시작하게 하여 새로운 개체로 자라게 한다는 것은 쉬운 일이 아니었던 것이다.

따라서 이전의 클론* 실험자들이 품었던 의문은 유전자에 가해진 시간을 거슬러 세포를 본래의 미분화된 상태로 되돌리고 완전히 새로운 개체로 다시 성장시킬 수 있는가였다.

이 문제를 해결한 사람이 스콜틀랜드 로슬린 연구소의 발생학자 윌머트(Ian Wilmut, 1944~)와 캠벨(Keith Campbell)이었다. 그들은 해결 방법으로 난자와 핵의 분열주기와 복제주기를 맞추고자 했다. 이를 위해 그들은 성체로부터 추출한 세포에 아무런 영양도 공급하지 않았다. 그러자 세포는 생존의 방법으로 모든 활동을 중단한 휴지기 상태로 들어갔고, 이 휴지기 상태에 있는 세포의 핵을, 핵을 제거한 난자에 주입하고 전기 충격을 가했더니 주입된 핵은 이전에 일부의 유전자만 발현시켜 어떤 조직의 세포로 활동하였던 것을 잊어버리고 다시 새로운 개체를 만들어내기 위해 발생을 시작하였다.

이러한 결과로 이미 어느 정도(9일) 분화가 된 배들에서 추출한 세포로 복제된 양들이 메간과 모락이다. 메간과 모락의 성공 이후 완전히 자란 양의 유방세포로부터 핵을 추출하여 복제된 돌리**가

---

* 단일한 세포 또는 개체로부터 무성적(無性的) 증식에 의해 생긴 유전적으로 동일한 세포군 또는 개체군을 말한다.

** 〈Nine to Five〉라는 노래를 불렀던 미국 가수 돌리 파튼의 이름에서 따왔다.

1996년 7월 5일 탄생한다.

우리의 몸은 아버지로부터 받은 유전자와 어머니로부터 받은 유전자를 기본으로 한다. 정자와 난자의 결합으로 만들어진 하나의 세포에서 우리의 모든 조직의 세포가 만들어졌다. 그리하여 우리 몸을 이루는 모든 세포 속에는 똑같은 유전자가 있다.

매순간 수명을 다하고 떨어져 나가 먼지가 되거나 진드기의 먹이가 되고 있는 표피세포 속에도 부모들이 준 유전정보를 지닌 23쌍의 염색체가 들어 있다. 이러한 염색체가 있는 6살 난 암양의 유방세포의 핵을 빼내어 핵을 제거한 난자 속에 넣어 대리모의 자궁에서 자라 세상에 나온 양이 돌리이다.

돌리는 정상적인 난자와 정자의 결합으로 태어난 것이 아니라 성숙한 세포 속의 핵으로부터 명령을 받아 생명이 시작된 것이다. 돌리는 유방세포를 내어준 암양과 모든 것이 똑같은 일종의 복사물이다. 이러한 복사물의 숫자는 기술적인 뒷받침만 된다면 마음대로 조절할 수 있다.

돌리의 탄생은 새로운 시대의 시작을 예고한다. 돌리 이후 이미 쥐, 염소, 암소, 돼지가 동일한 방법으로 복제되었다는 소식이 있었고, 유전자가 조작된 동물의 복제 소식도 들려온다. 유산되었지만 소의 자궁에 원숭이 태아를 자라게 했다는 뉴스도 있었다.

우리나라에서는 1999년 서울대 수의학과 생명공학연구실 황우석 교수 팀이 품종이 우수한 암소의 자궁세포로부터 핵을 꺼내어 또 다른 암소의 핵을 제거한 난자에 넣은 후 전기 충격을 가해 수정란을 만들어 대리모에 이식시켜 '영롱이'가 태어났다.

복제에 대해 긍정적인 면을 주장하는 사람들은 경제성이 있다는

인류사를 바꾼 100대 과학사건

것을 기반으로 의학적으로 이용 가능한 경우들을 이야기한다. 유전 공학적으로 조작된 생물을 대량 복제하는 일이다. 실제로 과학자들은 피를 응고시키는 유전자를 이식하여 젖에서 피 응고성분이 나오는 양, 산양의 성장 유전자를 이식하여 성장이 빠르고 체내 지방이 적은 돼지, 모유에 있는 락토페린을 만드는 유전자를 가진 소, 적혈구를 증가시키는 단백질 유전자가 젖을 통해 나오게 하는 흑염소 등을 만들어 냈다.

체외수정, 인공수정, 정자와 난자의 냉동보존, 우수한 유전자를 보유한 정자은행, 난자를 구하려는 사람, 돈을 벌기 위해 아이를 낳아 주는 사람, 돈을 벌기 위해 자신의 난자를 팔려는 재색 겸비한 여성… 모두 최근 세계의 신문 한 귀퉁이를 차지하는 내용들이다. 머지않아 '당신을 복제해 드립니다'라는 말이 아무렇지도 않게 광고 문안으로 다가오는 날이 있을지 누가 알겠는가?

참 고 문 헌

강상현 · 채 백, 『대중매체의 이해와 활용』, 한나래(1996)

강신성 외 6인, 『생물과학』, 아카데미서적(1987)

곽영직, 『과학사의 흐름을 한눈에 짚어보는 과학이야기』, 사민서각(1997)

권석봉 · 고경신 · 이종권, 『과학문명사』, 중앙대학교 출판부(1993)

김기문 외 5인, 『기본 열역학』, 동명사(1998)

김도성, 『방사선물리학』, 대학서림(1999)

김영식 편, 『역사속의 과학』, 창작과비평사(1982)

김영식 · 박성래 · 송상용, 『과학사』, 전파과학사(1992)

김영식 · 임경순, 『과학사신론』, 다산출판사(1999)

김완종 · 신길상 · 신현철 · 윤경하 · 이종화 · 정계헌, 『생물과학』, 신광문
    화사(1996)

김용운 · 김용국 지음, 『수학사대전』, 우성문화사(1986)

김종철 외 5인, 『현대 내연기관』, 배명사(1998)

김현택 외 8인, 『심리학―인간의 이해』, 학지사(1996)

대한생물교재연구회 편, 『생물학』, 지구문화사(1993)

박익수, 『과학기술의 사회사』, 진한도서(1995)

변동균 · 신현묵 · 문제길, 『철근 콘크리트』, 동명사(1984)

석동호 편, 『과학기술사』, 중원문화사(1984)

손 용, 『현대방송이론』, 나남(1989)

송상용, 『서양 과학의 흐름』, 강원대학교 출판부(1990)

송진웅 · 양재섭 · 김인환 · 장천영 · 조숙경, 『과학의 역사적 이해』, 대구

인류사를 바꾼 100대 과학사건

　　　대학교 출판부(1998)

양동주, 『20세기 대사건 79장면』, 가람기획(1998)

양승훈 편, 『물리학과 역사』, 청문각 (1996)

오진곤 편, 『화학의 역사』, 전파과학사(1993)

오진곤, 『과학사 총설』, 전파과학사(1996)

왕연중, 『엉뚱한 발상 하나로 세계적 특허를 거머쥔 사람들』, 지식산업사
　　　(1991)

_____, 『순간의 아이디어에서 탄생한 세계적 특허발명 이야기』, 세창출
　　　판사(1996)

유재봉 · 최승희, 『심리학개론』, 박영사(1995)

이규태 편, 『이야기 수학사』, 백산출판사(1989)

이성렬, 『내연기관』, 보성각(1997)

이승준, 『역사로 배우는 유체역학』, 인터비젼(1999)

21세기 열린 과학인 엮음, 『자석과 전기 이야기』, 청암미디어(1994)

이영기, 『상식 밖의 과학사』, 새길(1995)

이웅신, 『빛』, 사계절(1989)

이재창 외 5인, 『인간 이해를 위한 심리학』, 문음사(1995)

이종우 편, 『기하학의 역사적 배경과 발달』, 경문사(1997)

이종찬, 『서양의학과 보건의 역사』, 명경(1995)

이효준, 『유레카! 발명의 인간』, 김영사(1996)

전상운, 『한국의 과학문화재』, 정음사(1987)

전석호, 『정보사회론』, 나남(1997)

정기현, 『플라스틱』, 보진재(1990)

진원숙, 『서양사 이야기2』, 신서원(1999)

최몽룡 · 최성락 편, 『인물로 보는 고고학사』, 한울(1997)

최병덕, 『눈으로 보는 사진의 역사』, 사진과평론사(1978)

최성우, 『과학사 X파일』, 사이언스북스(1999)

추종길 · 송철용 · 한영주, 『생물학』, 지성의샘(1991)

한국방송학회 편, 『세계 방송의 역사』, 나남(1992)

한국영화학교수협의회 편, 『영화란 무엇인가―영화예술학 입문』, 지식산
　업사(1986)

한충목・김성철, 『철근 콘크리트 공학』, 건기원(1999)

허두영, 『신화에서 첨단까지』, 참미디어(1998)

홍성은, 『냉동공학』, 세진사(1993)

황상익 편, 『재미있는 의학의 역사』, 한울림(1991)

황상익, 『첨단의학시대에는 역사시계가 멈추는가』, 창작과비평사(1999)

A. 서드클리프, A.P.D. 서드클리프(황국산 옮김), 『재미있는 이야기 과학
　사』, 예문당(1993)

A. 셧 클리프, A. P. D. 셧 클리프(조경철 옮김), 『에피소드 과학사―의
　학・생물학이야기』, 우신사(1991)

_____, 『에피소드 과학사―화학이야기』, 우신사(1991)

A. 아보에 엮음(김안현・이광연 옮김), 『초기수학의 에피소드(Episodes
　From the Early History of Mathematics)』, 일공일공일(1998)

D. Bordwell, K. Thompson(주진숙・이용관 옮김), 『영화예술』, 이론과실
　천(1992)

E. N. da C.앤드레이드(고윤석 옮김), 『아이작 뉴턴(Sir Isaac Newton)』, 현
　대과학신서(1973)

Enger, Gibson, Ross, Smith(생물학교재편찬회 옮김), 『생물학개론』, 탐구
　당(1990)

F. Ashall(구자현 옮김), 『놀라운 발견들』, 한울(1996)

G. J. 휘트로(이종인 옮김), 『시간의 문화사』, 영림카디널(1998)

Halliday, Resnick, Walker(고려대학교・서강대학교 물리학과 옮김), 『일
　반물리학』, 범한서적주식회사(1995)

I. B. 코언(이철주 옮김), 『근대물리학의 탄생(The Birth of a New
　Physics)』, 전파과학사(1975)

J. D. 버날(김상민 옮김), 『과학의 역사―돌도끼에서 수소폭탄까지』, 한울

(1995)

J. Bernstein(장회익 옮김), 『아인슈타인 Ⅰ, Ⅱ』, 현대과학신서(1976)

J. W. Kimball(대한생물학교육연구회 옮김), 『킴볼 생물학』, 탐구당(1995)

L. G. 존슨(생물교재편찬회 옮김), 『존슨 생물학』, 탐구당(1994)

Paul G. Hwitt(공창식 · 남철주 · 박성식 · 차일환 옮김), 『알기 쉬운 물리학 강의(Conceptual Physics)』, 청범출판사(1997)

R.R. 파머, J. 콜튼(강준창 외 3인 옮김), 『서양근대사 Ⅰ』, 삼지원(1985)

S. 와인버그(김용채 옮김), 『처음 3분간(The First Three Minutes)』, 현대과학신서(1981)

Serway, Mouses, Moyer(김충선 · 이삼현 옮김), 『현대물리학(Modern Physics)』, 회중당(1996)

Stephen T. Thornton, Andrew Rex(장준성 옮김), 『현대물리학(Modern Physics)』, 회중당(1997)

노오만 F. 캔터 편(지동식 옮김), 『서양사신론(Ⅰ)』, 법문사(1979)

니콜라스 웨이드(이상훈 · 이병택 옮김), 『그림으로 말하는 심리학 세계』, 새길(1996)

닐 캠벨, 래리 밋첼, 제인 리스(김명원 옮김), 『생명과학』, 라이프사이언스(1999)

다카하시 오사무 편(기전연구사 편집부 옮김), 『냉동의 기초기술』, 기전연구사(1994)

데이비드 윌슨(장영태 옮김), 『페니실린을 찾아서(In Search of PENICILLIN)』, 전파과학사(1997)

린다 하라심(박승관 외 4인 옮김), 『글로벌 네트워크』, 전예원(1997)

마거릿 버트하임(최애리 옮김), 『피타고라스의 바지(PYTHAGORAS' TROUSERS)』, (주)사이언스북스(1997)

매크럼, 버클리, 버크넬(김병규 외 5인 옮김), 『고분자공학원론』, 시그마프레스(1999)

미쯔이시 이와오(손영수 옮김), 『발명과 발견』, 전파과학사(1979)

뷰먼트 뉴홀(정진국 옮김), 『사진의 역사—1839년부터 현재까지』, 열화당

(1987)

소련과학 아카데미 편(홍성욱 옮김), 『세계기술사』, 둥지(1990)

손제하(하일식 옮김), 『우리가 일본에 전해준 고대 하이테크 100가지』, 일
빛(1996)

스티븐 F. 메이슨(박성래 옮김), 『과학의 역사』, 까치(1987)

스티븐 J. 굴드(홍동선·홍욱희 옮김), 『다윈 이후(Ever Since Darwin)』, 범
양사(1988)

시바타 도시오(임승원 옮김), 『미적분에 강해진다』, 전파과학사(1995)

아이작 아시모프(박택규·김영수 옮김), 『아시모프의 생물학』, 웅진문화
(1991)

아커크네히트(허 주 옮김), 『세계의학의 역사』, 지식산업사(1987)

악셀 칸, 파브리스 빠뻬용(전주호 옮김), 『인간 복제』, 푸른미디어(1999)

앨리슨 쿠더트(박진희 옮김), 『연금술 이야기(Alchemy:The Philosopher's
Stone)』, 민음사(1995)

에릭 뉴트(이민용 옮김), 『과학의 역사(Jakten pa sannheten)』, 끌리오
(1998)

에밀리오 세그레(노봉환 옮김), 『고전물리학의 창시자들을 찾아서(FROM
FALLING BODIES TO RADIO WAVES)』, 전파과학사(1996)

에즈러 보윈, 윌프리드(편집부 편역), 『라이프 : 인간과 과학시리즈─바퀴
와 문명(Wheels)』, 한국일보 타임 라이프(1984)

요네야마 마사노부(박택규 옮김), 『화학재치문답』, 전파과학사(1994)

윌리엄 길버트(박 경 옮김), 『자석 이야기(On the Loadstone)』, 서해문집
(1999)

이곤 라센(김채룡 편역), 『원자력 에너지, 그후 100년』, 전파과학사(1997)

일본화학회(박택규 옮김), 『화학사─상식을 다시 본다』, 전파과학사
(1993)

조르쥬 이프라(김병욱 옮김), 『신비로운 수의 역사(LES CHIFFRES ou l'
histoire d'une grande invention)』, 박길부(1987)

조지 바살라(김동광 옮김), 『기술의 진화』, 까치(1996)

인류사를 바꾼 100대 과학사건

존 시몬스(여을환 옮김), 『사이언티스트 100』, 세종서적(1997)

지나 콜라타(이한음 옮김), 『복제양 돌리(CLONE)』, 사이언스북스(1998)

찰스 플라워스(이충호 옮김), 『사이언스 오딧세이』, 가람기획(1998)

패트릭 라이언(박기현 · 전재복 옮김), 『유클리드 기하학과 비유클리드
    기하학(Euclidean and Non-Euclidean Geometry)』, 경문사 (1996)

하워드 이브(이우영 옮김), 『수학사(An Introduction to the HISTORY of
    MATHEMATICS)』, 경문사(1990)

휴. W. 샐츠버그(고문주 옮김), 『화학의 발자취(From Caveman to
    Darwin)』, 범양사(1993)

히라다 유타카(선완규 옮김), 『상식 밖의 발명사』, 새길(1995)

「동아일보」, '뉴욕타임즈가 선정한 지난 천년의 최고', 1999. 7. 23, 8. 6
    B7면

『두산세계대백과사전』, 두산동아(1996)

『브리태니카』

『파스칼 세계대백과사전』, 동서문화사(1999)

『과학동아』

좋은 시의 비밀 - 1
정진명 지음 ㅣ 값 14,800원

좋은 詩는 읽는 순간 가슴에 와 닿는다.
그러면 어떤 詩가 좋은 詩일까? 이 책은 빗대기, 그리기, 말하기라
는 詩 창작의 세 가지 원리로 씌어진 詩들을 분석함으로써 풍성
한 좋은 詩의 향연을 펼친다.

청소년을 위한 _우리 철학 이야기
정진명 지음 ㅣ 값 14,500원

이 책은 사람, 나, 생각, 종교, 철학, 삶, 운명, 행복 등에 대해 동
양의 성현들이 어떻게 설명했는가를 알기 쉽게 정리해 준다. 그럼
으로써 이 책은 사람의 마음에서부터 현실의 여러 문제까지, 동양
사회에 거미줄 같이 엮인 여러 논리들을 자세히 안내하여 청소년
스스로 균형 잡힌 시각으로 자기 길을 찾을 수 있도록 도와준다

(감상과 창작을 한 번에 깨우치는) 우리 시 이야기
정진명 지음 ㅣ 값 14,800원

문학사 3천년 만에 풀어낸_ 시를 보는 새로운 눈!
시를 감상하려는 사람이나, 시인을 꿈꾸는 사람이나, 시를 학문
으로 이해하려는 전문가 모두에게 꼭 필요한 책! 이 책은 30년간
중·고등학교에서 국어를 가르친 교사이면서 시인인 저자가, 빛나
는 시절을 빛낸 이름 없는 학생들의 시를 글감으로 하여 어떻게
하면 시를 올바르게 감상하고, 나아가 스스로 창작을 할 수 있는
가 하는 것을 쉽게 설명한 책이다.

학민사
Hakmin Publishers